教育部　财政部职业院校教师素质提高计划职教师资培养资源开发项目
《机电技术教育》专业职教师资培养资源开发（VTNE016）

数控机床装调实训技术

主　编　刘朝华
副主编　张晓光　石秀敏　蒋永翔　孙宏昌
参　编　杨雪翠　李国庆　王宜海　刘　江　金文兵

机 械 工 业 出 版 社

本书从数控机床的装卸及装调准备、进给传动系统装调、主传动系统装调、刀库装调、辅助装置装调、机床电气装调、数控系统参数设置、数控系统 PLC 装调、数控机床整体联调与验收九个项目来讲述，按照“项目引领、任务驱动”的理念精选教学内容，内容全面、综合、深入浅出，实操性强，每个任务均含有典型的任务实施，兼顾数控机床应用的实际情况和发展趋势。本书编写中力求做到“理论先进，内容实用，操作性强”，突出实践能力和创新素质的培养，利于理论与实践一体化的课程教学改革，是一本体现教、学、做合一的全面介绍数控机床装调技能的教材。

本书适合于普通高等院校和职业院校数控设备应用与维护及相关机电类专业的学生和教师使用，也可供广大工程技术人员学习参考使用。

图书在版编目（CIP）数据

数控机床装调实训技术/刘朝华主编. —北京：机械工业出版社，2017.5（2024.6 重印）

教育部 财政部职业院校教师素质提高计划职教师资培养资源开发项目《机电技术教育》专业职教师资培养资源开发（VTNE016）

ISBN 978-7-111-56394-5

Ⅰ.①数… Ⅱ.①刘… Ⅲ.①数控机床-安装-高等职业教育-教材②数控机床-调试方法-高等职业教育-教材 Ⅳ.①TG659

中国版本图书馆 CIP 数据核字（2017）第 059671 号

机械工业出版社（北京市百万庄大街 22 号 邮政编码 100037）

策划编辑：汪光灿 责任编辑：汪光灿 张亚捷

责任校对：刘 岚 封面设计：张 静

责任印制：常天培

北京机工印刷厂有限公司印刷

2024 年 6 月第 1 版第 3 次印刷

184mm×260mm · 13.5 印张 · 320 千字

标准书号：ISBN 978-7-111-56394-5

定价：42.00 元

电话服务	网络服务
客服电话：010-88361066	机 工 官 网：www.cmpbook.com
010-88379833	机 工 官 博：weibo.com/cmp1952
010-68326294	金 书 网：www.golden-book.com
封底无防伪标均为盗版	机工教育服务网：www.cmpedu.com

教育部　财政部职业院校教师素质提高计划成果系列丛书

项目牵头单位　天津职业技术师范大学

项目负责人　阎　兵

项目专家指导委员会

出版说明

《国家中长期教育改革和发展规划纲要（2010—2020年）》颁布实施以来，我国职业教育进入到加快构建现代职业教育体系、全面提高技能型人才培养质量的新阶段。加快发展现代职业教育，实现职业教育改革发展新跨越，对职业学校“双师型”教师队伍建设提出了更高的要求。为此，教育部明确提出，要以推动教师专业化为引领，以加强“双师型”教师队伍建设为重点，以创新制度和机制为动力，以完善培养培训体系为保障，以实施素质提高计划为抓手，统筹规划，突出重点，改革创新，狠抓落实，切实提升职业院校教师队伍整体素质和建设水平，加快建成一支师德高尚、素质优良、技艺精湛、结构合理、专兼结合的高素质专业化的“双师型”教师队伍，为建设具有中国特色、世界水平的现代职业教育体系提供强有力的师资保障。

目前，我国共有60余所高校正在开展职教师资培养，但由于教师培养标准的缺失和培养课程资源的匮乏，制约了“双师型”教师培养质量的提高。为完善教师培养标准和课程体系，教育部、财政部在“职业院校教师素质提高计划”框架内专门设置了职教师资培养资源开发项目，中央财政划拨1.5亿元，系统开发用于本科专业职教师资培养标准、培养方案、核心课程和特色教材等系列资源。其中，包括88个专业项目，12个资格考试制度开发等公共项目。该项目由42家开设职业技术师范专业的高等学校牵头，组织近千家科研院所、职业学校、行业企业共同研发，一大批专家学者、优秀校长、一线教师、企业工程技术人员参与其中。

经过三年的努力，培养资源开发项目取得了丰硕成果。一是开发了中等职业学校88个专业（类）职教师资本科培养资源项目，内容包括专业教师标准、专业教师培养标准、评价方案，以及一系列专业课程大纲、主干课程教材及数字化资源；二是取得了6项公共基础研究成果，内容包括职教师资培养模式、国际职教师资培养、教育理论课程、质量保障体系、教学资源中心建设和学习平台开发等；三是完成了18个专业大类职教师资资格标准及认证考试标准开发。上述成果，共计800多本正式出版物。总体来说，培养资源开发项目实现了高效益：形成了一大批资源，填补了相关标准和资源的空白；凝聚了一支研发队伍，强化了教师培养的“校—企—校”协同；引领了一批高校的教学改革，带动了“双师型”教师的专业化培养。职教师资培养资源开发项目是支撑专业化培养的一项系统化、基础性工程，是加强职教教师培养培训一体化建设的关键环节，也是对职教师资培养培训基地教师专业化培养实践、教师教育研究能力的系统检阅。

自2013年项目立项开题以来，各项目承担单位、项目负责人及全体开发人员做了大量深入细致的工作，结合职教教师培养实践，研发出很多填补空白、体现科学性和前瞻性的成果，有力推进了“双师型”教师专门化培养向更深层次发展。同时，专家指导委员会的各位专家以及项目管理办公室的各位同志，克服了许多困难，按照两部委对项目开发工作的总体要求，为实施项目管理、研发、检查等投入了大量时间和心血，也为各个项目提供了专业的咨询和指导，有力地保障了项目实施和成果质量。在此，我们一并表示衷心的感谢。

编写委员会

2016年10月

前　言

为适应国家大力发展职业教育的新形势，深入贯彻落实《国家中长期教育改革和发展规划纲要（2010—2020 年）》中关于实施“职业院校教师素质提高计划”的精神，发挥职教师资的培养优势和特色，通过对职业院校和企业的广泛调研，针对机电技术教育专业培养职教师资的社会需求，我们努力构建既能体现机电一体化技术理论与技能，又能充分体现师范技能与教师素质培养要求的培养标准与培养方案；构建一种紧密结合本专业人才培养需要的一体化课程体系，基于 CDIO 开发核心课程与相应特色教材，为我国职业教育的发展做出贡献。

数控机床的种类较多，具体使用和调试方法也各有不同，但基本装调过程与原理是相似的。本书以配置西门子数控系统的普通立式加工中心为讲述对象，从数控机床的装卸及装调准备、进给传动系统装调、主传动系统装调、刀库装调、辅助装置装调、机床电气装调、数控系统参数设置、数控系统 PLC 装调、数控机床整体联调与验收九个项目来讲述。本书内容以“必需”“够用”为度，将知识点做了较为精密的整合，在内容上深入浅出、通俗易懂，力求做到既有利于教又有利于学，还有利于自学。

本书是以职业能力培养为核心，融合生产实际的工作任务，基于项目引领、任务驱动进行开发编写的。本书精选教学内容，内容全面、综合、实操性强，每个任务均含有典型的任务实施，兼顾数控机床应用的实际情况和发展趋势，编写中力求做到“理论先进，内容实用，操作性强”，突出实践能力和创新素质的培养，利于理论与实践一体化的课程教学改革，是一本体现教、学、做合一的全面介绍数控机床装调技能的教材。

本书是由教育部、财政部职业院校教师素质提高计划职教师资培养资源开发项目（项目编号：VTNE016）资助的《机电技术教育》专业核心课程教材开发成果。本书主要由天津职业技术师范大学刘朝华、石秀敏、蒋永翔、孙宏昌、张晓光、杨雪翠，宁波市鄞州职业教育中心学校李国庆、王宜海编写，其中刘朝华担任主编。杨雪翠编写了项目一；张晓光编写了项目二、项目五；石秀敏编写了项目三；孙宏昌编写了项目四；蒋永翔编写了项目六；刘朝华编写了项目七和项目八；李国庆和王宜海编写了项目九。在本书的编写过程中，常州机电职业技术学院刘江、浙江机电职业技术学院金文兵参与了本书的资源库建设工作。全书由刘朝华统稿。

在编写过程中，参阅了国内许多专家的教材、著作以及西门子公司大量的文献，并且得到了天津职业技术师范大学机械工程学院领导和老师的支持，特别是阎兵教授的细心审阅，提出了许多宝贵意见，在此一并表示衷心感谢。

由于编者水平有限，书中难免存在疏漏，敬请广大读者批评、指正。

编　者

目 录

项目一　数控机床的装卸及装调准备

项目概述

数控机床的装卸是机床装调的第一步，正确、规范的操作步骤能提高生产率，减少生产事故。在数控机床装调中涉及大量的工具及仪器仪表，对工具及仪器仪表的正确使用是机床装调的基本要求。本项目从光机吊装与清洗、常用工具与仪器认知及使用、5S 操作规范三个方面进行讲述，为后续数控机床的装调打下基础。

任务一　光机吊装与清洗

任务目标

1. 了解数控机床对安装地基和安装环境的要求。
2. 掌握光机的装卸及清洗工作步骤并正确进行工作记录。

任务引入

机床的重量、工件的重量、切削过程中产生的切削力等作用力，都将通过机床的支承部件最终传至地基。地基质量的好坏，将关系到机床的加工精度、运动平稳性、机床变形、磨损及机床的使用寿命。所以，机床在安装之前，应先做好地基的处理。

为增大阻尼、减少机床振动，地基应有一定的质量。为避免过大地振动、下沉和变形，地基应具有足够的强度和刚度。机床作用在地基上的压力一般为 $3\times10^4\sim8\times10^4 N/m^2$。一般天然地基强度足以保证，但机床要放在均匀的同类地基上。对于精密和重型机床，当有较大的加工件需在机床上移动时，会引起地基的变形，此时就需加大地基刚度并压实地基土以减小地基的变形。地基土的处理方法可采用夯实法、换土垫层法、碎石挤密法或碎石桩加固法。精密机床或 50t 以上的重型机床，其地基加固可用预压法或采用桩基。

在数控机床确定的安放位置上，根据机床说明书中提供的安装地基图进行施工。同时要考虑机床重量和重心位置，与机床连接的电线、管道的铺设，预留地脚螺栓和预埋件的位置。一般中小型数控机床无需做单独的地基，只需在硬化好的地面上采用可调整垫铁稳定机床的床身，用支承件调整机床的水平。大型、重型机床需要专门做地基，精密机床应安装在单独的地基上，在地基周围设置防振沟，并用地脚螺栓紧固。可调整垫铁如图 1-1 和图 1-2 所示，图 1-3 所示为用可调整垫铁支承的数控机床。

数控机床垫铁的使用方法如下。

1）根据数控机床重量选好垫铁型号和数量。

2）将所需垫铁放入数控机床地脚孔下，穿入螺栓，旋至和数控机床床身底面接实。

3）进行数控机床水平调整，螺栓顺时针旋转，数控机床抬起。

4）调整好数控机床水平后，旋紧螺母。

图 1-1 小型机床可调整垫铁

图 1-2 大型机床可调整垫铁

图 1-3 用可调整垫铁支承的数控机床

5）因为垫铁的橡胶存在蠕变现象，第一次使用的两星期后，需要再调整数控机床的水平。

地基平面尺寸应大于机床支承面积的外廓尺寸，并考虑安装、调整和维修所需尺寸。此外，机床旁应留有足够的工件运输和存放空间。机床与机床、机床与墙壁之间应留有足够的通道。

机床的安装位置应远离焊机、高频机械等各种干扰源，应避免阳光照射和热辐射的影响，其环境温度应控制在 0~45℃，相对湿度在 90% 左右，必要时应采取适当措施加以控制。机床不能安装在有粉尘的车间里，应避免酸腐蚀气体的侵蚀。

任务实施

一、安装准备

数控机床在运输到达用户之前，用户首先根据设备要求和生产现场的实际情况选择好安装位置，然后根据生产厂家提供的地基图做好机床基础，在安装地脚螺栓的部位打好地基孔，挖好地坑和排线沟。用户的准备工作做好后，作为安装人员，到达现场根据地基图对机床地基进行核查。

具体来讲准备工作主要有以下几个方面。

1. 地基准备

按照地基图打好地基，并预埋好电、油、水管线。

2. 工具仪器准备

工具仪器准备是指准备好起吊设备、安装调试中所用工具、机床检验工具和仪器（平尺，大理石平尺，百分表及表座，游标卡尺，内六角扳手一套，呆扳手一套，角磨机一台，铅粉一盒，手电钻，钻头及相配丝锥，手锯，锤子，磨石，刮刀，千分表，框式水平仪，卷

尺等)。

3. 辅助材料

辅助材料如煤油、机油、清洗剂、棉纱等。

将机床运输到安装现场，但不要拆箱，拆箱工作一般要等供方人员到场。如果有必要提前开箱，首先要征得供方同意，如是进口设备要请商检局派员到厂，以免出现问题发生争执。

二、开箱验收

在征得供方同意后应及时开箱检查，按照装箱单清点技术资料、零部件、备件和工具等是否齐全、无损，核对实物与装箱单及订货合同是否相符，并由用户做好记录，具体检查内容如下。

1）包装箱是否完好，机床外观有无明显损坏，是否锈蚀、脱漆。

2）技术资料是否齐全。

3）附件品种、规格、数量。

4）备件品种、规格、数量。

5）工具品种、规格、数量。

6）安装附件，如调整垫铁、地脚螺栓等的品种、规格、数量。

7）其他物品。

三、机床吊装与就位

机床吊装时应使用制造商提供的专用起吊工具，不允许采用其他方法。如不需要专用工具，应采用钢丝绳按照说明书的规定部位吊装。机床吊运时应垂直吊运、摆放，确保平衡，避免受到撞击与振动；在机床吊运所用钢丝绳与零部件之间应放置软质毡垫，以防止擦伤机床。

当机床就位时要首先确定床身的位置，对应机床床身安装孔位置，通过按说明书中介绍把组成机床的各大部件分别在地基上就位。就位时，调整垫铁和地脚螺栓等相应对号入座，并将机床安装在准备好的地基上。

四、光机的装卸及清洗工作记录

1）机床卸车见表1-1。

表1-1　机床卸车

序号	内　容	操作情况	检查人	检查日期
1	准备起吊工具 钢丝绳、缆绳、卸扣、吊环如有损伤，不能使用			
2	起吊时，将钢丝绳、卸扣固定好			
3	机床起吊出汽车时，严禁在机床下站立			
4	起吊位置正确，掌握好机床重心			

2）机床就位见表1-2。

表 1-2　机床就位

序号	内　　容	操作情况	检查人	检查日期
1	先拆机床木箱			
2	将机床放正，摆放整齐			
3	将调整垫铁放好			

3）检查机床见表 1-3。

表 1-3　检查机床

<table>
<tr><th>序号</th><th>内　　容</th><th colspan="4">操作情况</th><th>检查人</th><th>检查日期</th></tr>
<tr><td>1</td><td>检查光机应符合要求</td><td colspan="4"></td><td rowspan="5"></td><td rowspan="5"></td></tr>
<tr><td>2</td><td>检查光机装箱单内容应符合合同（若不符合，请填写清单上交相关部门）</td><td colspan="4"></td></tr>
<tr><td rowspan="2">3</td><td rowspan="2">检查光机过渡板应符合订货电动机尺寸，过渡板的尺寸应大于上述值</td><td colspan="4">实际测量尺寸</td></tr>
<tr><td>X</td><td>Y</td><td>Z</td><td>SP（主轴）</td></tr>
<tr><td>4</td><td>检查光机在运输或吊装时，应无元件损伤</td><td colspan="4"></td></tr>
</table>

注：机床卸车时，操作者应按起重机吊装安全操作规程操作；有问题需向生产技术负责人汇报。

4）机床清理见表 1-4。

表 1-4　机床清理

序号	内　　容	操作情况	检查人	检查日期
1	机床拆卸平衡块（先把平衡块用起重机吊住，再把固定的钢管拿掉，然后把平衡块缓慢放下，直到链条拉紧，拆平衡块固定螺钉）			
2	拆主轴头支承架			
3	拆机床侧面的导杆固定螺钉			
4	将拆下的支承架、固定杆、螺钉专门收好，以备出厂时固定用			
5	机床清洗			
6	台面清洗			
7	丝杠清洗			
8	导轨面清洗			
9	床身内部清洗			
10	清洗完毕后，各裸露部件上油，并用中性纸盖好			
11	主轴头的清洗，锥孔中上油			
12	机床粗校水平 要求：在 0.02mm/m 以内（在框式水平仪一格之内）			

注：1~4 项必须严格按顺序执行，严禁次序搞错！

任务二　机床装调常用工具与仪器认知及使用

任务目标

1. 熟悉常用拆卸与装配工具的种类和功能。
2. 熟悉常用量具及检具的种类和功能。
3. 掌握水平仪、百分表的使用方法。

任务引入

一、常用拆卸与装配工具

为了减轻劳动强度、提高劳动生产率和保证装配质量，一定要选用合适的装配工具和设备。对通用工具的选用，一般要求工具的类型和规格要符合被装配机件的要求，不得错用或乱用，要积极采用专用工具。数控机床由于结构的特点，有时仅用通用工具不能或不便于完成装配，因此必须采用专用工具；此外，还应该积极采用一些机动工具和设备，如机动扳手、压力机等。这样，有利于提高生产率和确保装配质量。常用拆卸与装配工具见表 1-5。

表 1-5　常用拆卸与装配工具

名称		示　意　图	用途及注意事项
扳手	活扳手		活扳手是用来旋紧六角头、正方头螺钉和各种螺母的。使用活扳手时，应使其固定钳口承受主要作用力，否则容易损坏活扳手。钳口的开度应适合螺母对边间距尺寸，过宽会损坏螺母
	呆扳手		呆扳手主要分为双头呆扳手和单头呆扳手。呆扳手应与螺栓或螺母的平面保持水平，以免用力时呆扳手滑出伤人。不能用锤子敲击呆扳手，因为呆扳手在冲击载荷作用下极易变形或损坏。不能将公制扳手与英制扳手混用，以免造成打滑而伤及使用者

（续）

名称		示 意 图	用途及注意事项
扳手	梅花扳手		梅花扳手常常是双头的，其两端尺寸通常是连续的。很多梅花扳手都有弯头，常见的弯头角度在10°~45°之间，从侧面看旋转螺栓部分和手柄部分是错开的。这种结构便于拆卸装配在凹陷空间的螺栓、螺母，并可以为手指提供操作间隙，以防止擦伤
	成套套筒扳手		成套套筒扳手由一套尺寸不等的套筒组成，套筒有内六角形和十二边形两种，可将整个螺钉头套住，从而不易损坏螺母或螺钉头。使用时，扳手柄的方榫插入梅花套筒方孔内。弓形手柄能连续地转动，使用方便，工作效率高
	锁紧扳手		锁紧扳手专门用来锁紧各种结构的圆螺母，其结构多种多样
	内六角扳手		内六角扳手用于装拆内六角圆柱头螺钉。常用三种形式：直角内六角扳手、球头直角内六角扳手和T形内六角扳手。成套的内六角扳手可拆装M4~M30的内六角圆柱头螺钉
	扭力扳手		扭力扳手也称扭矩扳手或力矩扳手，在紧固螺钉、螺栓、螺母等螺纹紧固件时需要控制施加的力矩大小，以保证螺纹紧固且不至于因力矩过大而破坏螺纹，所以用扭力扳手来操作。首先设定好一个需要的力矩值上限，当施加的力矩达到设定值时，扭力扳手会发出“咔嗒”声响或者扭力扳手连接处折弯一点角度，即表示已经紧固不要再加力了

（续）

名称		示意图	用途及注意事项
螺钉旋具	一字螺钉旋具		一字螺钉旋具用于拧紧或松开头部带一字槽的螺钉。为防止刃口滑出螺钉槽，刃口的前端必须是平行的
	十字螺钉旋具		十字螺钉旋具用于拧紧或松开带十字槽的螺钉。由于其在旋紧或旋松时的接触面积更大，故在较大的拧紧力作用下，也不易从槽中滑出。同时，十字槽螺钉使得十字螺钉旋具更容易放置，从而使操作更快
钳子	挡圈钳		挡圈钳用于拆装弹性挡圈。由于挡圈形式分为孔用和轴用两种，以及安装部位不同，挡圈钳可分为直嘴式和弯嘴式，也可分为孔用和轴用挡圈钳
	钢丝钳		钢丝钳用来剪断电缆，可剪开直径小于5mm的销钉
	尖嘴钳		尖嘴钳由尖头、刃口和钳柄组成，电工用尖嘴钳的材质一般由45钢制作，类别为中碳钢。碳的质量分数为0.45%，韧性、硬度都合适
	斜口钳		斜口钳主要用于剪切导线、元器件多余的引线，还常用来代替一般剪刀剪切绝缘套管、尼龙扎线卡等

（续）

名称		示 意 图	用途及注意事项
钳子	剥线钳	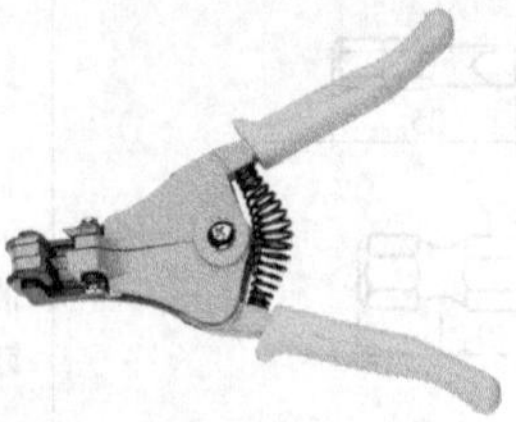	剥线钳为电工常用的工具之一，专供电工剥除电线头部的表面绝缘层，而不损坏线芯
锤子	钢锤		钢锤一般不直接在零部件上方敲击，因为这会损坏零件
	铜锤	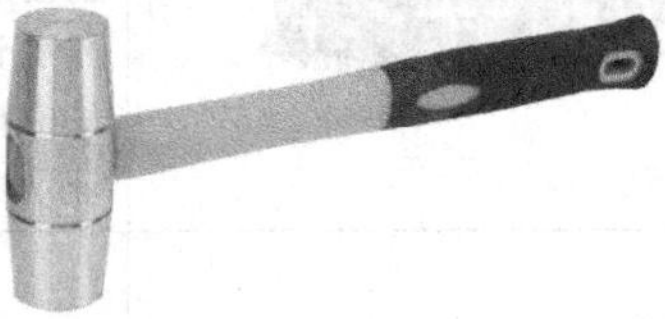	用它敲击钢制零件时不会损坏钢制零件，但会损坏铜锤。在频繁使用后，铜锤会变硬，可进行退火来处理这个问题
	塑料锤	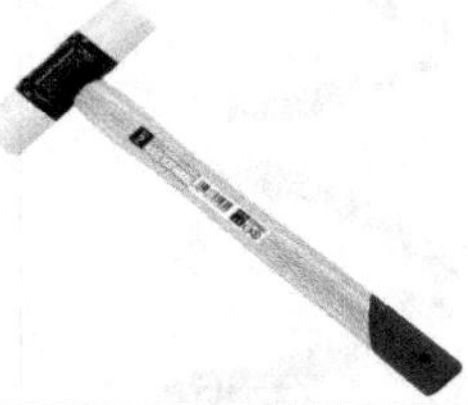	塑料锤用于小件装配
	木锤	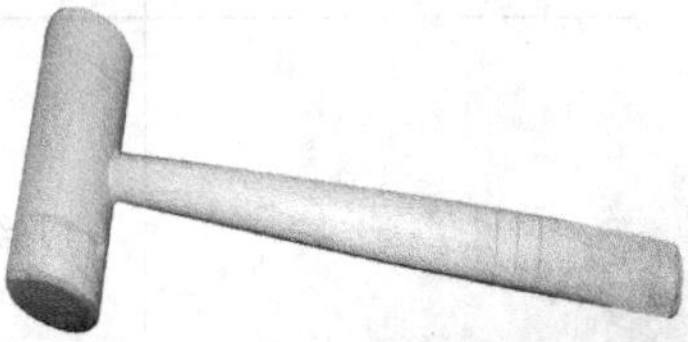	木锤敲击时起到对产品的表面保护作用
其他工具	铜棒和铝棒		铜棒主要用于敲击机床部件，这是因为铜棒较软，不会损坏零件；铝棒比铜棒轻，敲起来力量小
	液压千斤顶		液压千斤顶是一种采用柱塞或液压缸作为刚性顶举件的千斤顶。简单起重设备一般只备有起升机构，用以起升重物。构造简单、重量轻、便于携带、移动方便

（续）

名称		示　意　图	用途及注意事项
其他工具	油壶和油枪		油壶和油枪用于机床部件的润滑
	撬棍		撬棍是用于调整机床位置的辅助工具
	磨石		磨石是用磨料和结合剂等制成的条状固结磨具。磨石在使用时通常要加油润滑。磨石一般用于手工修磨刀具和零件，也可装夹在机床上进行珩磨和超精加工
	电动磨光机		电动磨光机广泛用于精加工及表面抛光处理

二、常用检验与测量工具仪器

常用量具及功能见表1-6，常用检具及功能见表1-7。

表1-6　常用量具及功能

名称	示　意　图	用途及注意事项
多功能游标卡尺		游标卡尺是钳工和设备维护人员常用的一种量具，它能直接测量零件的外径、内径、厚度、宽度、深度和孔距等，使用简单，用途很广

（续）

名称	示意图	用途及注意事项
游标高度卡尺		游标高度卡尺简称高度尺。顾名思义,它的主要用途是测量工件的高度,另外还经常用于测量几何公差,有时也用于划线。根据读数形式的不同,游标高度卡尺可分为普通游标式和电子数显式两大类
游标深度卡尺		游标深度卡尺用于测量凹槽或孔的深度、梯形工件的梯层高度、长度等尺寸,是一种用游标读数的深度量尺
千分尺		千分尺是比游标卡尺更精密的测量长度的工具,测量范围为几个厘米。螺杆转动的整圈数由固定套管上间隔0.5mm的刻线去测量,不足1圈的部分由活动套管周边的刻线去测量,最终测量结果需要估读到分度值的下一位
普通百分表		百分表主要用于测量制件的尺寸和几何公差等。百分表的圆表盘上印制有100个等分刻线,即每一分度值相当于量杆移动0.01mm
内径百分表		内径百分表用来检测孔径,根据孔径尺寸需要调整量头长度

（续）

名称	示　意　图	用途及注意事项
数显百分表	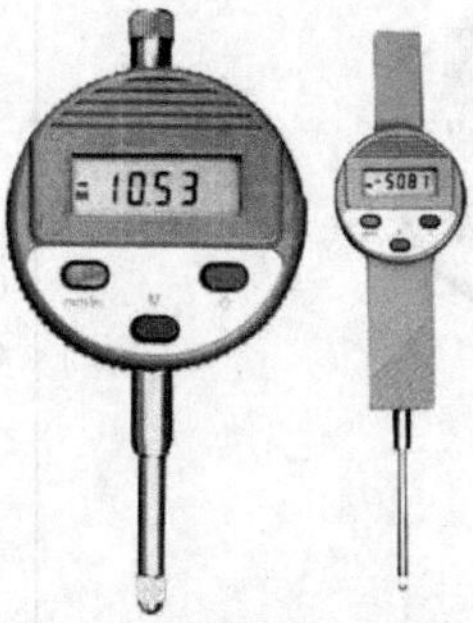	数显百分表是通过显示屏上进行读数的长度测量仪器。数显百分表具有显示精确、方便，读数一目了然，精度高的优点
千分表		千分表原理与百分表相似，精度为0.001mm
数显千分表		数显千分表是通过显示屏进行读数的长度测量仪器
杠杆表		杠杆表适用于测量百分表难以测量的小孔、凹槽、孔距和坐标尺寸等。杠杆表是利用杠杆-齿轮传动机构或杠杆-螺旋传动机构，将尺寸变化为指针角位移，并指示出尺寸数值的计量器具

（续）

名称	示意图	用途及注意事项
数显杠杆表		数显杠杆表分辨力 0.01mm/0.001mm，可进行米/英制转换，可任意位置置零，具有模拟、数字两种显示

表 1-7　常用检具及功能

名称	示意图	用途及注意事项
平尺	 工形平尺　桥形平尺　刀口平尺	平尺用于检验平面度和直线度。一般用优质铸铁制造，也有用轴承钢或花岗石制造的。平尺工作面不得有严重影响外观和使用性能的砂孔、气孔、裂纹、夹渣、缩松、划痕、碰伤、锈点等缺陷
矩形角尺（铸铁和花岗石）		矩形角尺具有垂直和平行的框式组合，检验两个坐标轴的垂直度误差
三角形直角尺		三角形直角尺用于检测工件的垂直度及工件相对位置的垂直度。适用于机床、机械设备及零部件的垂直度检验

（续）

名称	示意图	用途及注意事项
圆柱直角尺	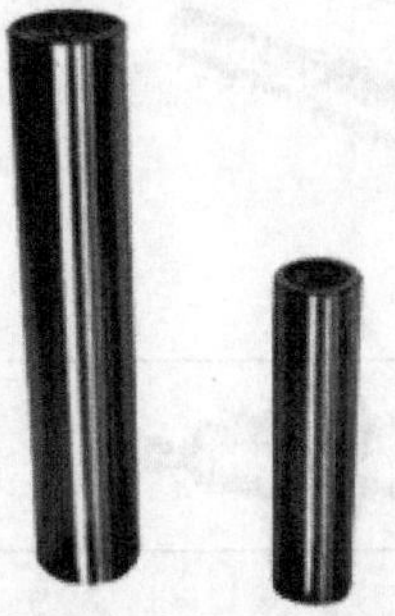	圆柱直角尺是检测垂直度误差的专用检具，精度稳定。数控机床几何精度检验常用圆柱直角尺规格：80mm×400mm 和 100mm×500mm
等高块		大理石等高块，又称花岗石等高块，用于测量零件的平行度。一般成组供应，每组的数量可以根据客户的设计要求进行生产加工
方箱		方箱用于零部件平行度、垂直度的检验和划线，万能方箱用于检验或划精密工件的任意角度线
水平仪（框式、条式）		水平仪是一种测量小角度的常用量具。用于测量相对于水平位置的倾斜角、机床类设备导轨的平面度和直线度、设备安装的水平位置和垂直位置等
数控车床主轴用莫氏锥柄检验棒	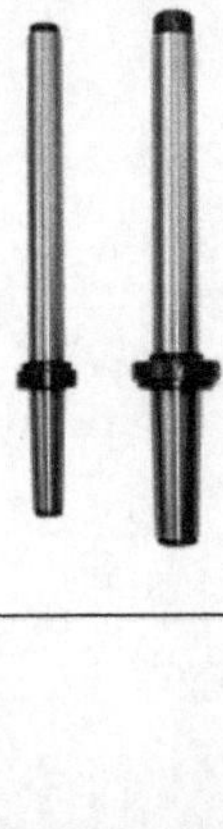	数控车床主轴用莫氏锥柄检验棒可检验数控车床主轴部件的跳动误差及同轴度误差、平行度误差

（续）

名称	示意图	用途及注意事项
数控车床用长检验棒	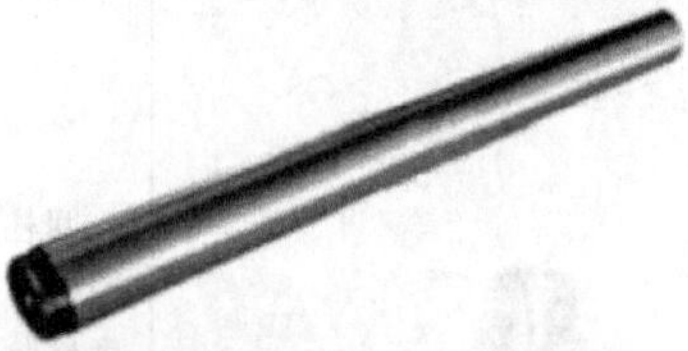	数控车床用长检验棒用于检验数控车床主轴和尾座部件的等高度
铣床或加工中心主轴用检验棒（带拉钉）		检验数控铣床或加工中心主轴径向圆跳动、主轴轴线与 Z 向坐标轴的平行度误差等
平直度测量仪	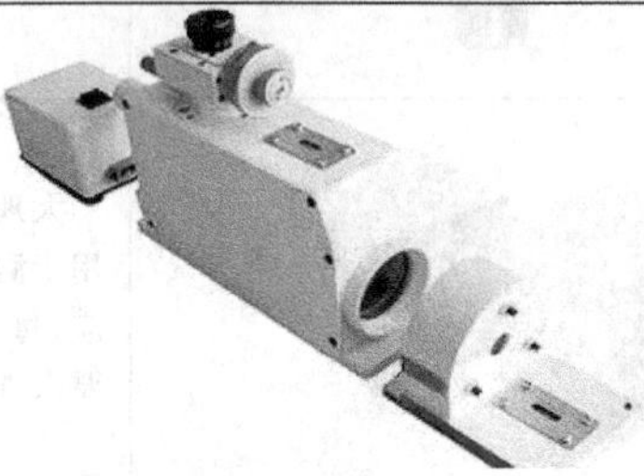	平直度测量仪常用于测量导轨的直线度、平板的平面度等，也可借助于转向棱镜附件测量垂直度等
刀口形直尺		刀口形直尺测量面呈刃口状，用于测量工件平面形状误差
步距规		步距规用于检验定位精度和重复定位精度
点温计	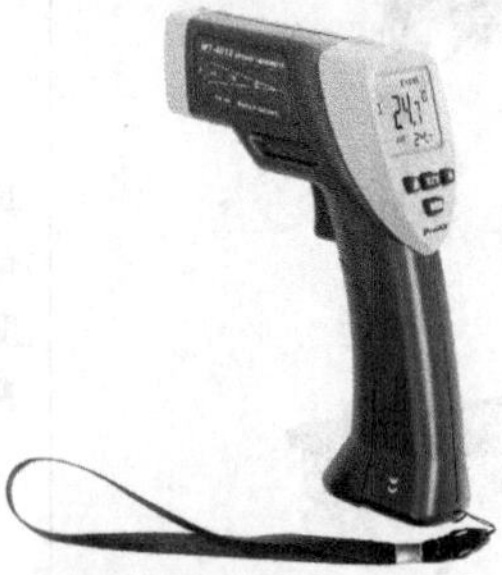	点温计精度高，响应时间迅速，用于测量机床部件的表面温度
万用表	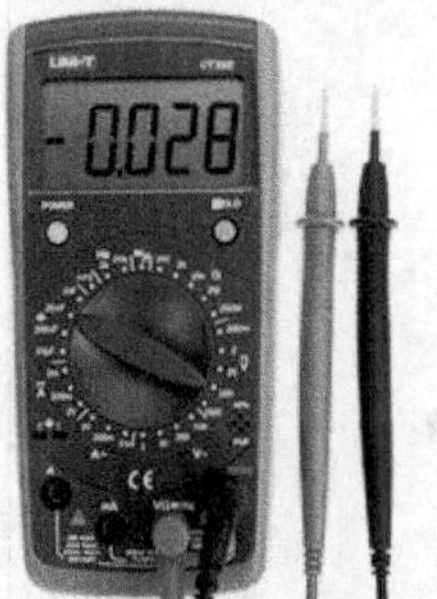	万用表是集电压表、电流表和欧姆表于一体的仪表

（续）

名称	示　意　图	用途及注意事项
声级计	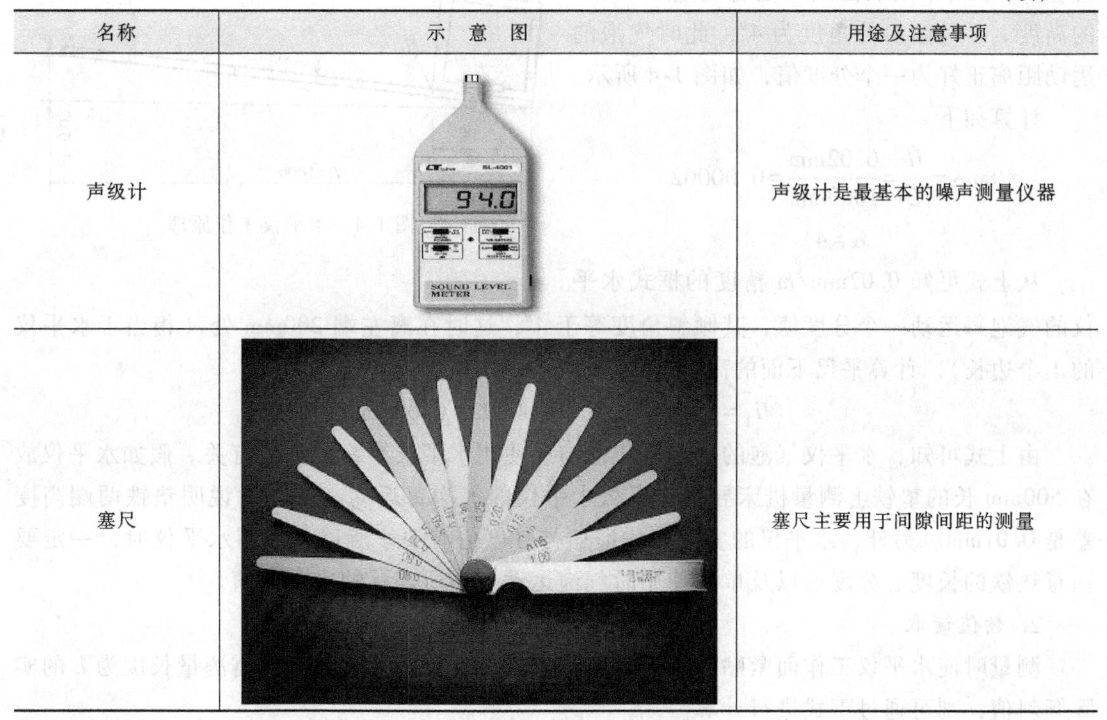	声级计是最基本的噪声测量仪器
塞尺		塞尺主要用于间隙间距的测量

任务实施

一、水平仪的使用

水平仪是一种测量小角度的常用量具。在机械行业和仪表制造中，用于测量相对于水平位置的倾斜角、机床类设备导轨的平面度和直线度、设备安装的水平位置和垂直位置等。按水平仪的外形不同可分为：框式水平仪和尺式水平仪两种。按水平仪的固定方式又可分为：可调式水平仪和不可调式水平仪。

水平仪主要应用于检验各种机床及其他类型设备导轨的直线度和设备安装的水平位置、垂直位置。它也能应用于小角度的测量和带有V形槽的工作面的测量，还可测量圆柱工件的安装平行度，以及安装的水平位置和垂直位置。

1. 工作原理

气泡水平仪是检验机器安装面或平板是否水平，以及测量倾斜方向与角度大小的测量仪器，用高级钢料制造架座，经精密加工后，其架座底座必须平整，座面中央装有纵长圆形状的玻璃管，也有的在左端附加横向小型水平玻璃管，管内充满醚或酒精，并留有一小气泡（在管中永远位于最高点）。玻璃管在气泡两端均有刻度分划。工厂安装机器时，常用气泡水平仪的灵敏度为0.01mm/m、0.02mm/m、0.04mm/m、0.05mm/m、0.1mm/m、0.3mm/m和0.4mm/m等，即将气泡水平仪置于1m长的平面上，当其中一端点有灵敏度指示大小的差异时，如灵敏度为0.01mm/m，即是表示平面两端点有0.01mm的高低差异。

一般框式水平仪的外形尺寸是200mm×200mm，灵敏度为0.02mm/m。框式水平仪的分度值是气泡运动一格时的倾斜度，以秒（″）为单位或以mm/m为单位。若将框式水平仪安置在1m长的平尺表面上，在右端垫0.02mm的高度，平尺倾斜的角度为4″，此时气泡的运动距离正好为一个分度值，如图1-4所示。

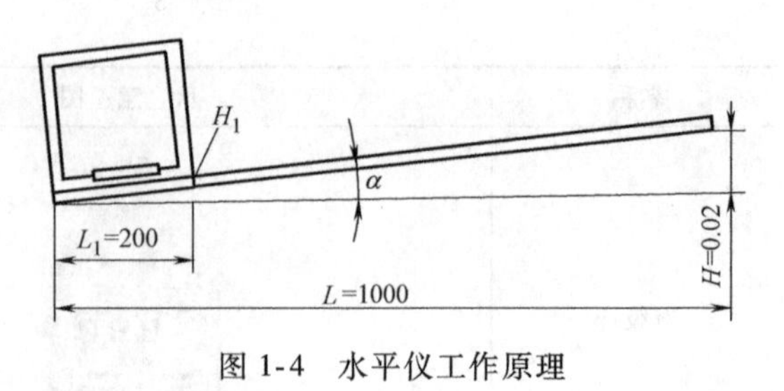

图1-4 水平仪工作原理

计算如下

$$\tan\alpha=\frac{H}{L}=\frac{0.02\text{mm}}{1000\text{mm}}=0.00002$$

$$\alpha=4''$$

从上式可知0.02mm/m精度的框式水平仪的气泡每运动一个分度值，其倾斜角度等于4″，这时在离左端200mm处（相当于水平仪的1个边长），计算平尺下面的高度H_1为

$$H_1=L_1\tan\alpha=200\times0.00002=0.004\text{mm}$$

由上式可知，水平仪气泡的实际变化值与所使用水平仪垫铁的长度有关。假如水平仪放在500mm长的垫铁上测量机床导轨，那么水平仪的气泡每运动一格，就说明垫铁两端高度差是0.01mm。另外，水平仪的实际变化值还与分度值有关。所以，使用水平仪时，一定要注意垫铁的长度、分度值以及单独使用时气泡运动一格所表示的真实数值。

2. 数值读取

测量时使水平仪工作面紧贴被测表面，待气泡稳定后方可读数。如需测量长度为L的实际倾斜值，则可通过下式进行计算

$$实际倾斜值=分度值\times L\times偏差格数$$

例如分度值为0.02mm/m，L=200mm，偏差格数为2格，则

$$实际倾斜值=\frac{0.02\text{mm}}{1000\text{mm}\times200\text{mm}\times2}=0.008\text{mm}$$

为避免由于水平仪零位不准而引起的测量误差，在使用前必须对水平仪零位进行检查或调整。

3. 使用注意事项

使用前，必须先将被测表面和水平仪的工作面擦拭干净，并进行零位检查。

检查时，先将水平仪放在平板上，读取气泡的数值大小，然后将水平仪反转置于同一位置，再读取其数值大小，若读数相同，即表示水平仪底座与气泡管相互间的关系是正确的，否则，需用微调螺钉调整直到读数完全相同，才可做测量工作。若想检查水平仪精度，可用正弦杆和量块组成的已知角度大小进行检测。若测量较大倾斜角也可配合正弦杆与水平仪共同使用。

测量时必须待气泡完全静止后方可读数。

读数时应垂直观察，以免产生误差。

使用完毕应进行防锈处理，放置时注意防振、防潮。

二、百分表的使用方法及使用前的检查

百分表的应用非常广泛，可用于测量几何误差等。例如联轴器找中心，测量晃度、弯曲度等都会用到百分表。百分表的使用见表1-8。

表 1-8　百分表的使用

序号	操　作　步　骤	图　　示
1	零位调整：用手转动表盘，直到大指针对准零位	
2	灵敏度检查：用手指轻抵表杆底部，观察表针是否动作灵敏；松开之后能否回到最初的位置	
3	读数：先读小指针转过的刻线（即毫米整数），再读大指针转过的刻线（即小数部分），并乘以“0.01”，然后两者相加，即得到所测量的数值	

任务三　机床装调中的5S操作规范

任务目标

1. 掌握5S的含义，并掌握“整理”“整顿”“清扫”“清洁”“素养”的推行要点。

2. 将 5S 渗透到实践的各个方面，养成良好的职业习惯。

3. 坚持执行 5S 检查表的要求。

任务引入

一、5S 活动的含义

5S 管理模式是现场管理中一种有效的管理模式。包含整理（SEIRI）、整顿（SEITON）、清扫（SEISO）、清洁（SETKETSU）、素养（SHITSUKE）五个项目。因日语的拼音均以 S 开头，简称 5S。5S 起源于日本，相当于我国企业开展的安全文明生产活动。通过规范现场、现物，营造一目了然的工作环境，培养员工良好的工作习惯，其最终目的是提升人的品质，也即如下几点。

1）革除马虎之心，养成凡事认真的习惯（认认真真地对待工作中的每一件“小事”）。

2）遵守规定的习惯。

3）自觉维护工作环境整洁明了的良好习惯。

4）文明礼貌的习惯。

二、5S 活动的内容

1. 整理

◇将工作场所任何东西区分为必要的东西与不必要的东西。

◇把必要的东西与不必要的东西明确地、严格地区分开来。

◇不必要的东西要尽快处理掉。

目的：

- 腾出空间，空间活用。
- 防止误用、误送。
- 塑造清爽的工作场所。

生产过程中经常有一些残余物料、待修品、待返品、报废品等滞留在现场，既占据地方又阻碍生产，包括一些已无法使用的工夹具、量具、机器设备，如果不及时清除，会使现场变得凌乱。

生产现场摆放不要的物品是一种浪费：

- 即使宽敞的工作场所，也将越变窄小。
- 棚架、橱柜等被杂物占据而减少使用价值。
- 增加了寻找工具、零件等物品的困难，浪费时间。
- 物品杂乱无章地摆放，增加盘点的困难，成本核算失准。

注意点：

要有决心，不必要的物品应断然地加以处置。

实施要领：

- 全面检查自己的工作场所，包括看得到和看不到的。
- 制订“要”和“不要”的判别基准。
- 将不要的物品清除出工作场所。

- 对需要的物品调查使用频度，决定日常用量及放置位置。
- 制订废弃物处理方法。
- 每日自我检查。

2. 整顿

◇对整理之后留在现场的必要的物品分门别类放置，排列整齐。

◇明确数量，并进行有效的标识。

目的：

- 工作场所一目了然。
- 整整齐齐的工作环境。
- 消除找寻物品的时间。
- 消除过多的积压物品。

注意点：

这是提高效率的基础。

实施要领：

- 前一步骤整理的工作要落实。
- 流程布置，确定放置场所。
- 规定放置方法、明确数量。
- 划线定位。
- 场所、物品标识。

整顿的“3要素”：场所、方法、标识。

放置场所：

- 物品的放置场所原则上要100%设定。
- 物品的保管要定点、定容、定量。
- 生产线附近只能放真正需要的物品。

放置方法：

- 易取。
- 不超出所规定的范围。
- 在放置方法上多下功夫。

标识方法：

- 放置场所和物品原则上一对一标识。
- 现物的标识和放置场所的标识。
- 某些标识方法要统一。
- 在标识方法上多下功夫。

整顿的“3定”原则：定点、定容、定量。

定点：放在哪里合适。

定容：用什么容器、颜色。

定量：规定合适的数量。

3. 清扫

◇将工作场所清扫干净。

◇保持工作场所干净、明亮的环境。

目的：

• 消除污物，保持工作场所内干干净净、明明亮亮。

• 稳定品质。

• 减少工业伤害。

注意点：

责任化、制度化。

实施要领：

• 建立清扫责任区（室内、外）。

• 执行例行扫除，清理污物。

• 调查污染源，予以杜绝或隔离。

• 建立清扫基准，作为规范。

4. 清洁

◇将上面 3S 实施的做法制度化、规范化，并贯彻、执行及维持结果。

目的：

• 维持上面 3S 的成果

注意点：

制度化，定期检查。

实施要领：

• 落实前面 3S 工作。

• 制订考评方法。

• 制订奖惩制度，加强执行。

• 高阶主管经常带头巡查，以表重视。

5. 素养

◇通过晨会等手段，提高全员文明礼貌水准。培养每位成员良好的习惯，并遵守规则做事。开展 5S 容易，但长时间地维持必须靠素养的提升。

目的：

• 培养具有好习惯、遵守规则的员工。

• 提高员工文明礼貌水准。

• 营造团体精神。

注意点：

长期坚持，才能养成良好的习惯。

实施要领：

• 制订服装、仪容、识别证标准。

• 制订共同遵守的有关规则、规定。

• 制订礼仪守则。

• 教育训练（新进人员强化 5S 教育、实践）。

• 推动各种精神提升活动（晨会、礼貌运动等）。

任务实施

一、机床装调实习中5S活动的实施及查核

5S活动的推行，除了必须拟订详尽的计划和活动办法外，在推行过程中，每一项均要定期检查、加以控制。表1-9为5S检查表，以供学生实习时自我检查和教师巡查用，也可作为实验管理的标准参照。

表1-9　5S检查表

1. 整理				
项次	检查项目	分值	检查状况	得分
①	通道	0	有很多东西或脏乱	
		1	虽能通行,但要避开,台车不能通行	
		2	摆放的物品超出通道	
		3	超出通道,但有警示牌	
		4	很畅通,又整洁	
②	生产现场的设备、材料	0	一个月以上未用的物品杂乱堆放着	
		1	角落放置不必要的物品	
		2	放半个月以后要用的物品,且紊乱	
		3	一周内要用,且整理好	
		4	3日内使用,且整理好	
③	办公桌(作业台)上下及抽屉	0	不使用的东西杂乱堆放着	
		1	半个月才用一次的也有	
		2	一周内要用,但过量	
		3	当日使用,但过量	
		4	桌面及抽屉内之物品均最低限度,且整齐	
④	料架	0	杂乱存放不使用的物品	
		1	物料破旧,缺乏整理	
		2	摆放不使用的物口,但较整齐	
		3	料架上的物品整齐摆放	
		4	摆放物为近日用,很整齐	
⑤	仓库	0	塞满东西,人不易行走	
		1	东西杂乱摆放	
		2	有定位规定,但没被严格遵守	
		3	有定位也有管理,但进出不方便	
		4	定位管理,进出方便	

（续）

2. 整顿				
项次	检查项目	分值	检查状况	得分
①	设备机器仪器	0	破损不堪，不能使用，杂乱放置	
		1	不能使用的集中在一起	
		2	能使用，但脏乱	
		3	能使用，有保养，但不整齐	
		4	摆放整齐、干净很畅通，最佳状态	
②	工具	0	不能用的工具杂放着	
		1	勉强可用的工具多	
		2	均为可用工具，缺乏保养	
		3	工具保养，有定位放置	
		4	工具采用目视管理	
③	零件	0	不良品与良品杂放在一起	
		1	不良品虽没即时处理，但有区分及标示	
		2	只有良品，但保管方法不好	
		3	保管有定位标示	
		4	保管有定位，有图示，任何人均很清楚	
④	图纸 作业标示书	0	过期与使用的杂放在一起	
		1	不是最新的，也随意摆放	
		2	是最新的，但随意摆放	
		3	有卷宗夹保管，但无次序	
		4	有目录有次序，且整齐，任何人能很快使用	
⑤	文件档案	0	零乱摆放，使用时没法找	
		1	虽显零乱，但可以找得着	
		2	共同文件被定位，集中保管	
		3	以事务机器处理而容易检索	
		4	明确定位，使用目视管理任何人能随时使用	

3. 清扫				
项次	检查项目	分值	检查状况	得分
①	通道	0	有烟蒂、纸屑、铁屑、其他杂物	
		1	虽无污物，但地面不平整	
		2	水渍、灰尘不干净	
		3	早上有清扫	
		4	使用拖把，并定期打蜡，很光亮	

（续）

项次	检查项目	分值	检查状况	得分
②	生产现场	0	有烟蒂、纸屑、铁屑、其他杂物	
		1	虽无污物，但地面不平整	
		2	水渍、灰尘不干净	
		3	零件、材料、包装材料存放不妥，掉在地上	
		4	使用拖把，并定期打蜡，很光亮	
③	办公桌 作业台	0	文件、工具、零件很乱	
		1	桌面、作业台满布灰尘	
		2	桌面、作业台面虽干净，但破损未修理	
		3	桌面、台面很干净、整齐	
		4	除桌面外、椅子及四周均干净亮丽	
④	窗、墙板天花板	0	任凭破烂	
		1	破烂但仅应急简单处理	
		2	乱贴挂不必要的东西	
		3	还算干净	
		4	干净明亮、舒爽	
⑤	设备 工具 仪器	0	有生锈	
		1	虽无生锈，但有油垢	
		2	有轻微灰尘	
		3	保持干净	
		4	使用中有防止不干净措施，并随时清理	

4. 清洁				
项次	检查项目	分值	检查状况	得分
①	通道和作业区	0	没有划分	
		1	有划分，但不流畅	
		2	画线感觉还可以	
		3	画线清楚，地面有清扫	
		4	通道及作业区感觉舒爽	
②	地面	0	有油或水	
		1	油渍或水渍显得不干净	
		2	不是很平	
		3	经常清理，没有污物	
		4	地面干净明亮，感觉舒服	
③	办公桌 作业台 椅子 架子 会议室	0	很脏乱	
		1	偶尔清理	
		2	虽有清理，但还显得脏乱	
		3	自己感觉良好	
		4	任何人都会觉得很舒服	

（续）

项次	检查项目	分值	检查状况	得分
④	洗手台 厕所等	0	容器或设备脏乱	
		1	破损未修补	
		2	有清理，但还有异味	
		3	经常清理，没异味	
		4	干净明亮，还加以装饰，感觉舒服	
⑤	储物室	0	阴暗潮湿	
		1	虽阴湿，但有通风	
		2	照明不足	
		3	照明适度，通风好，感觉清爽	
		4	干干净净，整整齐齐，感觉舒服	

5. 素养

项次	检查项目	分值	检查状况	得分
①	日常 5S 活动	0	没有活动	
		1	虽有清洁、清扫工作，但非 5S 计划性工作	
		2	开会有对 5S 宣导	
		3	平常做能够做得到的	
		4	活动热烈，大家均有感觉	
②	服装	0	穿着脏，破损未修补	
		1	不整洁	
		2	纽扣或鞋带未弄好	
		3	厂服、识别证依规定	
		4	穿着依规定，并感觉有活力	
③	仪容	0	不修边幅又脏	
		1	头发、胡须过长	
		2	上两项，其中一项有缺点	
		3	均依规定整理	
		4	感觉精神、有活力	
④	行为规范	0	举止粗暴，口出脏言	
		1	衣衫不整，不卫生	
		2	自己的事可做好，但缺乏公德心	
		3	自觉遵守规则	
		4	主动精神、团队精神	
⑤	时间观念	0	大部分人缺乏时间观念	
		1	稍有时间观念，开会迟到的很多	
		2	不愿时间约束，但会尽力去做	
		3	约定时间会全力去完成	
		4	约定的时间会提早去做好	

二、成绩评定与红灯、红牌警示

实习指导教师要对学生执行 5S 规范的情况加强巡查，并做好记录，及时发现存在的问题点。对于检查中的优、缺点，教师要在课堂讲评中分别予以说明，并对相应学生予以表扬或纠正。同时，要将检查成绩及时公布，成绩的高低依相应的灯号表示，具体如下。

1）90 分以上（含 90 分）绿灯。

2）80~89 分蓝灯。

3）70~79 分黄灯。

4）70 分以下红灯。

除对低于 70 分的学生给予红灯警告外，检查老师对于检查中不合乎 5S 规范的场所也要采取红牌警示，即在不良之处贴上醒目的红牌子，以待各实习小组或学生改进。各实习小组的目标就是尽量减少“红牌”的发生机会。

项目二　进给传动系统装调

项目概述

数控机床的进给传动系统是伺服系统的重要组成部分，它将伺服电动机的旋转运动或直线伺服电动机的直线运动通过机械传动结构转化为执行机构的直线或回转运动。本项目主要讲述进给传动系统的安装与检测。

任务一　导轨、丝杠部件的装调

任务目标

1. 掌握进给系统各部件的定义、结构组成、应用场合和使用方法等。
2. 掌握加工中心导轨、丝杠部件的安装方法。

任务引入

一、联轴器

联轴器（图 2-1）是用来连接不同机构中的两根轴（主动轴和从动轴），使其共同旋转以传递转矩的机械零件。在高速、重载的动力传动中，有些联轴器还有缓冲、减振和提高轴系动态性能的作用。联轴器由两半部分组成，分别与主动轴和从动轴连接。一般动力机大都借助于联轴器与工作机相连接。

将主动轴上的转矩精准地传递到从动轴上，主动轴和从动轴在安装过程中会出现角度误差、平行误差和间隙误差（图 2-2）。因此可将联轴器可分为刚性联轴器和柔性联轴器。

图 2-1　联轴器

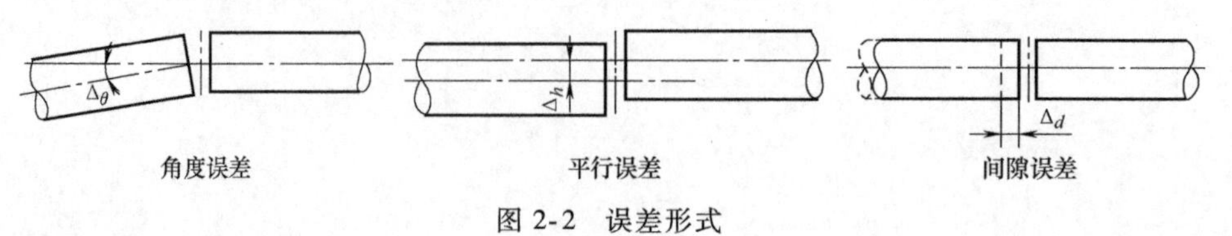

图 2-2　误差形式

其中刚性联轴器又可分固定式（套筒联轴器、凸缘联轴器等）、可移式（齿式联轴器、滑块联轴器及万向联轴器等）。

刚性联轴器的特点：刚性联轴器不具有补偿被连两轴线相对偏移的能力，不具有缓冲减振性能，但结构简单、价格便宜。只有在载荷平稳、转速稳定，能保证被连轴线相对偏移极小的情况下才可选用刚性联轴器。

弹性联轴器的特点：有很好的缓冲性、减振性，承载力适中；更重要的是弹性联轴器能够允许主动轴和从动轴之间存在一定的安装误差。

弹性联轴器见表 2-1。

表 2-1　弹性联轴器

1)波纹管式联轴器 特点:具有超强纠偏性;顺、逆时针回转特性完全相同;可耐高温、免维护;适用于小转矩传动,零回转间隙	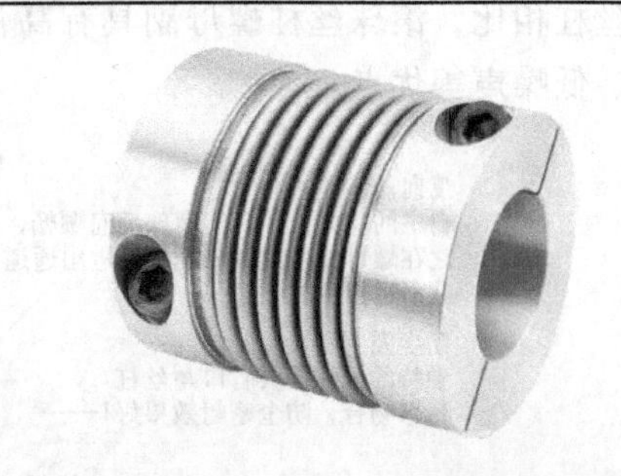
2)梅花联轴器 特点:工作稳定、可靠,具有良好的减振、缓冲性能以及较大的轴向、径向和角向补偿能力;高强度聚氨酯弹性元件耐磨、耐油,承载能力大,使用寿命长;适用于中等转矩传动时的连接	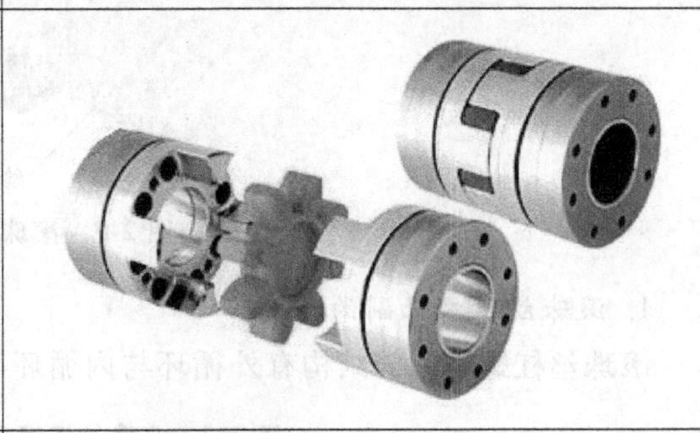
3)膜片联轴器 特点:承载能力大,适用范围广,传递转矩范围在 30~8100000N·m,使用寿命长,工作温度范围大(最高可达 280℃),可在腐蚀介质中工作,结构简单,易于加工制造,没有磨损件,不需润滑,易于维修,振动小、无噪声;靠膜片的弹性变形来补偿所连两轴的相对位移;其适用于中等以上转矩传动,传动精度高、可靠性高、可高温下运转	
4)齿式联轴器。内齿和外齿啮合,其适用于大转矩传动	

二、滚珠丝杠螺母副

目前广泛应用的进给运动的传动方式主要有两种：一种是回转伺服电动机通过滚珠丝杠

螺母副间接传动的进给运动方式，另一种是采用直线伺服电动机直接驱动的进给运动方式。后者多用于高速加工中。滚珠丝杠螺母副（图2-3）简称滚珠丝杠副，是一种在丝杠与螺母间装有滚珠作为中间传动元件的丝杠副，是回转运动与直线运动相互转换的传动装置。当丝杠旋转时，滚珠在滚道内既自转又沿滚道循环转动，因而迫使螺母（或丝杠）轴向移动。与传统丝杠相比，滚珠丝杠螺母副具有高传动精度、高效率、高刚度、可预紧、运动平稳、寿命长、低噪声等优点。

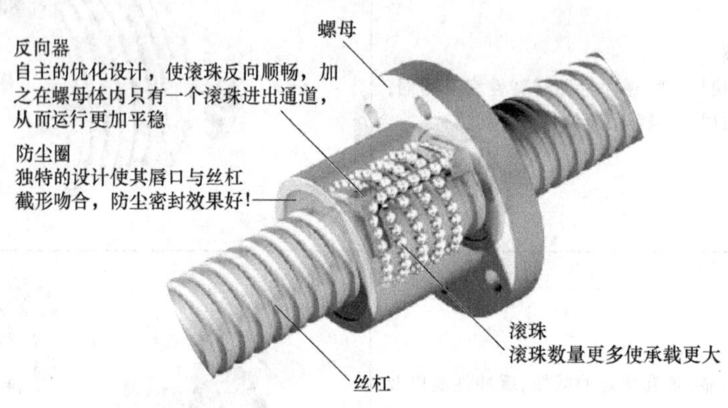

图2-3　滚珠丝杠螺母副

1. 滚珠丝杠螺母副的结构

滚珠丝杠螺母副的结构有外循环与内循环两种方式，见表2-2。

表2-2　滚珠丝杠螺母副的常用循环方式

1）外循环。端部导流方式的构造为在螺母端部沿丝杠切线方向将滚珠斜向拉起，并通过设在螺母内部的导流孔。在螺母中央将滚珠拉起的方式称为中部导流方式。其特点为螺母外径小，可进行微型设计，无噪声高速传送	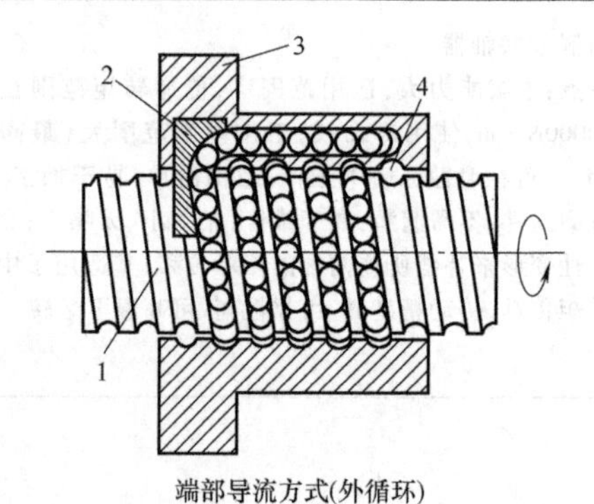 端部导流方式(外循环) 1—丝杠　2—端部导流器　3—螺母　4—导流孔
2）内循环。滚珠在循环过程中，始终与丝杠保持接触的称为内循环。这种结构以反向器跨越相邻的两个滚道，滚珠从螺纹滚道通过反向器进入相邻滚道，形成一个闭合的循环回路。一般一个螺母上装有2~4个反向器，反向器沿螺母圆周均布。一列只有一圈滚珠，因而工作滚珠数目少，顺畅性好，摩擦小，效率高	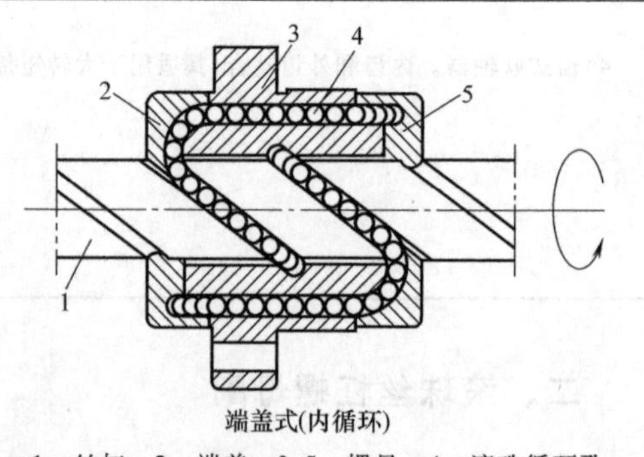 端盖式(内循环) 1—丝杠　2—端盖　3、5—螺母　4—滚珠循环孔

2. 滚珠丝杠螺母副的应用

安装方式对滚珠丝杠螺母副承载能力、刚性及最高转速有很大影响。滚珠丝杠螺母副在安装时应满足以下要求。

1）滚珠丝杠螺母副相对工作台不能有轴向窜动。

2）螺母座孔中心线应与丝杠安装轴线同心。

3）滚珠丝杠螺母副中心线应平行于相应的导轨。

4）能方便地进行间隙调整、预紧和预拉伸。

滚珠丝杠螺母副的预紧方式有以下几种，见表2-3。

表2-3 滚珠丝杠螺母副的预紧方式

预紧方式	图示
1. 双螺母预紧（D预紧） 使用2个螺母在其中间插入垫圈，施加预紧。一般仅根据预紧量插入一定厚度的垫圈，而不是根据螺母之间的间隙。相反，有时也会使用薄的垫圈	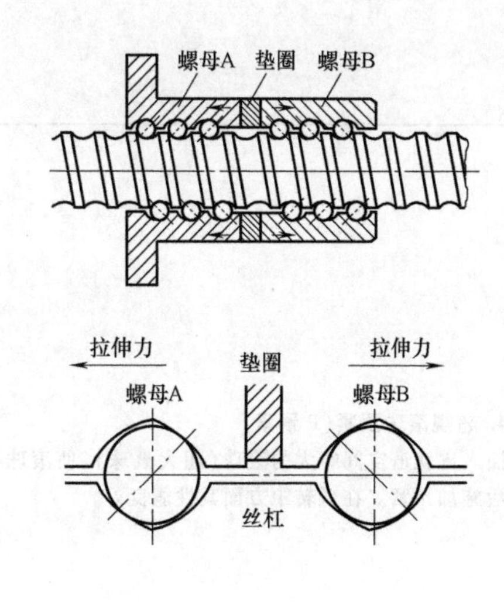
2. 弹簧式双螺母预紧（J预紧） 将D预紧方式的垫圈改为弹簧。根据载重的方向而刚性有所不同，所以使用时需要有所考虑	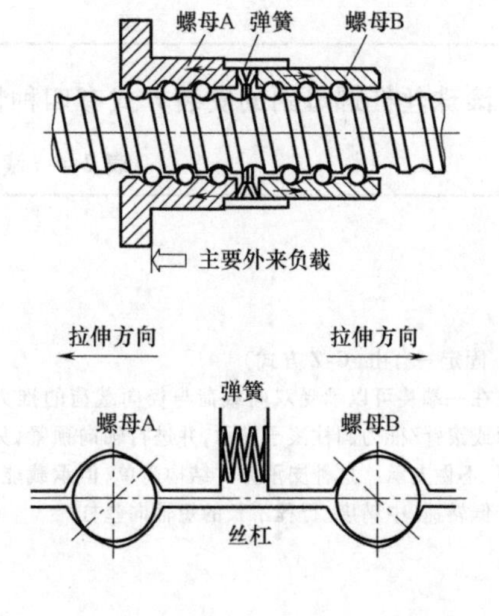

（续）

3. 偏移预紧(Z 预紧) 对于螺母中央附近的导程只增加 α 的预紧量进行预紧。采用单螺母,其预紧方式与 D 预紧方式相同。因不使用垫圈,可进行微型化设计	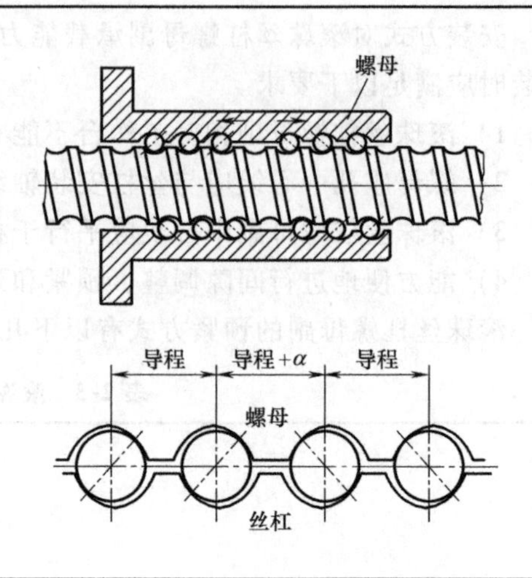
4. 超规滚珠预紧(P 预紧) 插入比轨道空间略大的滚珠(超大滚珠),使滚珠 4 点接触,然后施加预紧。在低转距方面其性能良好	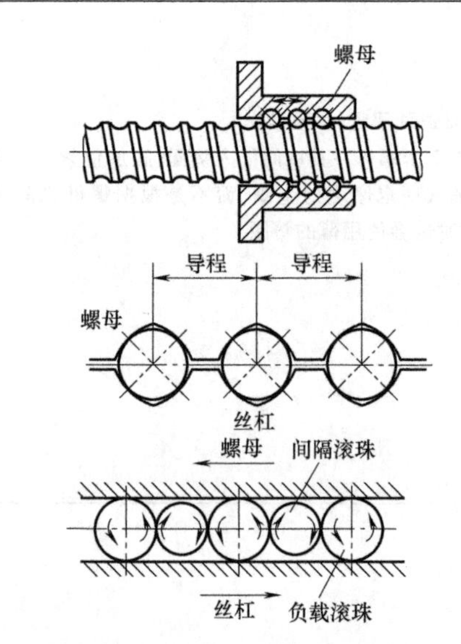

滚珠丝杠螺母副的安装方式有四种情况，见表 2-4。

表 2-4　滚珠丝杠螺母副的安装方式

1. 固定—自由(G-Z 方式) 仅在一端装可以承受双向载荷与径向载荷的推力角接触球轴承或滚针/推力圆柱滚子轴承,并进行轴向预紧,另一端完全自由,不做支承。这种支承方式结构简单,但承载能力较小,适用于低转速、中精度、行程不长的短轴向丝杠	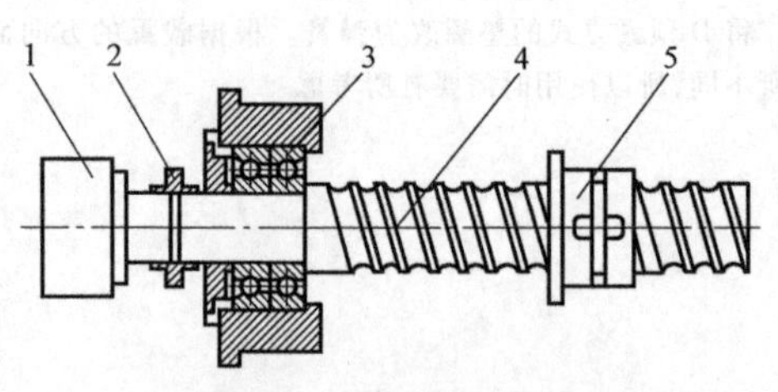 1—电动机　2—弹性联轴器　3—轴承 4—丝杠　5—螺母

（续）

2. 两端支承方式（J-J方式） 丝杠两端均为支承，这种支承方式简单，但由于支承端只承受径向力，丝杠热变形后伸长，将影响加工精度，只适用于中等转速、中精度的场合	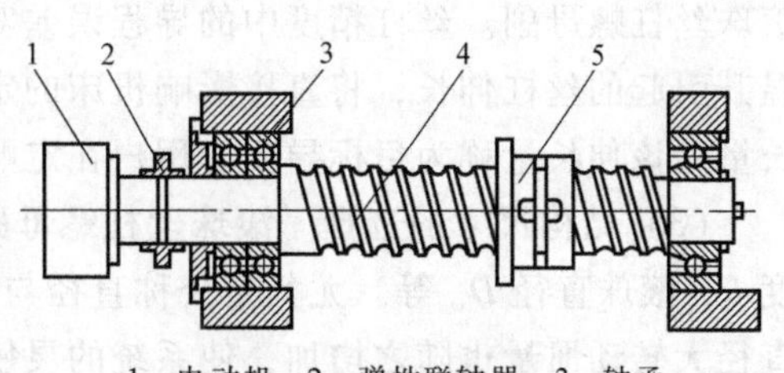 1—电动机 2—弹性联轴器 3—轴承 4—丝杠 5—螺母
3. 固定—支承方式（G-J方式） 丝杠一端固定，另一端支承。固定端同时承受轴向力和径向力；支承端只承受径向力，而且能做微量的轴向浮动，可以减少或避免因丝杠自重而出现的弯曲，同时丝杠热变形可以自由地向一端伸长。适用于中等转速、高精度的场合	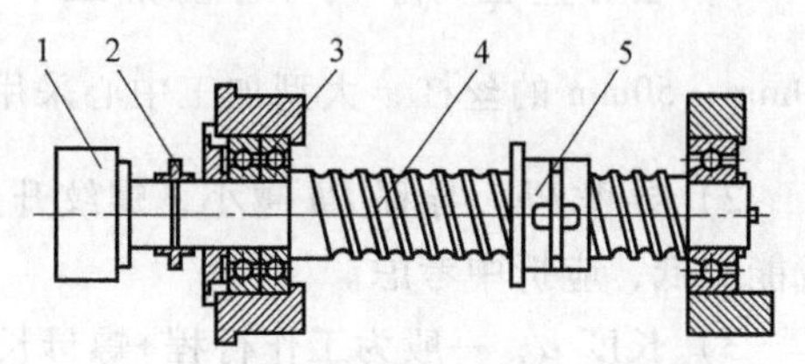 1—电动机 2—弹性联轴器 3—轴承 4—丝杠 5—螺母
4. 固定—固定双推方式（G-G方式） 丝杠两端均固定，在两端都安装承受双向载荷与径向载荷的推力角接触球轴承或滚针/推力圆柱滚子轴承，并进行预紧，提高丝杠支承刚度，可以部分补偿丝杠的热变形。适用于高转速、高精度的场合	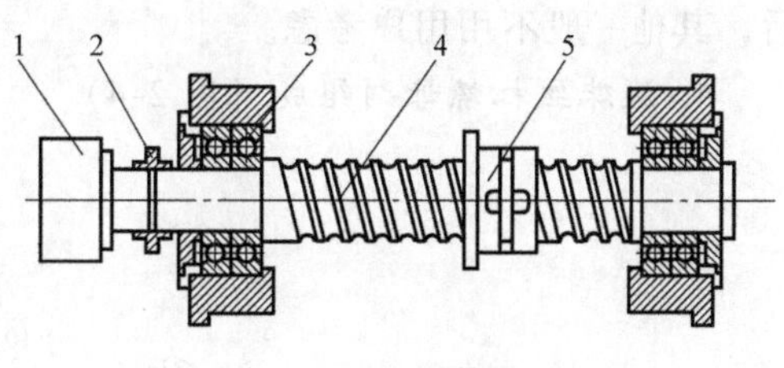 1—电动机 2—弹性联轴器 3—轴承 4—丝杠 5—螺母

3. 滚珠丝杠螺母副的选择方式

滚珠丝杠螺母副的型号根据其结构、规格、精度、螺纹旋向等特征常按下列格式标注。

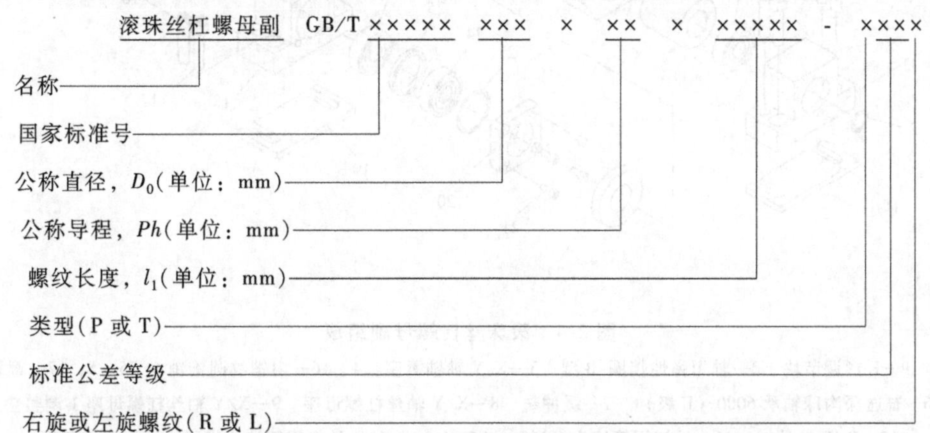

（1）选用要点　应该根据机床的精度要求来选用滚珠丝杠螺母副的精度，根据机床的载荷来选定丝杠的直径，并且要验算丝杠扭转刚度、压曲刚度、临界转速与工作寿命等。

（2）精度等级的选择　滚珠丝杠螺母副的精度将直接影响数控机床各坐标轴的定位精

度。普通精度的数控机床，一般可选用5（D）级，精密级数控机床选用4（C）级精度的滚珠丝杠螺母副。丝杠精度中的导程误差对机床定位精度影响最明显，而丝杠在运转中由于温升引起的丝杠伸长，将直接影响机床的定位精度。通常需要计算出丝杠由于温升产生的伸长量，该伸长量称为目标导程。用户在定购丝杠时，必须给出目标导程。

（3）结构尺寸的选择　滚珠丝杠螺母副的结构尺寸主要有：公称直径 D_0、导程 Ph、长度 L、滚珠直径 D_w 等。尤其是公称直径与刚度直接相关，直径大承载能力和刚度越大，但直径大转动惯量也随之增加，使系统的灵敏度降低。所以，一般是在兼顾两者的情况下选取最佳直径。

1）公称直径 D_0。对于小型加工中心采用32mm、40mm的丝杠，中型加工中心采用40mm、50mm的丝杠，大型加工中心采用50mm、63mm的丝杠，但通常应大于$\left(\frac{1}{35}\sim\frac{1}{30}\right)L$。

2）导程 Ph。导程 Ph 越小，螺纹升角小，摩擦力矩小，分辨率高，但传动效率低，承载能力低，应折中考虑。

3）长度 L。一般为工作行程+螺母长度+(5~10) mm；滚珠直径 D_w 越大，承载能力越高，尽量取大值，一般取 $D_w=0.6Ph$。

4）滚珠的工作圈数、列数和工作滚珠总数对丝杠工作特性影响较大；当前面三项确定后，其他一般不用用户考虑。

4. 滚珠丝杠螺母副组成（图2-4）

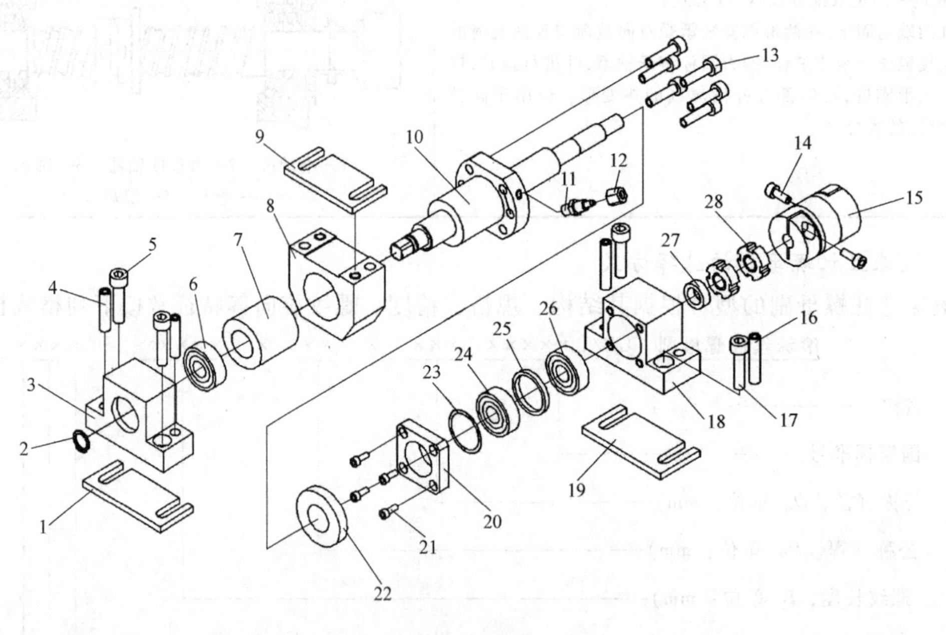

图2-4　滚珠丝杠螺母副组成

1、19—E形调节块　2—轴用弹性挡圈-B型　3—X/Y轴轴承座　4、16—内螺纹圆锥销6×25　5、17—螺钉　6—普通深沟球轴承6000（E级）　7—缓冲垫　8—X/Y轴丝杠螺母座　9—X/Y轴丝杠螺母座1调整垫　10—X/Y轴丝杠　11—丝杠用管接头（M6×0.75/M6）　12—丝杠用管接头螺母　13—内六角螺钉M5×20　14—内六角螺钉M4×10　15—联轴器　18—X/Y轴轴承座调整垫　20—X/Y轴轴承座1轴轴承盖　21—内六角螺钉M3×8　22—缓冲垫　23—轴承座盖垫（厚度按需）　24、26—单列角接触球轴承7000C（E级）　25—隔圈　27—隔垫　28—小圆螺母M10×1

三、导轨

导轨主要用来支承和引导运动部件沿一定的轨道运动，从而保证各部件的相对位置和相对位置精度。导轨在很大程度上决定了数控机床的刚度、精度和精度保持性，所以数控机床要求导轨的导向精度要高，耐磨性要好，刚度要大和良好的摩擦特性。常见导轨有滑动导轨和滚动导轨。

1. 滑动导轨

滑动导轨分为金属对金属的一般类型的导轨和金属对塑料的塑料导轨两类。金属对金属形式，静摩擦因数大，动摩擦因数随速度变化而变化，在低速时易产生爬行现象。而相对于一般导轨，塑料导轨具有塑料化学成分稳定、摩擦因数小、耐磨性好、耐蚀性强、吸振性好、密度小、加工成形简单，能在任何液体或无润滑条件下工作等特点，在数控机床中得到了应用。塑料导轨有聚四氟乙烯导轨软带和环氧性耐磨导轨涂层两种。在使用中，前者用粘贴的方法，因此习惯上称为“贴塑导轨”；后者采用涂刮或注入膏状塑料的方法，习惯称为“注塑导轨”。塑料导轨的缺点是耐热性差、导热率低、热膨胀系数比金属大、在外力作用下易产生变形、刚性差、吸湿性大、影响尺寸稳定性。

2. 滚动导轨

滚动导轨是在导轨面间放置滚珠、滚柱、滚针等滚动体，使导轨面间的摩擦为滚动摩擦，滚动导轨具有运动灵敏度高、定位精度高、精度保持性好和维修方便的优点。图 2-5 所示为直线导轨。

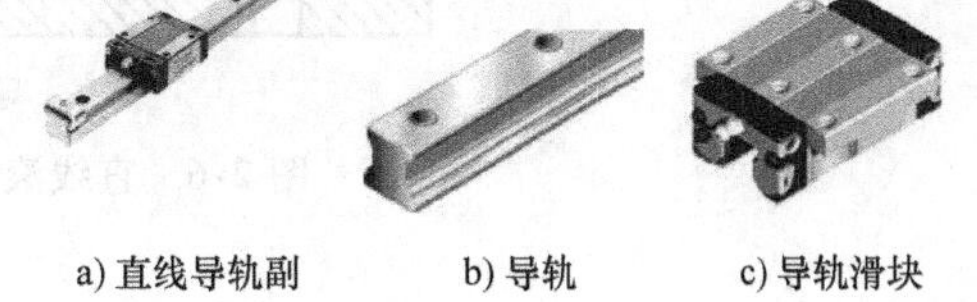

a) 直线导轨副　　b) 导轨　　c) 导轨滑块

图 2-5　直线导轨

滚动导轨按形状可分为滚动直线导轨、滚动圆弧导轨。其中滚动圆弧导轨可以实现任意直径大小圆弧或圆周运动，克服了用轴承或滚动支承等设备加工而带来的尺寸限制，理论上讲滚动圆弧导轨在直径越大的场合，其设计、制造、安装、维护等就越方便。

滚动直线导轨按导轨与滑块的关系分为整体型导轨和分离型导轨。对于分离型导轨，在实际使用中可以任意调整导轨与滑块之间的预加载荷，提高系统的刚性或运动的平稳性；而且导轨的高度很低，可以在很狭小的空间实现精密直线导向运动。

在机床维修中，如遇机床直线导轨损坏，可以进行更换，因为直线导轨的更换比贴塑面的刮研工艺性好，几何精度相对容易保证，是现场维修技术人员应该掌握的技能。

3. 滚动导轨的安装、预紧

直线滚动导轨的安装固定方式（图 2-6）主要有螺钉固定、压板固定、定位销固定和楔块固定。直线滚动导轨的安装形式可以水平、竖直或倾斜；可以两根或多根平行安装；也可以把两根或多根短导轨接长，以适应各种行程和用途的需要。采用直线滚动导轨，可以简化机床导轨部分的设计、制造和装配工作。直线滚动导轨安装基面的精度要求不太高，通常只要精铣或精刨。由于直线滚动导轨对误差有均化作用，安装基面的误差不会完全反映到滑座的运动上来；通常滑座的运动误差约为基面误差的 1/3。

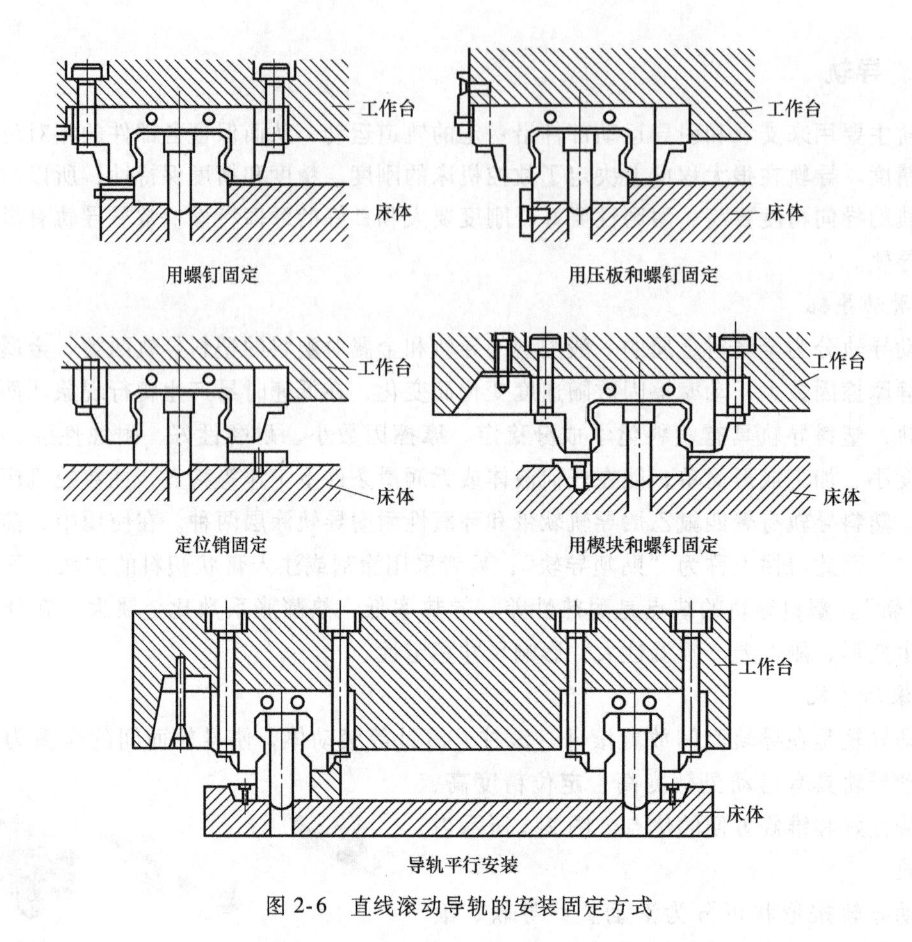

图 2-6　直线滚动导轨的安装固定方式

任务实施

一、装配前准备工作

1. 清洗

机床零件在装配前要进行清洗，以去除防锈油、锈蚀层及其他污物。组装的大型机床，有的还需要提前清洗，便于部件安装。为了顺利地进行清洗，有的零部件还需要拆卸。组装的机床和拆卸后的零部件，又必须重新装配。因而，机床在安装过程中进行清洗是十分必要的。

（1）清洗工具（图 2-7）　供清洗用的材料应根据被清洗物的性质确定。一般干油（油脂）、矿物质油等防锈层用煤油、汽油及化学清洗剂清洗；防锈漆用稀释剂或脱漆剂清洗；气相防锈剂用（12~15）%亚硝酸钠和（0.5~0.6）%碳酸钠的水溶液或酒精清洗；锈蚀部分用除锈剂或丙酮清洗。此外，难于清洗或不便清洗的零部件用温度不高于 40℃ 的煤油清洗；粗糙表面用碱性清洗液清洗；重要表面用汽油、酒精清洗；管道、油路用压缩空气吹净。

清洗时常用的擦拭材料和用具有棉纱、细布、绸布、毛刷、软质刮具（图 2-8）等。选用清洗、擦拭材料和用具必须按具体对象确定。例如，清洗和擦拭机床变速箱、主轴箱，不能用棉纱面而应用煤油（或热煤油）冲洗；精密配合表面不能用细布而应用绸布清洗、擦拭等。

煤油

脱漆剂

酒精

图 2-7 清洗工具

（2）清洗方法 清洗通常分初洗和净洗两步。首先刮去或擦掉防锈油、油污和锈蚀层等，然后用清洗剂清洗，这就是初洗。初洗后再用洁洗剂仔细冲洗、擦洗，宜到干净为止，这就是净洗。清洗后配合表面不能留有棉纱的线头或毛刷的细毛，导轨不能留下刮痕，滚动轴承的滚道内不能留有污物。

图 2-8 软质刮具

（3）清洗注意事项 机床上的零部件应按装配顺序清洗。不必拆卸的部件尽量不要拆卸。凡拆下的零件或部件，应注意原来的装配位置，必要时可用铁丝按顺序拴上或穿过移动部件，清洗前不得移动，对于滚动轴承，清洗干净后不要快速转动。清洗完成后要在重要部分表面涂一层机油或其他规定的油类。凡用汽油、酒精清洗的零部件，须立即在加工表面涂油（或油脂），以防锈蚀。当机床底座与混凝土地面间需要灌浆时，为避免清洗时污染基础，凡能移到基础外进行清洗的零部件，应尽量在外面清洗，不能在基础外清洗时，要采取适当的防护措施。

这里还须着重指出，某些机床的重要部位不能随便清洗和擦拭，如光学装置的镜头、精密刻绒尺的工作表面等。必须清洗、擦拭时，应按说明书的规定或相关指导性资料的要求进行清洗。

2. 准备工具

（1）安装使用工具

1）内六角扳手（图 2-9）。它体现了其和其他常见工具（如一字螺钉旋具和十字螺钉旋具）之间最重要的差别，它通过力矩施加对螺钉的作用力，大大降低了使用者的用力强度。

内六角扳手是制造业中不可或缺的得力工具，关键在于它本身所具有的独特之处和如下诸多优点。

① 它很简单而且轻巧。

② 内六角圆柱头螺钉与内六角扳手之间有六个接触面，受力充分且不容易损坏。

③ 可以用来拧深孔中的螺钉。

④ 内六角扳手的直径和长度决定了它的扭转力。

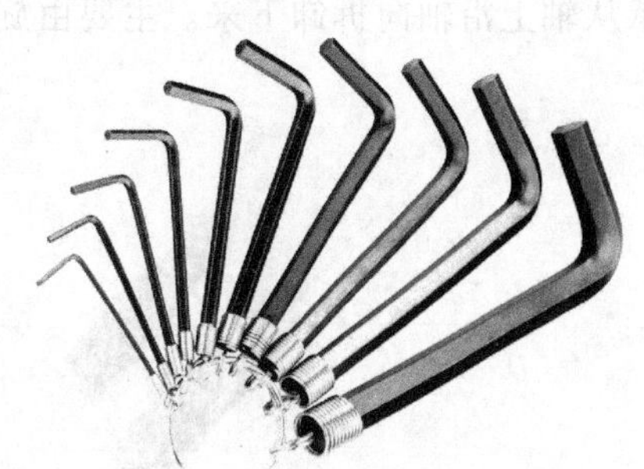
图 2-9 内六角扳手

⑤ 可以用来拧非常小的螺钉。

⑥ 容易制造，成本低廉。

⑦ 内六角扳手的两端都可以使用。

规格：0.9mm、1.3mm、1.5mm、2mm、2.5mm、3mm、4mm、5mm、6mm、8mm、10mm、12mm、14mm、17mm、19mm、22mm、27mm。

内六角扳手配对各种螺钉规格表见表 2-5。

表 2-5 内六角扳手配对各种螺钉规格表

英制六角匙 /in	英制杯头 /in	英制机米 /in	公制六角匙 /mm	公制杯头 /mm	公制机米 /mm	公制平圆杯 /mm
			0.9		2	
			1.3		2.5	2
1/16		1/8	1.5	2	3	2.5
5/64		5/32	2.0	2.5	4	3
3/32	1/8	3/16	2.5	3	5	4
1/8	5/32	1/4	3.0	4	6	5
5/32	3/16	5/16	4.0	5	8	6
3/16	1/4	3/8	5.0	6	10	8
7/32	5/16		6.0	8	12	10
5/16	3/8	5/8	8.0	10	16	12
3/8	7/16		10.0	12	20	16
3/8	1/2	3/4	12.0	14		
1/2	5/8		14.0	16/18		
9/16	3/4		17.0	20/2		
5/8	7/8		19.0	24		
3/4	1		22.0	30		
1/4		1/2	27.0	36		

2）螺钉旋具。螺钉旋具（图 2-10）是一种用来拧转螺钉以迫使其就位的工具，通常有一个薄楔形头，可插入螺钉头的槽缝或凹口内。其主要有一字和十字两种。

3）拉拔器。拉拔器（图 2-11）是机械维修中经常使用的工具。其主要用来将损坏的轴承从轴上沿轴向拆卸下来。主要由旋柄、螺旋杆和拉爪构成。其有两爪、三爪，主要尺寸为

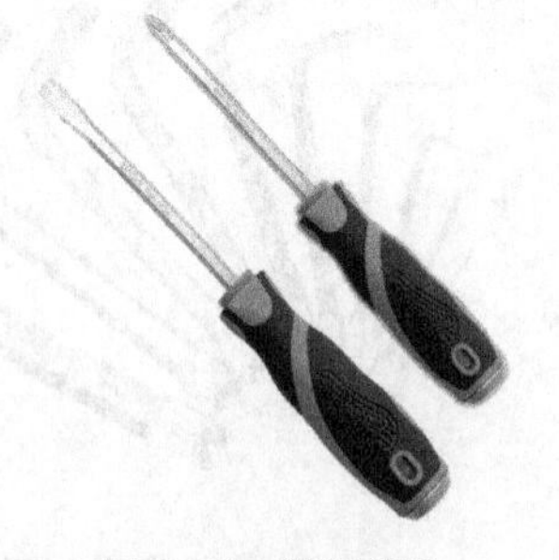

图 2-10 螺钉旋具

图 2-11 拉拔器

拉爪长度、拉爪间距、螺杆长度，以适应不同直径及不同轴向安装深度的轴承。使用时，将螺杆顶尖定位于轴端顶尖孔以调整拉爪位置，使拉爪挂钩于轴承外圈，旋转旋柄使拉爪带动轴承沿轴向向外移动从而拆卸轴承。

（2）测量工具

1）千分表。千分表（图 2-12）是利用精密齿条齿轮机构制成的表式通用长度测量工具。千分表的示值范围一般为 0~10mm，大的可以达到 100mm。改变测头形状并配以相应的支架，可制成千分表的变形品种，如厚度千分表、深度千分表。

如用杠杆代替齿条则可制成杠杆千分表。它们适用于测量普通千分表难以测量的外圆、小孔和沟槽等的几何公差。

2）磁力表座。磁力表座（图 2-13）外壳为两块导磁体，中间用不导磁的铜板隔开。内部有一个可以旋转的磁体，此磁体沿直径方向为 N、S 极。

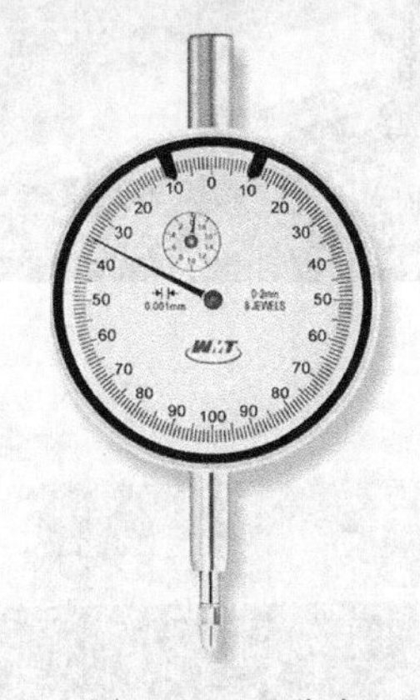

图 2-12　千分表

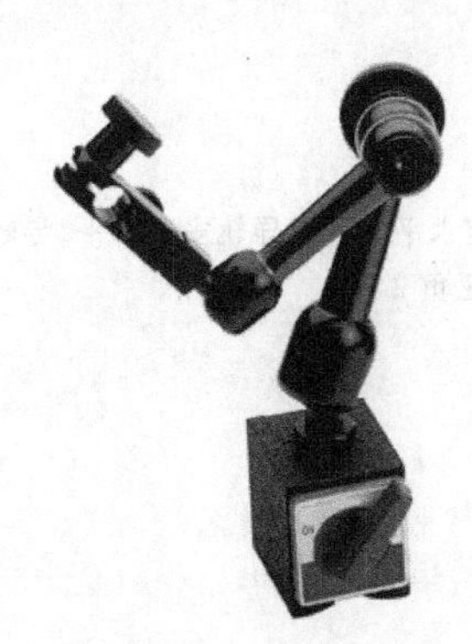

图 2-13　磁力表座

工作原理（图 2-14）：当磁体旋转到中间位置，磁力线分别在两块导磁体中形成闭路时磁力表座可以轻易取走；旋转 90°后，N、S 极分别对着两块导磁体，此时从 N 极到导磁体到导轨到另一块导磁体到 S 极形成磁力线闭合，磁力表座可以牢牢地附着在导轨上。

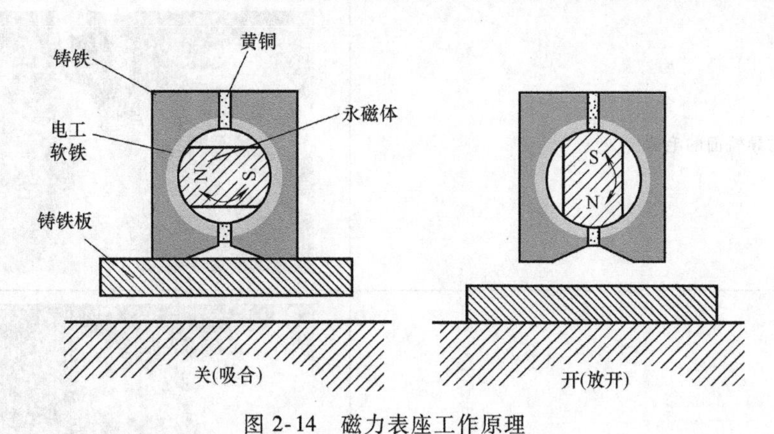

图 2-14　磁力表座工作原理

二、Y 向导轨、丝杠部件的装调

1）机床底座与床鞍装配过程见表 2-6。

表 2-6 机床底座与床鞍装配过程

1) 机床床鞍底面刮研配合。底座刮研完成以后，精度需要达到 $25mm^2 \times 25mm^2$、接触点为 8~12 点，然后用 M12 的内六角圆柱头螺钉将底座和机床固定	
2) 导轨安装水平。检测导轨安装水平，导轨安装水平应保证在 100mm 内正负 2 格	

2）机床导轨刮研过程见表 2-7。

表 2-7 机床导轨刮研过程

1) 用油石除去导轨面的毛刺	
2) 刮研导轨	

（续）

3）刮研一遍后，将导轨抹上朱砂，用磨具进行研磨，找到凸起部分进行二次刮研，反复进行此过程以保证导轨平面的平面度	
4）用60°的磨具进行左右运动，保证夹角为60°，同时要测出导轨接触面刮研的精度是否达到安装标准。表面朱砂分布均匀、无硬点为合格	
5）检验导轨平行度。首先将磁力表座固定、吸附在移动导轨上，磁力表座另一头安装千分表，然后利用千分表来测量Y轴两导轨之间的平行度，导轨间的误差范围应在0.02mm之内，没有达到标准需进行刮研、调整	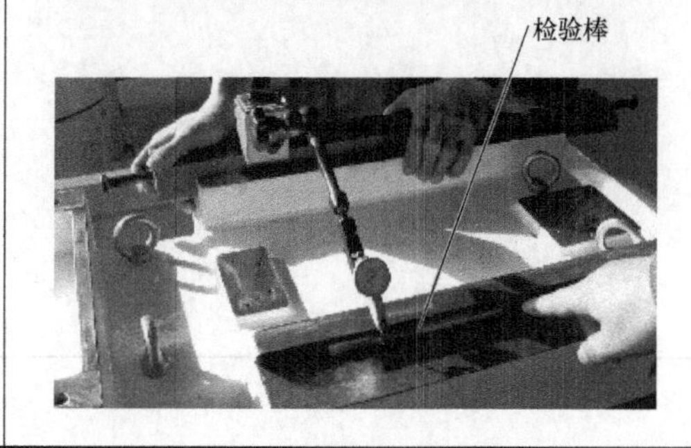

3）Y轴滚珠丝杠螺母副安装过程见表2-8。

表2-8 Y轴滚珠丝杠螺母副安装过程

1）滚珠丝杠螺母副与轴承座固定。将轴承座安装到滚珠丝杠螺母副上，用M4内六角圆柱头螺钉将轴承座固定	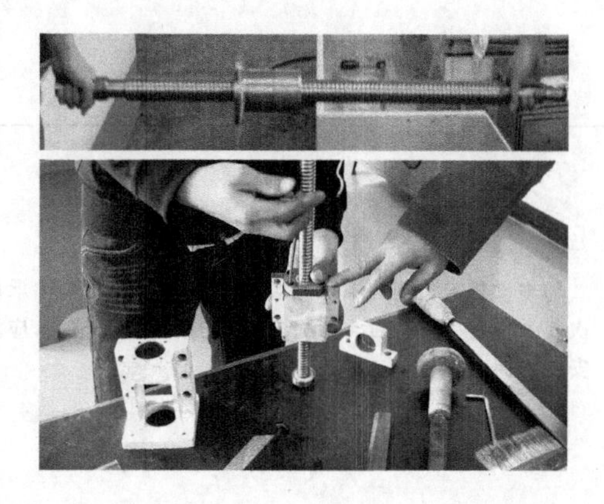

（续）

2)清洁丝杠。安装完成后,将轴承两端清洁干净	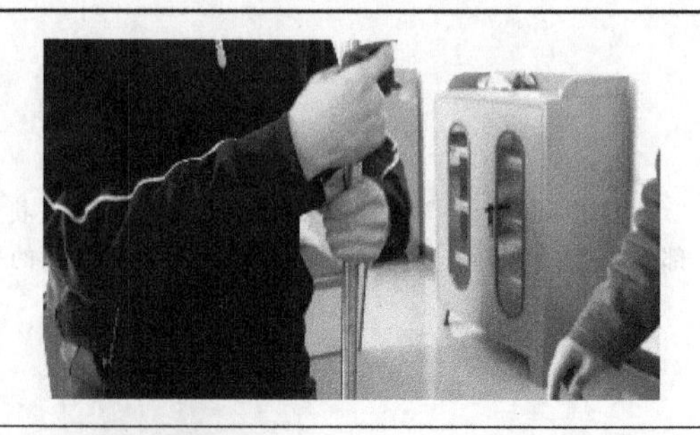
3)安装隔圈。将用煤油冲洗过的隔圈安装到轴端上	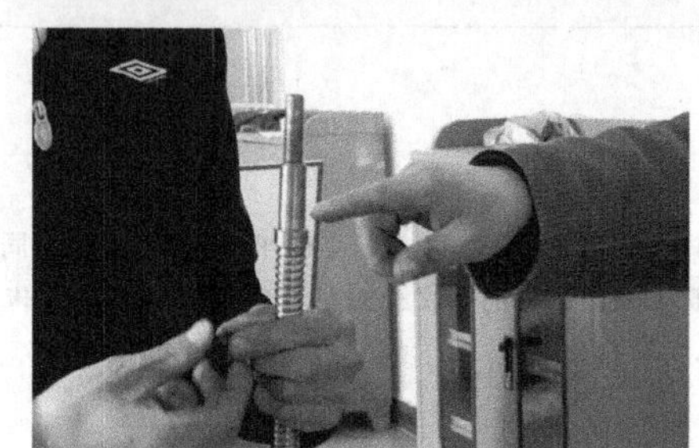 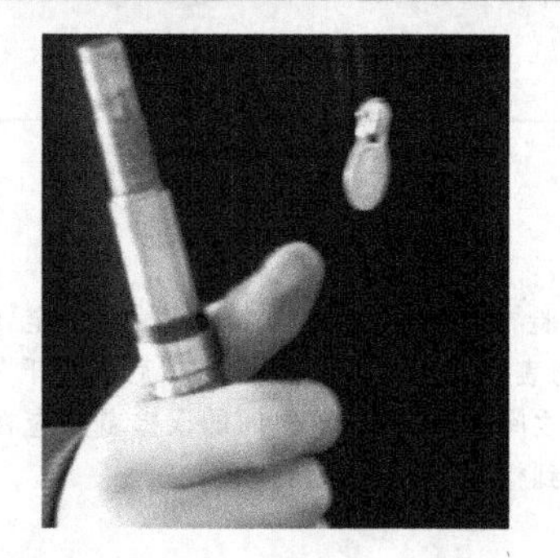
4)非电动机安装侧的轴承座安装。将丝杠的其中一端先安装上轴承和轴承座	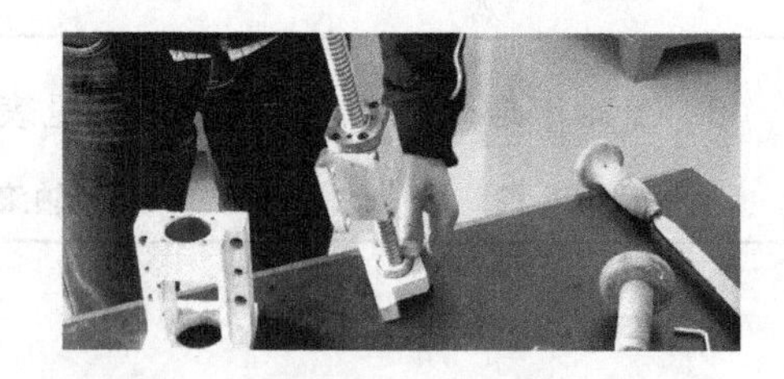
5)电动机安装侧的轴承座装配。将丝杠另一端轴承座内依次装入轴承、隔圈、轴承。由于轴承是角接触球轴承,应注意其安装方向	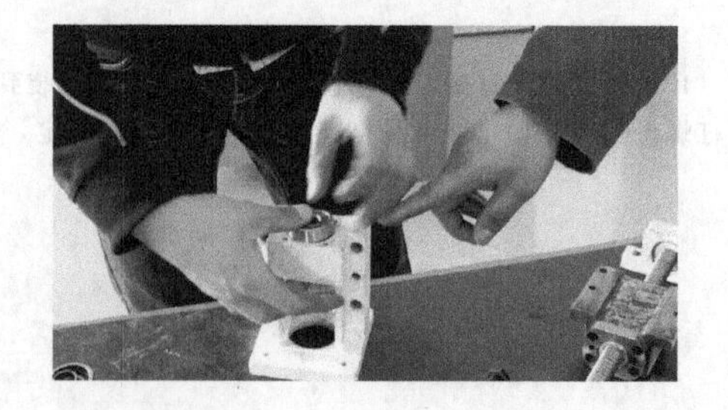

（续）

<table>
<tr><td>5)电动机安装侧的轴承座装配。将丝杠另一端轴承座内依次装入轴承、隔圈、轴承。由于轴承是角接触球轴承,应注意其安装方向</td><td>
</td></tr>
<tr><td>6)安装轴承盖。将轴承全部放入轴承座内后,压上轴承盖,用 M4 内六角圆柱头螺钉进行锁紧</td><td>
</td></tr>
<tr><td>7)电动机安装侧的轴承座安装。将丝杠垂直于桌面放置,再将轴承座安装到滚珠丝杠副上</td><td>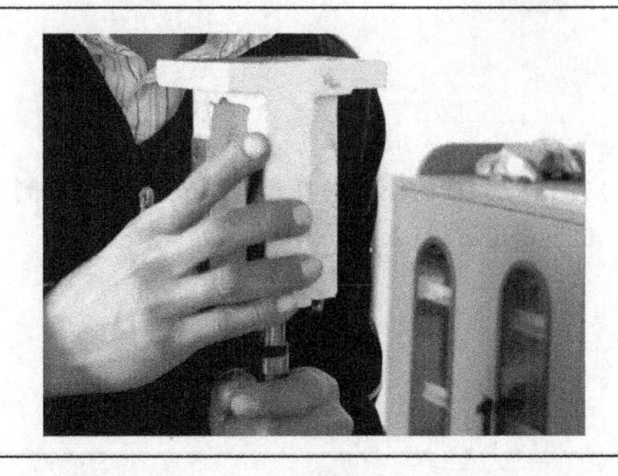</td></tr>
</table>

（续）

8）滚珠丝杠螺母副锁紧。丝杠装入轴承座后，在端部装入隔圈，然后用手将双螺母旋入丝杠，并用呆扳手将双螺母锁紧，但要保证丝杠能顺畅转动	  
9）滚珠丝杠螺母副安装完毕	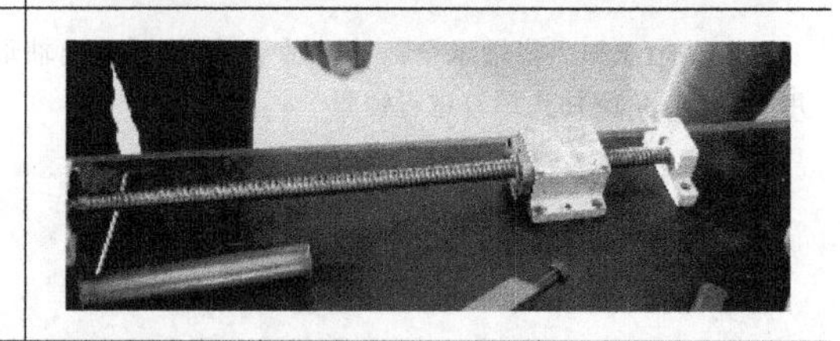

4） Y 轴滚珠丝杠螺母副在机床侧安装见表 2-9。

表 2-9　Y 轴滚珠丝杠螺母副在机床侧安装

1）首先将 Y 轴的滚珠丝杠螺母副安装到机床侧，用螺母预紧。位置确定后，打入定位销	

（续）

2)测量Y轴前后窜动量。在机床基面放置磁力表座,架上百分表,将百分表垂直放在丝杠端,测量Y轴前后窜动量,如果窜动量过大说明双螺母锁紧力不够,需要用呆扳手继续锁紧,直到窜动量正常,且保证丝杠能够顺畅转动	
3)测量丝杠的上素线和侧素线精度。在导轨上放上滑板,架上千分表,测量丝杠的上素线和侧素线精度,保证丝杠无跳动,与两导轨平行,完成Y轴的装配	

5）Y轴电动机安装见表2-10。

表2-10　Y轴电动机安装

1)在进给电动机轴上安装联轴器,然后将其安装到机床电动机安装侧的一端。用螺母将轴承座与电动机锁紧	
2)联轴器预紧。连接后,先用手转动丝杠,观察电动机与丝杠是否同轴,保证同轴后将联轴器预紧螺钉锁紧	

（续）

3）盖上轴承座盖，拧紧螺钉	

三、X 向导轨和丝杠部件的装调

1. Y 轴工作台和 X 轴工作台刮研配合

刮研配合的方法同机床底座与床鞍装配刮研一样，要保证 X 轴和 Z 轴工作台夹角为 90°。

2. 安装 X 轴工作台

图 2-15 所示的 Y 轴滚珠丝杠螺母副未安装 X 轴工作台。

先将 X 轴工作台安装、放置在 Y 轴工作台上（图 2-16），在安装时注意工作台的轻拿轻放，避免工作台因加工表面磕碰造成接触面的划伤。

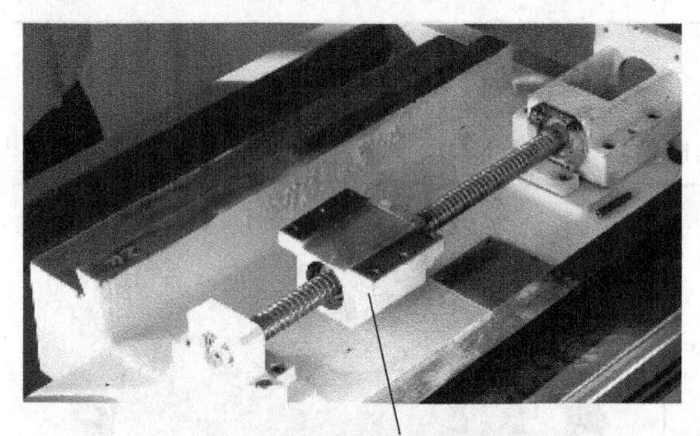

图 2-15　Y 轴滚珠丝杠螺母副

图 2-16　X 轴工作台的安装

然后用 M5 内六角圆柱头螺钉将 X 轴工作台固定在 Y 轴工作台上，保证工作台相互垂直，前后运动顺畅。

3. X 轴滚珠丝杠螺母副装配

X 轴滚珠丝杠螺母副装配的方式和方法同 Y 轴滚珠丝杠螺母副装配的方式和方法。

4. X 轴滚珠丝杠螺母副在机床侧安装

图 2-17 所示为 X 轴滚珠丝杠螺母副的安装位置。

需要检查 X 轴本身的轴向窜动和 X 轴丝杠的上素线和侧素线的跳动。

不同之处在于，在 X 轴工作台与 Y 轴工作台的一侧燕尾槽中插入镶条，并用螺钉将其压紧。

图 2-18 所示为镶条安装。

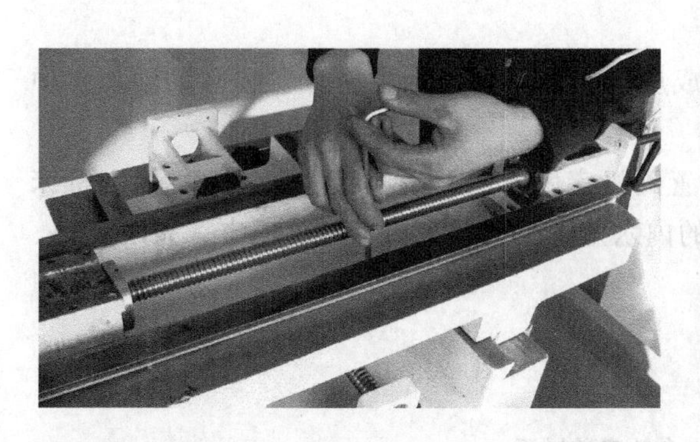

图 2-17 X 轴滚珠丝杠螺母副的安装位置

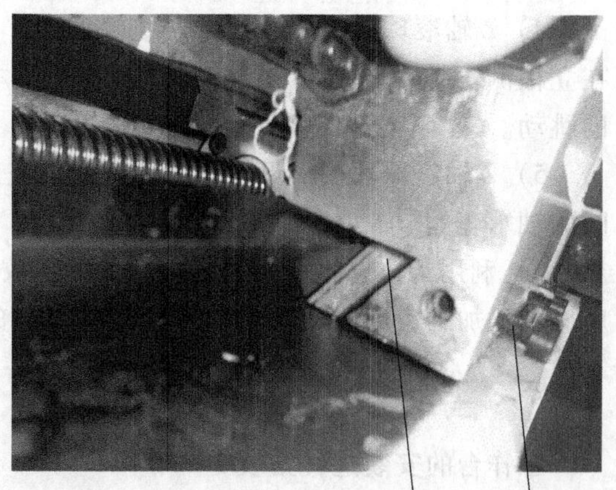

图 2-18 镶条安装

5. X 轴电动机安装

X 轴电动机安装的方式和方法与 Y 轴电动机安装的方式和方法相同。

四、Z 向导轨、丝杠部件的装调

1）机床底座和立柱刮研配合。图 2-19 所示为底座与立柱配合。

机床底座和立柱刮研配合方式、方法和机床床鞍底面刮研配合方式、方法类似，接触面的底座刮研完成以后，精度需要达到 $25mm^2 \times 25mm^2$、接触点为 8~12 点，经检查达到精度后，机床床鞍和立柱进行刮研配合，机床底座和床鞍接触面积需要保证 $25mm^2 \times 25mm^2$、接触点为 8~12 点。

2）立柱导轨刮研。

图 2-20 所示为 Z 轴导轨。

图 2-19 底座与立柱配合

图 2-20 Z 轴导轨

立柱导轨平面度检测及两个导轨间平行度检测的方式和方法与 X、Y 轴导轨的检测方式和方法相同。

3）Z 轴的滚珠丝杠螺母副装配。Z 轴的滚珠丝杠螺母副装配的方式、方法和 X、Y 轴丝杠的装配方式、方法相同。

4）Z 轴滚珠丝杠螺母副在立柱侧安装。安装的方式和方法同 X、Y 轴滚珠丝杠螺母副在立柱侧安装的方式和方法。需要检查 Z 轴本身的轴向窜动和 Z 轴丝杠的上素线和侧素线的跳动。

5）Z 轴滚珠丝杠螺母副在立柱侧安装完成后，将主轴箱滑入导轨，安装在 Z 轴丝杠中间的轴承座上。

6）利用天车，将整个安装完成的立柱放置到机床侧，注意轻起轻放，防止立柱和机床底座的已加工表面磕碰或划伤。然后用 M12 的内六角圆柱头螺钉将其立柱固定、完成装配。

五、工作台的安装

工作台的安装过程见表 2-11。

表 2-11　工作台的安装过程

1)将工作台放置到机床侧。工作台应轻拿轻放,如工作台较大,可用天车进行搬运,首先在移动过程中要注意人身安全,其次工作台安装时不要造成工作台和导轨接触面的磕碰和划伤	
2)工作台的固定。将工作台放置到 X 轴的一端,用手将 X 轴丝杠间的轴承座摇置相同一端,用 M4 内六角圆柱头螺钉将工作台和 X 轴丝杠间的轴承座固定紧	
3)安装镶条。固定好工作台后,需要安装镶条。注意镶条两端是不一样宽的,安装镶条时应观察镶条方向,先让窄的一端沿安装位置插入	 

（续）

4）锁紧工作台。用内六角扳手拧紧螺钉，将工作台压紧镶条使工作台安装得稳定、可靠	

六、安装护板

将机床的护板安装上，完成导轨、丝杠部件的安装，如图 2-21 所示。

图 2-21　安装护板

任务二　进给轴的安装精度测量与调整

任务目标

1. 机床进给机构精度测量内容。
2. 机床进给机构精度测量方法。

任务引入

一、机床调平

检验工具：精密水平仪。

检验方法：将工作台置于导轨行程中间位置，将两个水平仪分别沿 X 和 Y 坐标轴置于工作台中央，调整机床垫铁高度，使水平仪水泡处于读数中间位置；分别沿 X 和 Y 坐标轴全行程移动工作台，观察水平仪读数的变化，调整机床垫铁的高度，使工作台沿 Y 和 X 坐标轴全行程移动时水平仪读数的变化范围小于 2 格，且读数处于中间位置即可，如图 2-22 所示。

二、检测工作台面的平面度

检测工具：百分表、平尺、可调量块、等高块、精密水平仪。

检验方法：用平尺检测工作台面平面度误差的原理，在规定的测量范围内，当所有点被包含在该平面的总方向平行并相距给定值的两个平面内时，则认为该平面是平的。首先按工作台面的平面度检测示意图（图 2-23）在检验面上选 *A*、*B*、*C* 点作为零位标记，将三个等高量块放在这三点上，这三个等高量块的上表面就确定了与被检面做比较的基准面。将平尺置于点 *A* 和点 *C* 上，并在检验面点 *E* 处放一可调量块，使其与平尺的小表面接触。此时，量块的 *A*、*B*、*C*、*E* 的上表面均在同一表面上。再将平尺放在点 *B* 和点 *E* 上，即可找到点 *D* 的偏差。在 *D* 点放一可调量块，并将其上表面调到由已经就位的量块上表面所确定的平面上。将平尺分别放在点 *A* 和点 *D* 及点 *B* 和点 *C* 上，即可找到被检面上点 *A* 和点 *D* 及点 *B* 和点 *C* 之间的各点偏差。至于其余各点之间的偏差可用同样的方法找到。

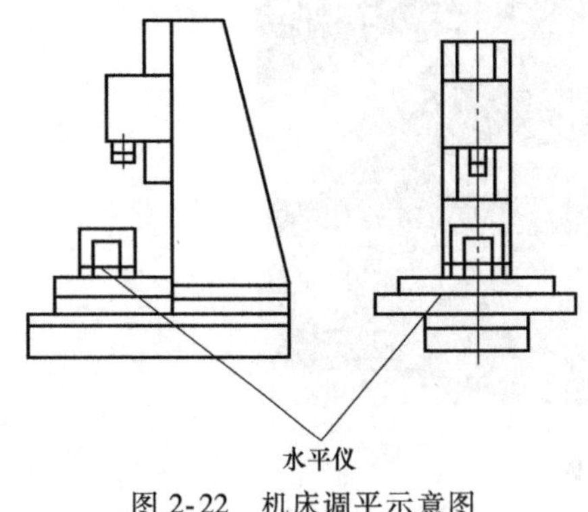

图 2-22　机床调平示意图

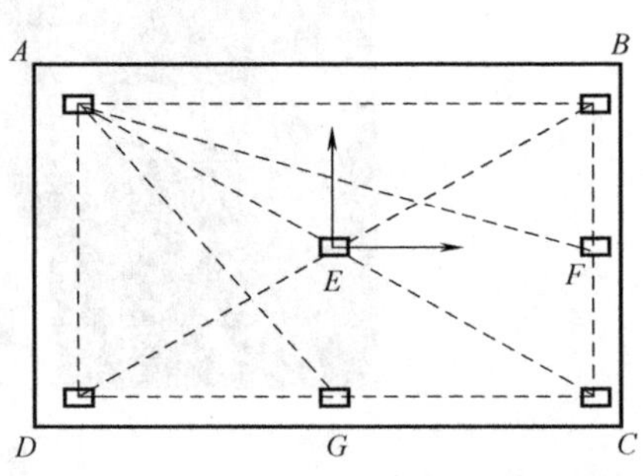

图 2-23　工作台面的平面度检测示意图

三、工作台 X 向或 Y 向移动对工作台面的平行度

检验工具：等高块、平尺、百分表。

检验方法：将等高块沿 Y 向放在工作台上，平尺置于等高块上，把指示器测头垂直触及平尺，Y 向移动工作台，记录指示器读数，其读数最大差值即为工作台 Y 向移动对工作台面的平行度；将等高块沿 X 向放在工作台上，X 向移动工作台，重复测量一次，其读数最大差值即为工作台 X 向移动对工作台面的平行度，如图 2-24 所示。

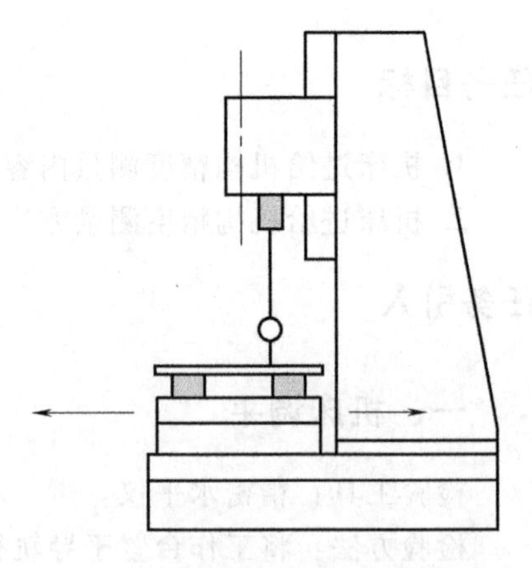
图 2-24　工作台 X 向或 Y 向移动对工作台面的平行度检测

四、工作台 X 向移动对工作台 T 形槽的平行度

检验工具：百分表。

检验方法：把百分表固定在主轴箱上，使百分表测头垂直触及基准（T 形槽），X 向移动工作台，记录百分表读数，其读数最大差值，即为工作台沿 X 向移动对工作台面基准（T 形槽）的平行度误差，如图 2-25 所示。

五、工作台 X 向移动对 Y 向移动的工作垂直度

检验工具：角尺、百分表。

检验方法：工作台处于行程中间位置，将角尺置于工作台上，把百分表固定在主轴箱上，使百分表测头垂直触及角尺（Y 向），Y 向移动工作台，调整角尺位置，使角尺的一个边与 Y 轴轴线平行，再将百分表测头垂直触及角尺另一边（X 向），X 向移动工作台，记录百分表读数，其读数最大差值即为工作台 X 向移动对 Y 向移动的工作垂直度误差，如图 2-26所示。

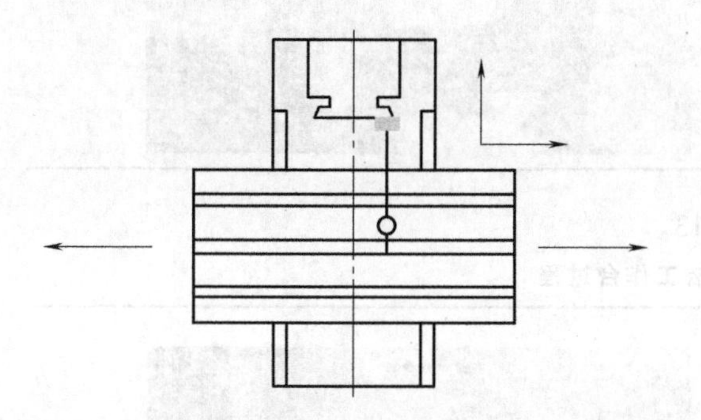

图 2-25　工作台 X 向移动对工作台 T 形槽的平行度检测

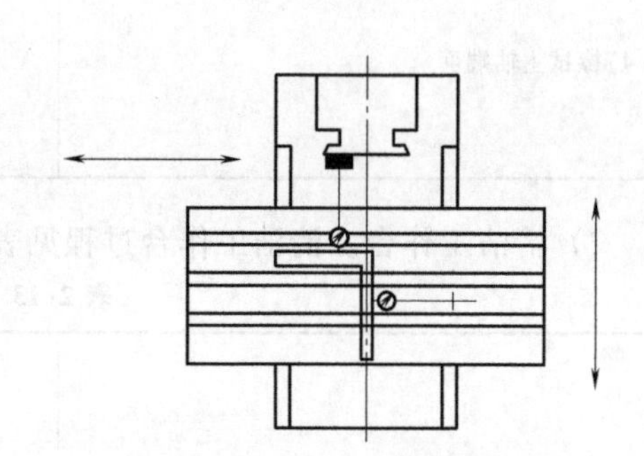

图 2-26　工作台 X 向移动对 Y 向移动的工作垂直度检测

任务实施

一、测量前准备

1）清洁测量工具。准备工具见表 2-12。

表 2-12　准备工具

1)擦拭平尺	
2)擦拭角尺	

（续）

3）擦拭主轴锥孔	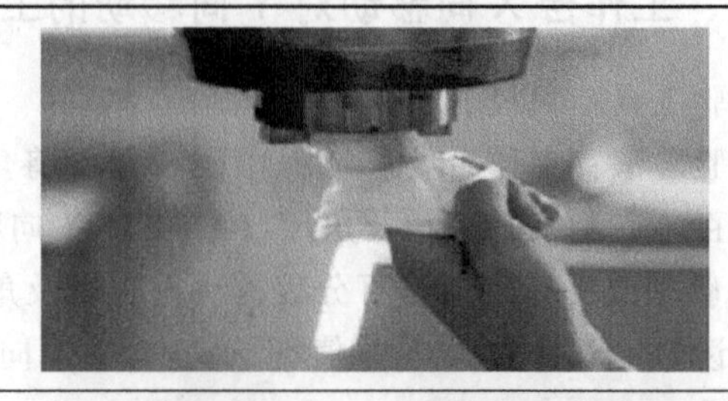
4）擦拭主轴端面	

2）清洁工作台。清洁工作台过程见表2-13。

表2-13　清洁工作台过程

1）用布对工作台进行清理	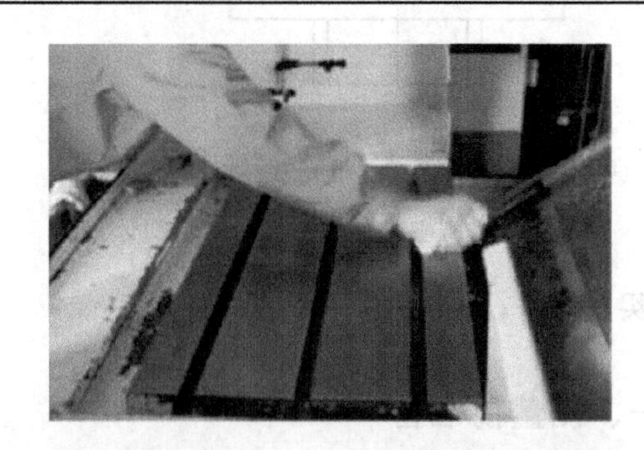
2）用油石研磨工作台表面。研磨方向是X向，禁止沿Y向研磨	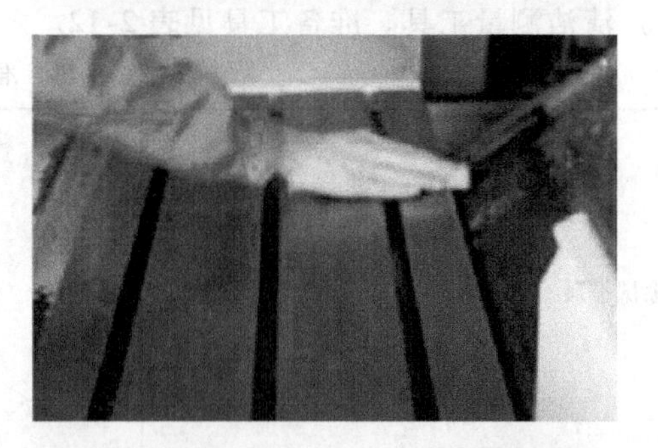
3）研磨完成后用布擦干净	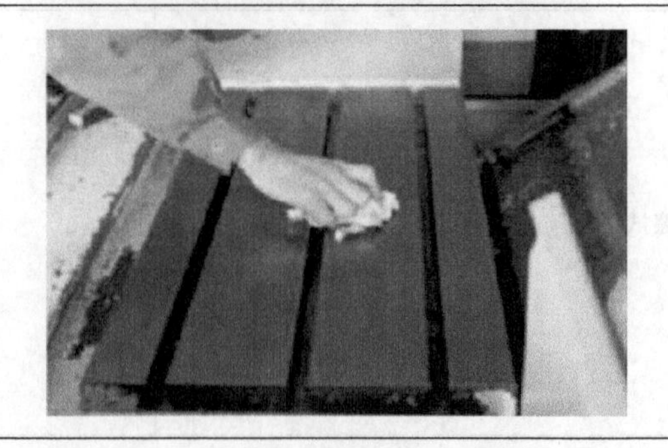

（续）

4）再用拉丝布擦

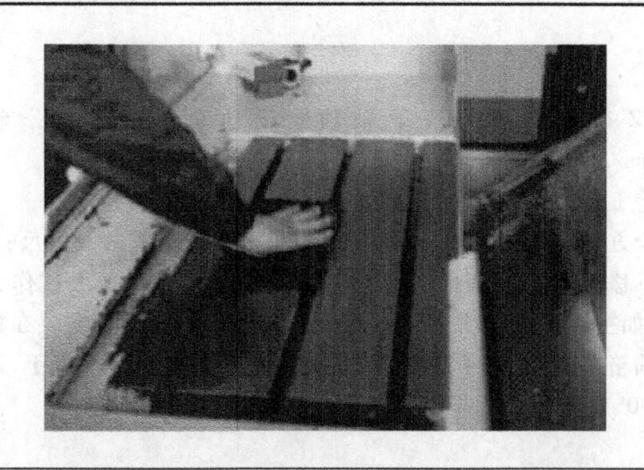

5）用手擦干净

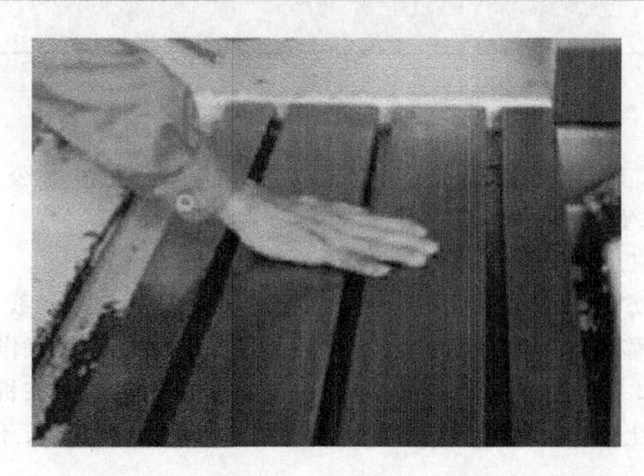

二、检测过程

机床进给机构安装完毕后，其精度检测过程见表2-14。

表2-14 精度检测过程

1）X轴轴线运动的直线度

①在XZ平面内测量。

（单位：mm）

测量长度	直线度公差
X<500	0.010
500≤X<800	0.015
800≤X<1250	0.020
1250≤X<2000	0.025

局部公差：在任意300mm测量长度上为0.007mm

检验工具：平尺和千分表

检验方法：对所有不同结构形式的机床，都应将平尺置于工作台；如主轴能锁紧，则千分表或显微镜或干涉仪可装在主轴上，否则检验工具应装在机床的主轴箱上；测量位置应尽量靠近工作台中央；在工作台面上放置一平尺，平尺的下方放两等高块，使千分尺的测头触于平尺的上表面；沿X轴移动，以千分表读数的最大值作为测量值

②在YZ平面内测量（方法同上，略）。

Y轴轴线直线度的测量方法与上述方法相同，只是将平尺调换90°

（续）

2）Z 轴轴线运动和 Y 轴轴线运动间的垂直度公差为 0.02mm/500mm 检验工具：平尺或平板角尺和千分表 检验方法：将角尺放在工作台上，将千分表的测头触及角尺；使 Z 轴上下移动，看千分表的读数大小；以千分表读数的最大值作为测量值；如主轴能缩紧，则表座可吸在主轴上，否则指示器应装在机床的主轴箱上；为了参考和修正方便，应记录 α 值是小于、等于，还是大于 90°	
3）Z 轴轴线运动和 X 轴轴线运动间的垂直度公差为 0.02mm/500mm 检验工具：平尺或平板、角尺和千分表 检验方法：通过直立在平尺或平板上的角尺检验 Z 轴轴线；使 Z 轴上下移动，看千分表的读数大小；以千分表读数的最大值作为测量值；如主轴能缩紧，则表座可吸在主轴上，否则表座应吸在机床的主轴箱上；为了参考和修正方便，应记录 α 值是小于、等于，还是大于 90°	
4）Y 轴轴线运动和 X 轴轴线运动间的垂直度公差为 0.02mm/500mm 检验工具：平尺、角尺和千分表 检验方法：先将角尺的一直角边平行于 X 轴，找正拉直；然后将千分表的测头触在角尺的另一直角边，沿 Y 轴的坐标系移动；以千分表读数的最大值作为测量值；如主轴能锁紧，则表座可吸在主轴上，否则表座应吸在机床的主轴箱上；为了参考和修正方便，应记录 α 值是小于、等于，还是大于 90°	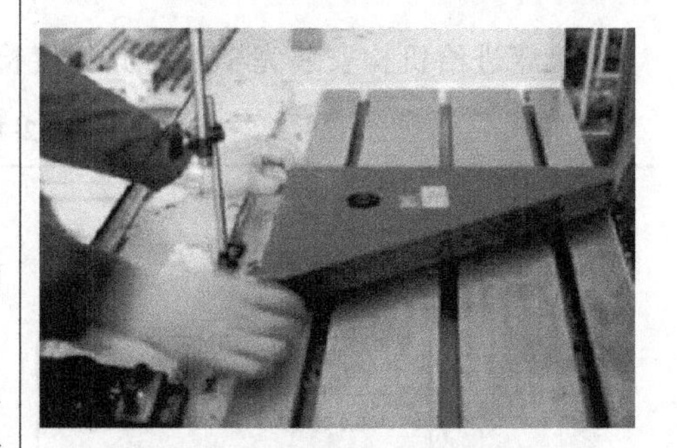 

三、记录数据

将检测数据记录到表 2-15 中。

表 2-15　进给系统精度检测与验收

机床型号	机床编号	环境温度	检验人	实验日期

序号	检验项目	公差/mm	检验工具	实测/mm
1	机床调平	0.06/1000		
2	工作台面的平面度	0.08/全长		
3	1)YZ 平面内主轴套筒移动对工作台面的垂直度	0.05/300(α≤90°)		
	2)XZ 平面内主轴套筒移动对工作台面的垂直度			
4	1)工作台 X 向移动对工作台面的平行度	0.056(α≤90°)		
	2)工作台 Y 向移动对工作台面的平行度	0.04(α≤90°)		
5	工作台沿 X 向移动对工作台面基准(T 形槽)的平行度	0.03/300		
6	工作台 X 向移动对 Y 向移动的垂直度	0.04/300		

项目三　主传动系统装调

项目概述

主传动系统是用来实现机床主运动的，它将主电动机的原动力变成可供主轴上刀具切削加工的切削力和切削速度。本项目主要讲述主传动系统的安装与检测。

任务一　主轴部件的安装

任务目标

通过对数控加工中心主轴部件安装过程的操作，了解数控加工中心主传动系统、主轴部件的基本结构，了解主轴部件结构特点，掌握主轴部件的安装操作及注意事项。

任务引入

主传动系统是数控机床的重要组成部分，主轴部件是机床的重要执行元件之一，它的结构尺寸、形状、精度及材料等，对机床的使用性能、加工精度都有很大影响。

一、数控机床的主传动系统组成

数控机床的主传动系统主要由主轴箱、主轴、轴承、电动机等组成，见表3-1。

表 3-1　主传动系统组成

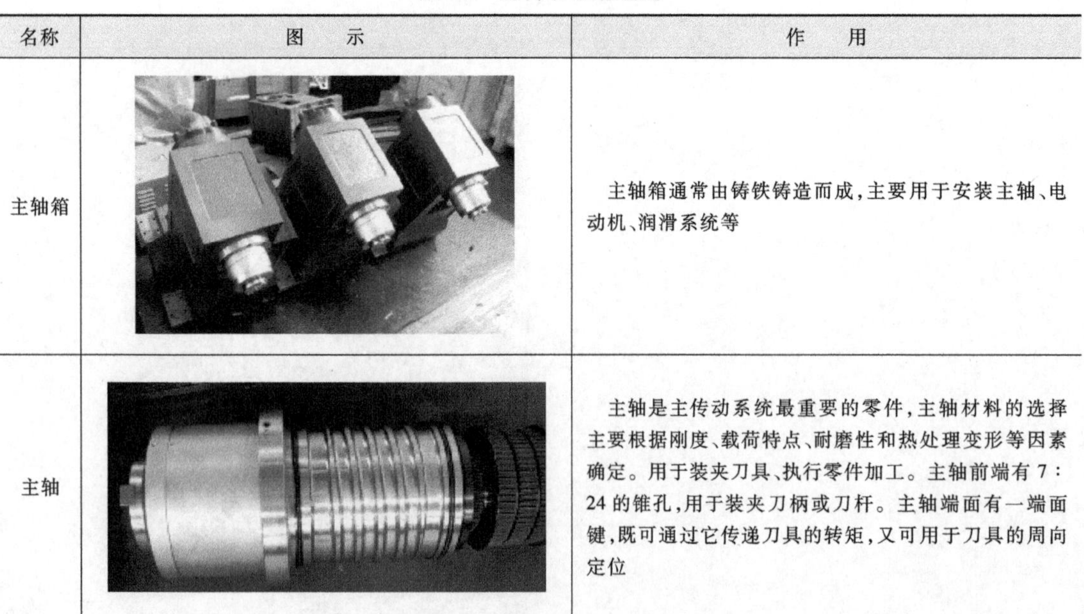

名称	图　示	作　用
主轴箱		主轴箱通常由铸铁铸造而成，主要用于安装主轴、电动机、润滑系统等
主轴		主轴是主传动系统最重要的零件，主轴材料的选择主要根据刚度、载荷特点、耐磨性和热处理变形等因素确定。用于装夹刀具、执行零件加工。主轴前端有7：24的锥孔，用于装夹刀柄或刀杆。主轴端面有一端面键，既可通过它传递刀具的转矩，又可用于刀具的周向定位

（续）

名称	图　示	作　用
轴承		该轴承为滚动轴承,主要用于支承主轴
同步带轮		同步带轮的主要材料为尼龙,固定在主轴上,与同步带啮合传动
同步带		同步带是主轴电动机与主轴的传动元件,主要是将电动机的转动传递给主轴,带动主轴转动、执行工作。同步带由一根内周表面设有等间距齿形的环行带及具有相应吻合的轮所组成。它综合了带传动、链传动和齿轮传动各自的优点。传动时,通过带齿与轮的齿槽相啮合来传递动力。同步带传动具有准确、恒定的传动比,无滑差,传动平稳,能吸振,噪声小,传动比范围大,一般可达 1∶10,传动效率高,一般可达 98%,结构紧凑,适宜于多轴传动,不需润滑,无污染
电动机		电动机是机床加工的动力元件,电动机功率的大小直接关系到机床的切削力

二、加工中心的主轴变速方式

为了适应不同的加工要求，目前主传动系统大致可以分为如下三类。

（1）二级以上变速的主传动系统　变速装置多采用齿轮变速结构，故也称变速齿轮传动系统，如图 3-1 所示。变速齿轮的移位大都采用液压缸和拨叉或直接由液压缸带动齿轮来实现。因数控铣床、加工中心使用可调无级变速交流、直流电动机，所以经齿轮变速后，可实现分段无级变速，调速范围增加。其优点是能够满足各种切削运动的转矩输出，且具有大范围调节速度的能力。但由于结构复杂，需要增加润滑及温度控制装置，成本较高；此外制造和维修也比较困难。

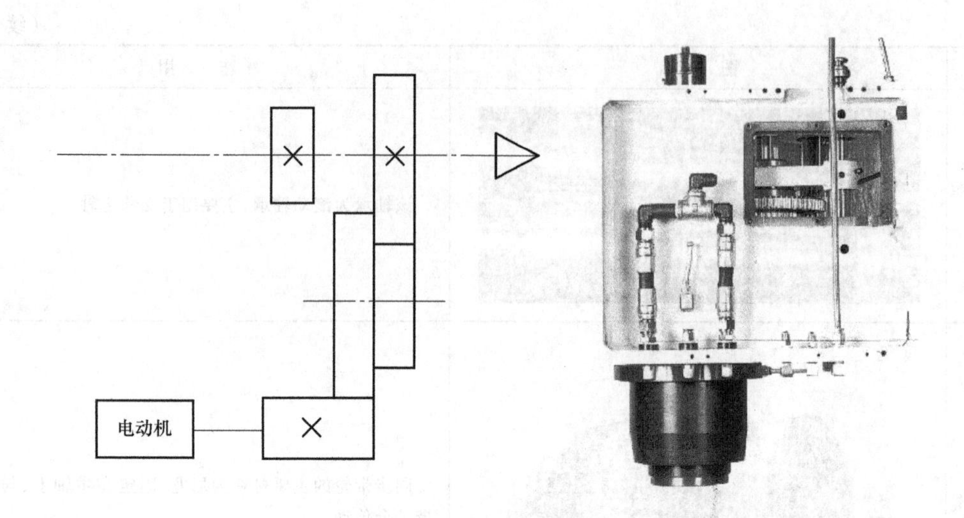

图 3-1　变速齿轮传动（二级变速）方式

（2）一级变速箱的主传动系统　目前多采用带（同步带）传动装置，故也称带传动系统，如图 3-2 所示。其结构简单，安装调试方便，主要适用于高转速、低转矩的小型数控铣床。变速范围小，传动平稳，噪声小，主轴箱结构较复杂。由于带有过载打滑的特性，对电动机可起过载保护作用，但只适用于低转矩的数控机床。

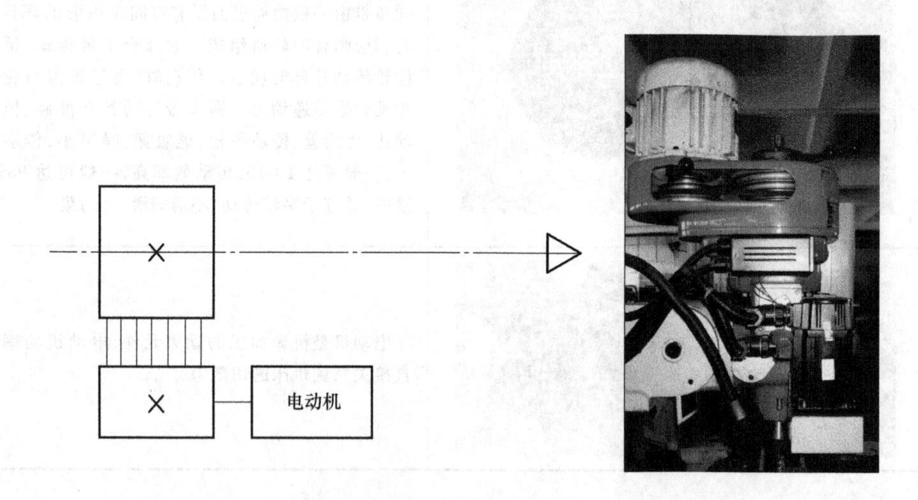

图 3-2　带传动（一级变速）方式

（3）电动机直接驱动的主传动变速方式　主要适用于小型数控机床，如图 3-3 所示。这种主传动系统大大简化了主轴体与主轴的结构，调速范围宽。还有的数控机床直接在电动机内装主轴，刚度高，但输出转矩小，故只适用于小型数控机床。

三、主轴滚动轴承支承

滚动轴承摩擦阻力小，可以预紧，润滑、维护简单，能在一定的转速范围和载荷变动范围下稳定工作，故在数控机床上被广泛采用。常用滚动轴承如图 3-4 所示。

四、主轴滚动轴承的配置

在实际应用中，数控机床主轴滚动轴承常见的配置形式有下列三种，如图 3-5 所示。

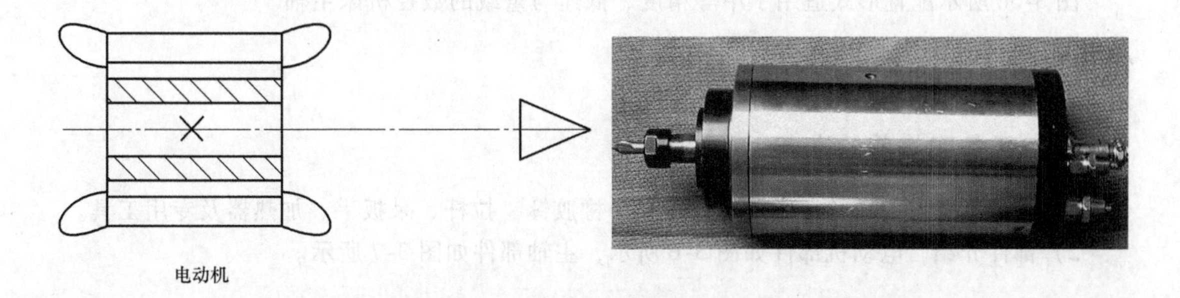

图 3-3 电动机直接驱动的主传动变速方式

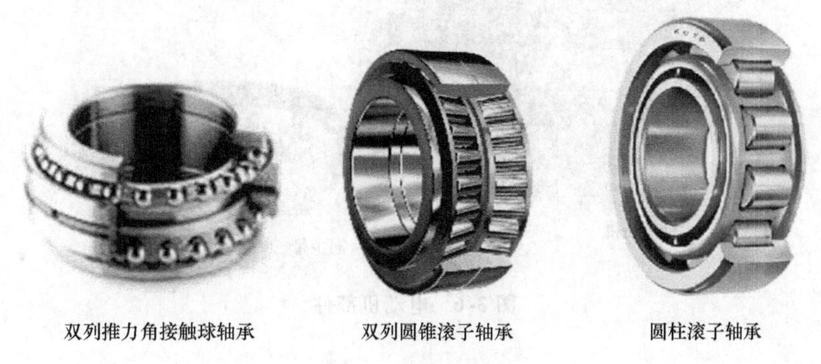

图 3-4 常用滚动轴承

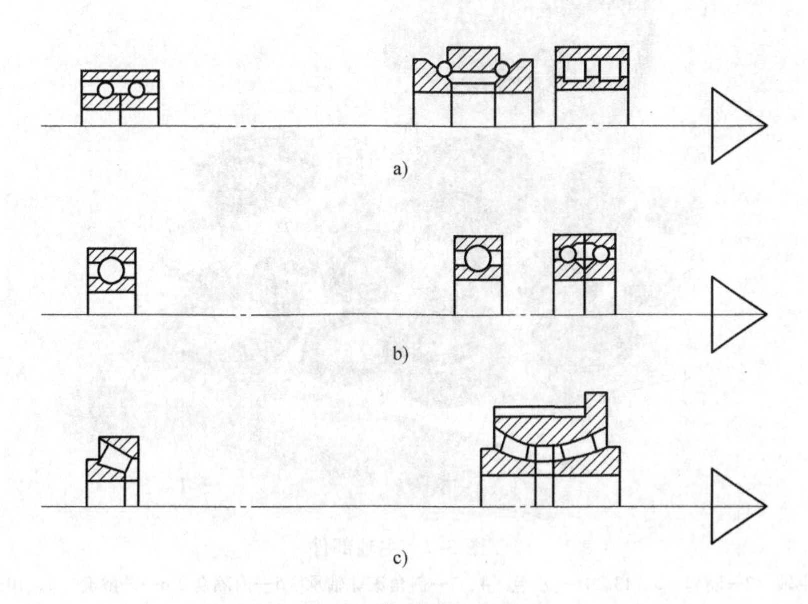

图 3-5 滚动轴承的配置形式

图 3-5a 所示配置形式能使主轴获得较大的径向和轴向刚度，满足机床强力切削的要求，应用于各类数控机床的主轴。

图 3-5b 所示配置形式提高了主轴的转速，适合要求主轴在较高转速下工作的数控机床。

图 3-5c 所示配置形式适用于中等精度、低速与重载的数控机床主轴。

任务实施

一、任务实施前的准备

1）工具准备。内六角扳手、螺钉旋具、橡胶锤、拉杆、呆扳手、加热器及专用工具。

2）部件介绍。电动机部件如图 3-6 所示，主轴部件如图 3-7 所示。

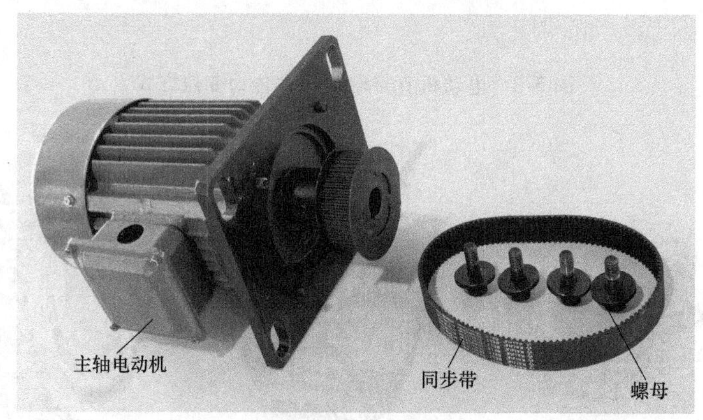

图 3-6　电动机部件

图 3-7　主轴部件

1—主轴　2—隔套　3、13、16—法兰　4、7—斜角滚珠轴承　5—内隔套　6—外隔套　8、10—轴承
9—圆柱滚子轴承　11—主轴套　12—隔环　14—带轮　15—涨套　17—主轴端面键　18、19—螺钉

二、主轴安装过程

1）将主轴固定于工作桌上并擦拭干净，涂上微薄润滑脂。将隔套装入主轴，如图 3-8 所示。

2）装入法兰，如图 3-9 所示。

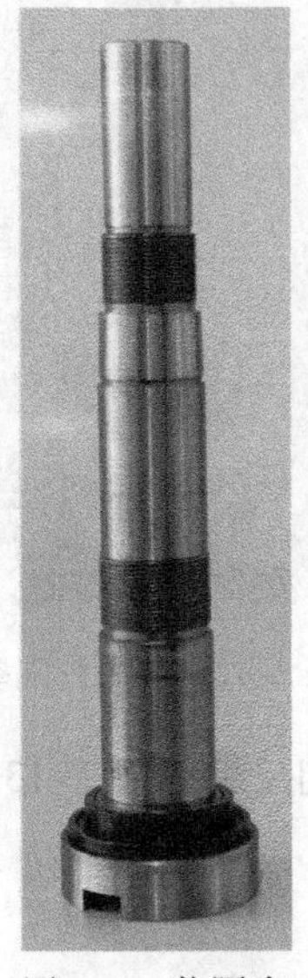

图 3-8 装隔套

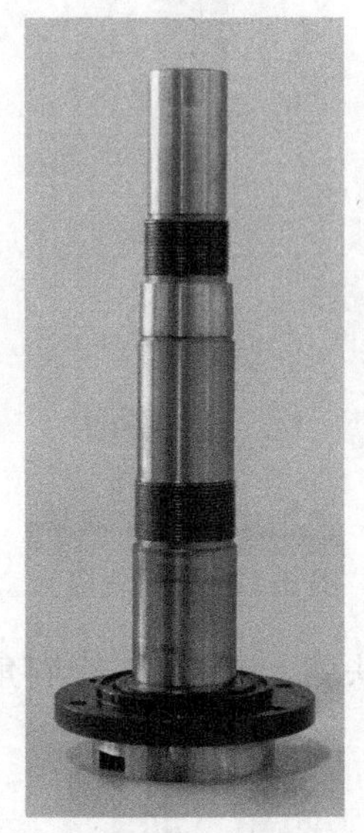

图 3-9 装入法兰

3）装入第一个斜角滚珠轴承（以下简称轴承），轴承需加入适当润滑脂，轴承装入前须加热至比室温高约 20℃，使轴承内圈涨大，便于安装。轴承采用“/ \”DBB（两个轴承配对使用背对背方式安装）设计组装，故第一个轴承内宽较宽的朝下，如图 3-10 所示。

图 3-10 装入第一个斜角滚珠轴承

4）装入内隔套，内隔套平行度误差需在 0.002mm 内，如图 3-11 所示。

5）装入外隔套，如图 3-12 所示。

图 3-11 装入内隔套

图 3-12 装入外隔套

6）箭头朝上装入第二个斜角滚珠轴承，且与第一个方向相反，如图 3-13 所示。

图 3-13 装入第二个斜角滚珠轴承

7）装入轴承并用圆螺母锁紧，如图 3-14 所示。

8）装入圆柱滚子轴承，如图 3-15 所示。

9）装入另外一对用圆螺母锁紧的轴承，如图 3-16 所示。

10）装入主轴套，如图 3-17 所示。

11）装入隔环，如图 3-18 所示。

12）装入法兰，如图 3-19 所示。

13）装入带轮，如图 3-20 所示。

14）装入两组涨套，如图 3-21 所示。

图 3-14　装入轴承

图 3-15　装入圆柱滚子轴承

图 3-16　装入另外一对轴承

图 3-17　装入主轴套

图 3-18　装入隔环

图 3-19　装入法兰

图 3-20　装入带轮

图 3-21　装入两组涨套

15）装入法兰，用螺钉锁紧，此时带轮和主轴因涨套而紧固，如图 3-22 所示。

16）将主轴部件颠倒过来，并用螺钉紧固，然后装入主轴端面键并紧固，如图 3-23 所示。

图 3-22　装入法兰

图 3-23　装入主轴端面键

17）将装好的主轴装入铣床箱体，并用螺钉紧固，如图 3-24 所示。

18）装电动机，并用螺钉固定，如图 3-25 所示。

19）装上同步带，并通过调节螺母调节其松紧，最后紧固电动机螺钉，如图 3-26 所示。

20）主轴部件安装完毕，如图 3-27 所示。

图 3-24　将主轴装入箱体

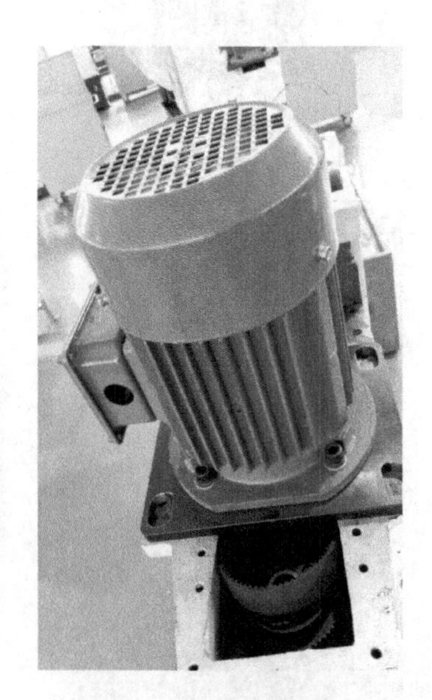

图 3-25　装电动机

图 3-26 调节同步带

图 3-27 安装完成

任务二 主轴安装精度的检测

任务目标

1. 掌握常用精度检验工具的使用方法及注意事项。
2. 掌握主轴安装进度的测量方法。

任务引入

加工中心几何精度的检查内容如下。

1） 工作台的平面度。

2） 各坐标方向移动的垂直度。

3） X 向移动对工作台面的平行度。

4） Y 向移动对工作台面的平行度。

5） X 向移动对工作台上、下型槽侧面的平行度。

6） 主轴的轴向窜动。

7） 主轴轴肩支承面的跳动。

8） 主轴锥孔轴线的径向圆跳动。

9） 主轴竖直方向移动对工作台面的垂直度。

10） 主轴回转轴线对工作台面的垂直度。

11） 主轴箱在 Z 向移动的直线度。

常用的检测工具有：精密水平仪、直角尺、精密方箱、平尺、平行光管、千分表或千分尺、检验棒及刚性好的千分表杆。每项几何精度按照加工中心验收条件的规定进行检测。注意：检测工具的精度必须比所测的几何精度高一等级；同时，必须在机床稍有预热的状态下进行，即在机床通电后，主轴按中等转速回转 15min 再进行检验。

与主轴相关的检验有：主轴的轴向窜动，主轴轴肩支承面的跳动，主轴锥孔轴线的径向圆跳动，主轴竖直方向移动对工作台面的垂直度，主轴回转轴线对工作台面的垂直度。下面分别介绍检测方法及使用工具。

1. 主轴的轴向窜动

检验工具：百分表、专用检验棒。

检验方法：如图3-28所示，固定百分表，使其测头触及插入主轴锥孔中的专用检验棒的端面中心处，旋转主轴检验。数控机床百分表的读数最大差值，就是主轴轴向窜动误差。

2. 主轴轴肩支承面的跳动

检验工具：百分表、专用检验棒。

检验方法：如图3-29所示，将百分表触头顶在主轴前端靠近边缘的位置，旋转主轴，分别在相隔180°的a、b两处检验。分别计算a、b两处误差，百分表读数的最大差值就是支承面跳动误差。

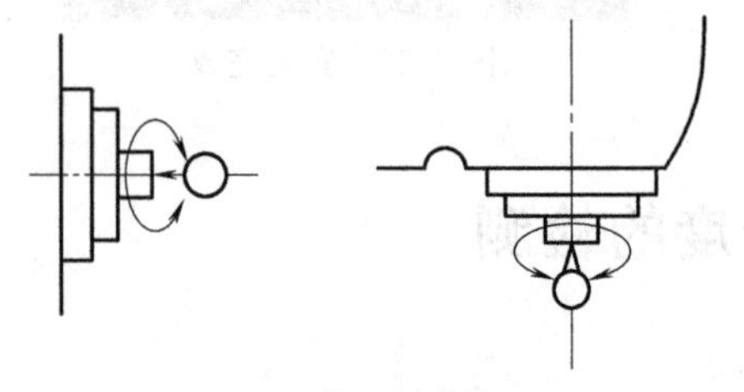

图3-28　主轴的轴向窜动检验

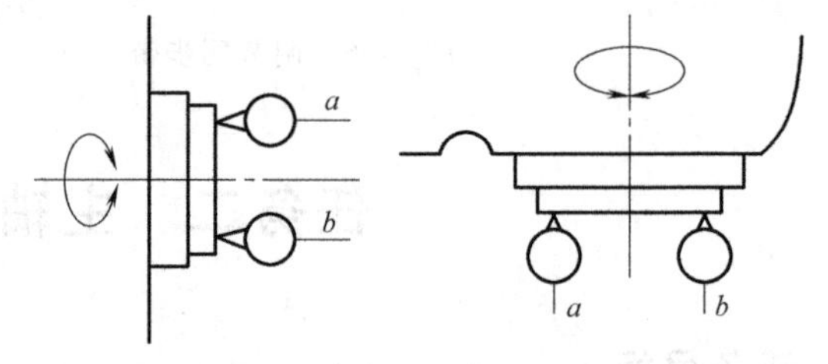

图3-29　主轴轴肩支承面的跳动检测

3. 主轴锥孔轴线的径向圆跳动

检验工具：检验棒、百分表。

检验方法：如图3-30所示，将检验棒插在主轴锥孔内，百分表安装在机床固定部件上，百分表测头垂直触及被测表面，旋转主轴，记录百分表的最大读数差值，在a、b处分别测量。标记检验棒与主轴圆周方向的相对位置，取下检验棒，同向分别旋转检验棒90°、180°、270°后重新插入主轴锥孔，在每个位置分别检测。取4次检测的平均值为主轴锥孔轴线的径向圆跳动误差。

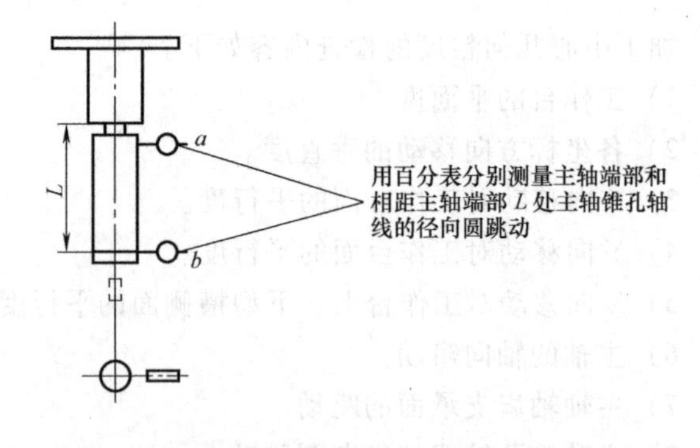

图3-30　主轴锥孔轴线的径向圆跳动检测示意图

4. 主轴竖直方向移动对工作台面的垂直度

检验工具：等高块、平尺、直角尺、百分表。

检验方法：如图3-31所示，将等高块沿Y向放在工作台上，平尺置于等高块上，将直角尺置于平尺上（在YZ平面内），指示器固定在主轴箱上，指示器测头垂直触及直角尺，移动主轴箱，记录指示器读数及方向，其读数最大差值即为在YZ平面内主轴箱垂直移动对工作台面的垂直度误差：同理，将等高块、平尺、直角尺置于XZ平面内重新测量一次，指示器读数最大差值即为在XZ平面内主轴箱垂直移动对工作台面的垂直度误差。

5. 主轴回转轴线对工作台面的垂直度

检验工具：平尺、可调量块、百分表、表架。

检验方法：如图 3-32 所示，将带有百分表的表架装在主轴上，并将百分表的测头调至平行于主轴轴线，被测平面与基准面之间的平行度误差可以通过百分表测头在被测平面上的摆动的检查方法测得。主轴旋转一周，百分表读数的最大差值即为垂直度误差。分别在 XZ、YZ 平面内记录百分表在相隔 180°的两个位置上的读数差值。为消除测量误差，可在第一次检验后将检验工具相对于轴转过 180°再重复检验一次。

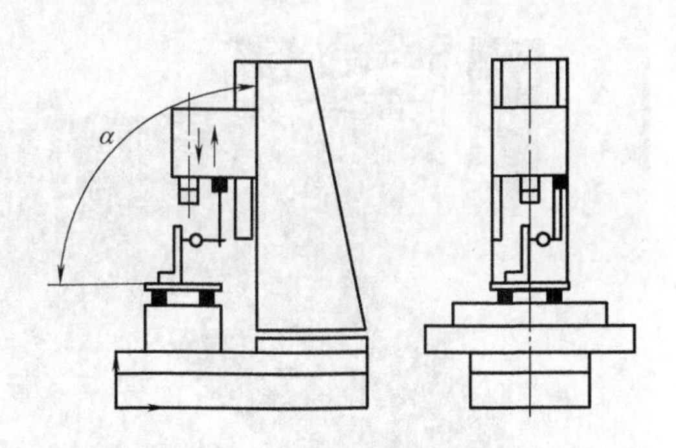

图 3-31 主轴竖直方向移动对工作台面的垂直度检测示意图

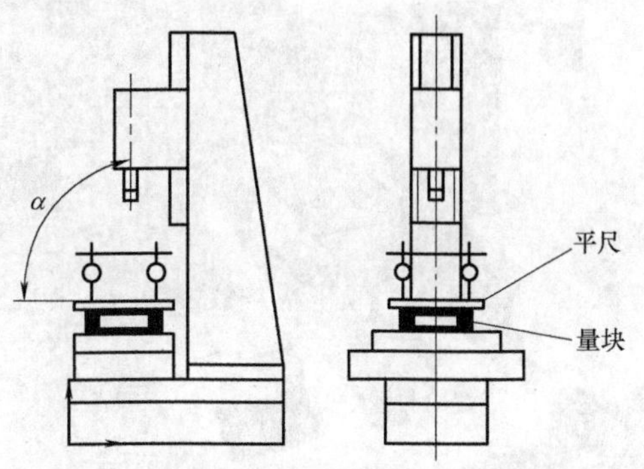

图 3-32 主轴回转轴线对工作台面的垂直度检测示意图

任务实施

一、主轴箱垂直方向移动对工作台面的垂直度

将直角尺垂直放置于工作台上的 X 向或 Y 向（YZ 或 XZ 平面内），把表座吸在主轴箱上，百分表测量杆与直角尺垂直压表，Z 轴上移 300mm（先测量下端），观察百分表示值差，此值即为 YZ 或 XZ 平面内主轴箱垂直移动对工作台面的垂直度。

1. XZ 平面内主轴箱垂直方向移动对工作台面的垂直度

XZ 平面下端测试图如图 3-33 所示。

XZ 平面上端测试图如图 3-34 所示。

图 3-33 XZ 平面下端测试图

图 3-34 XZ 平面上端测试图

2. YZ 平面内主轴箱垂直方向移动对工作台面的垂直度

YZ 平面下端测试图如图 3-35 所示。

YZ 平面上端测试图如图 3-36 所示。

图 3-35　YZ 平面下端测试图

图 3-36　YZ 平面上端测试图

二、主轴锥孔的径向圆跳动

1）靠近主轴端部测试图如图 3-37 所示。

2）表头上移后（距主轴端部 300mm 处）测试图如图 3-38 所示。

图 3-37　靠近主轴端部测试图

图 3-38　表头上移后测试图

取下检验棒，同向分别旋转检验棒 90°、180°、270°后重新插入主轴锥孔，按照相同的方法在每个位置分别检测。取 4 次检测的平均值为主轴锥孔轴线的径向圆跳动误差。

三、主轴轴线对工作台面的垂直度

方法：把表座吸在主轴上，把量块放置于主轴，百分表的测量杆垂直接触量块，测量半径大于150mm，分别于+X、-X、+Y、-Y方向处测量。在+X与-X的测量差值为ZX平面内主轴轴线对工作台面的垂直度，而在+Y与-Y的测量差值为YZ平面内主轴轴线对工作台面的垂直度。

1. ZX平面内主轴轴线对工作台面的垂直度

+X测试图如图3-39所示。

-X测试图如图3-40所示。

图3-39　+X测试图

图3-40　-X测试图

2. YZ平面内主轴轴线对工作台面的垂直度

+Y测试图如图3-41所示。

-Y测试图如图3-42所示。

图3-41　+Y测试图

图3-42　-Y测试图

项目四　刀库装调

项目概述

多工序加工的数控机床在加工过程中要使用多种刀具，因此必须有自动换刀装置，以便选用不同刀具，完成不同工序的加工工艺。自动换刀装置应当具备换刀时间短、刀具重复定位精度高、足够的刀具储备量、占地面积小、安全可靠等特性。这里主要介绍自动换刀装置中的两个重要组成部分：主轴准停装置和刀库的装调。

任务一　主轴准停原理认知

任务目标

1. 掌握主轴准停的定义、分类。
2. 掌握主轴准停装置的安装与调试方法。

任务引入

1. 主轴准停装置的定义及用途

主轴准停功能又称主轴定位功能（Spindle Specified Position Stop，SSPS），即控制主轴停于固定的位置，这是自动换刀必须的功能。主轴准停装置如图 4-1 所示，主轴刀夹如图 4-2所示。

图 4-1　主轴准停装置

图 4-2　主轴刀夹

在自动换刀的数控加工中心上，切削转矩通常是通过刀杆的端面键来传递的。这就要求主轴具有准确定位于圆周方向上特定角度的功能，如图 4-3 所示。当加工阶梯孔或精镗孔后退刀时，为了防止刀具与阶梯孔碰撞或拉毛已精加工的孔表面，必须先让刀，再退刀；而要让刀，刀具必须具有准确定位功能，如图 4-4 所示。

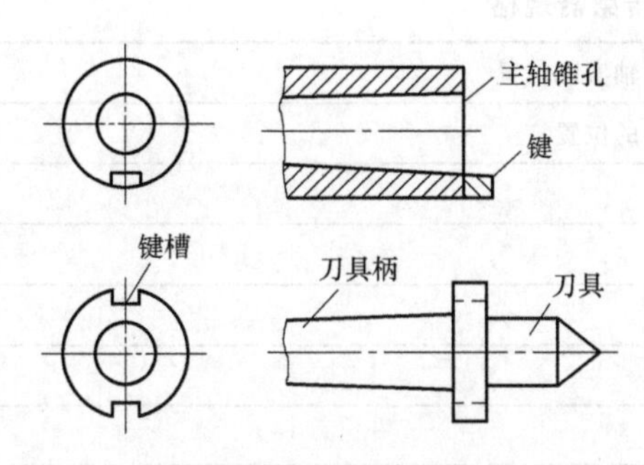

图 4-3 主轴准停示意图

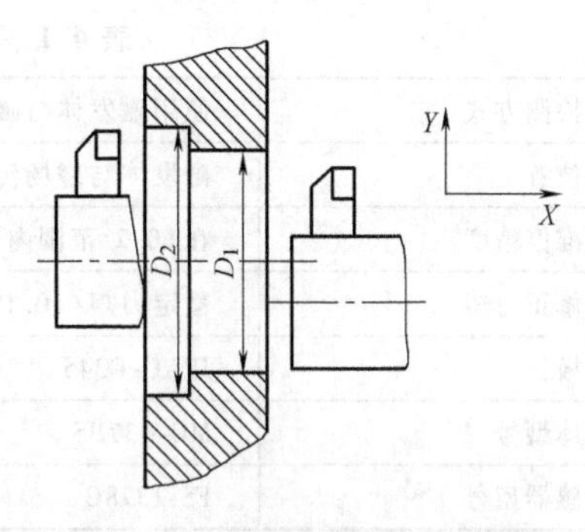

图 4-4 主轴准停镗孔示意图

2. 主轴准停的分类及特点

主轴准停可分为机械准停与电气准停，它们的控制过程是一样的。

（1）机械准停控制 进行粗定位，然后由一个液动或气动的定位销插入主轴上的销孔或销槽实现精确定位，完成换刀后定位销退出，主轴才开始旋转。采用这种传统方法定位，结构复杂，在早期数控机床上使用较多。

机械准停有如下两种方式。

1）凸轮机构准停。

2）光电盘方式准停。

（2）电气准停控制 目前中高档数控系统均采用电气准停控制，采用电气准停控制有如下优点。

1）简化机械结构。与机械准停相比，电气准停只需在主轴旋转部件和固定部件上安装传感器即可。

2）缩短准停时间。准停时间包括在换刀时间内，而换刀时间是加工中心的一项重要指标。采用电气准停，即使主轴在高速转动时，也能快速定位，形成位置控制。

3）可靠性增加。由于无需复杂的机械、开关、液压缸等装置，也没有机械准停所形成的机械冲击，因而准停控制的寿命与可靠性大大增加。

4）性能价格比提高。由于简化了机械结构和强电控制逻辑，这部分的成本大大降低。但电气准停常作为选择功能，定购电气准停附件需要另外的费用。但从总体来看，性能价格比提高。

目前电气准停有如下三种方式。

1）磁传感器主轴准停。

2）编码器型主轴准停。

3）数控系统控制准停。

这里主要介绍磁传感器主轴准停。安川 YASKAWA 主轴驱动 VS-626MT 使用不同的选件可具有三种主轴电气准停方式，即磁传感器型、编码器型以及由数控系统控制完成的主轴准停。YASKAWA 主轴驱动加上可选定位件（Orientation Card）后，可具有磁传感器主轴准停控制功能。磁传感器主轴准停控制由主轴驱动自身完成。当执行 M19 时，数控系统只需发出准停启动命令 ORT，主轴驱动完成准停后会向数控系统回答完成信号 ORE，然后数控系统再进行下面的工作。磁传感器准停控制系统构成如图 4-5 所示。YASKAWA 磁传感器规格见表 4-1。

表 4-1　YASKAWA 磁传感器规格

位置检测方式	使用磁发体与磁场传感器测量主轴实际位置
准停位置	磁发体与磁场传感器中心对中心的位置
重复准停精度	在±0.2°范围内
误差修正力矩	额定力矩/±0.1°的误差
选件板	JPAC-C345
磁发体型号	MG-137BS
磁传感器型号	FS-1378C

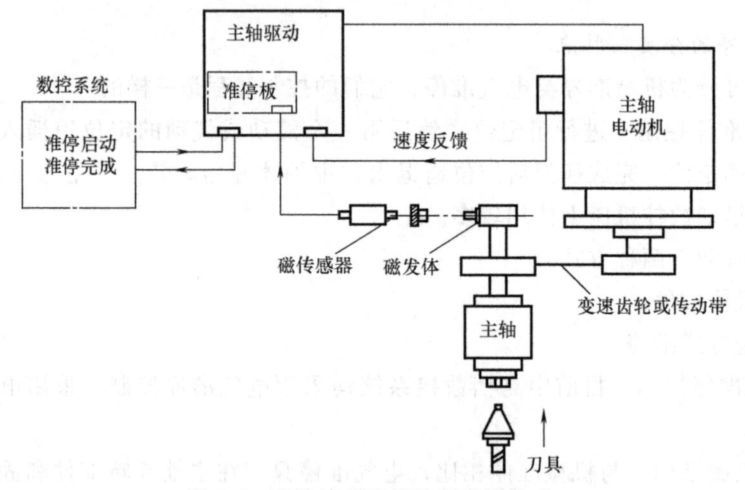

图 4-5　磁传感器准停控制系统构成

由于采用了磁传感器，故应避免将产生磁场的元件如电磁线圈、电磁阀等与磁发体和磁传感器安装在一起，另外磁发体（通常安装在主轴旋转部件上）与磁传感器（固定不动）的安装是有严格要求的，应按照说明书要求的精度安装。

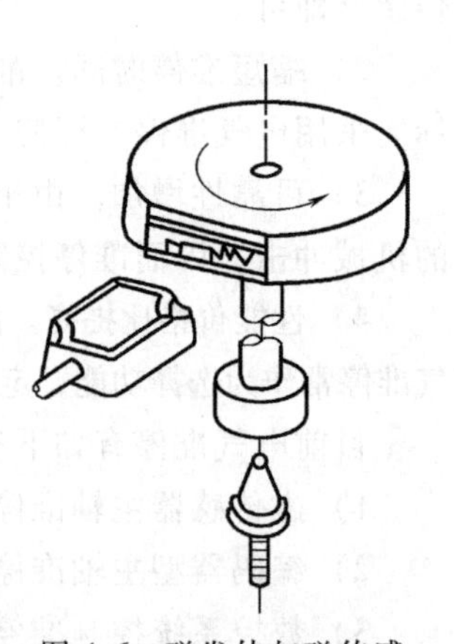

图 4-6　磁发体与磁传感器在主轴上位置示意图

采用磁传感器准停时，接受到数控系统发来的准停开关量信号 ORT，主轴立即加速或减速至某一准停速度（可在主轴驱动装置中设定）。主轴到达准停速度且到达准停位置时（即磁发体与磁传感器对准），主轴即减速至某一爬行速度（可在主轴驱动装置中设定）。然后当磁传感器出现信号时，主轴驱动立即进入磁传感器作为反馈元件的闭环控制，目标位置即为准停位置。准停完成后，主轴驱动装置输出准停完成 ORE 信号给数控系统，从而可进行自动换刀（ATC）或其他动作。磁发体与磁传感器在主轴上位置示意图如图 4-6 所示，准停控制时序图如图 4-7 所示，主轴准停控制图如图 4-8 所示。

3. 工作原理

V12000 2T 机床的伺服系统采用的是西门子公司的 SIMODRIVE 611A，在此系统中有位置监测功能，输入接口，可编程输入输出端子及大量的功能参数，可以很方便地进行功能的扩展和开发。主轴定位功能如图 4-9 所示。

准停命令（M19）由操作人员给出，PLC 检测到准停命令时发出准停触发脉冲，伺服系统监测 BERO 脉冲信号，获得 BERO 信号后伺服系统开始进行主轴准停操作。准停过程如图 4-10 所示。

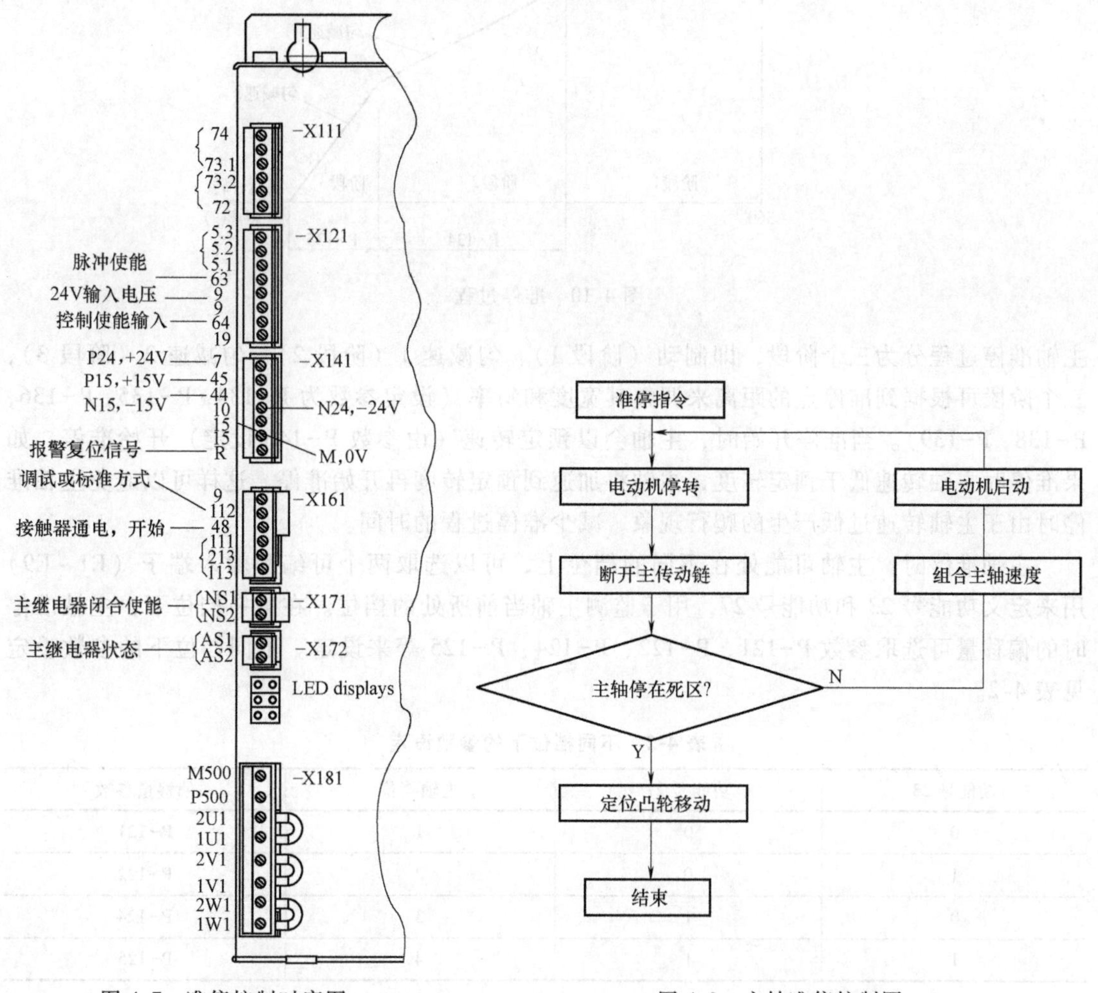

图 4-7　准停控制时序图　　　　图 4-8　主轴准停控制图

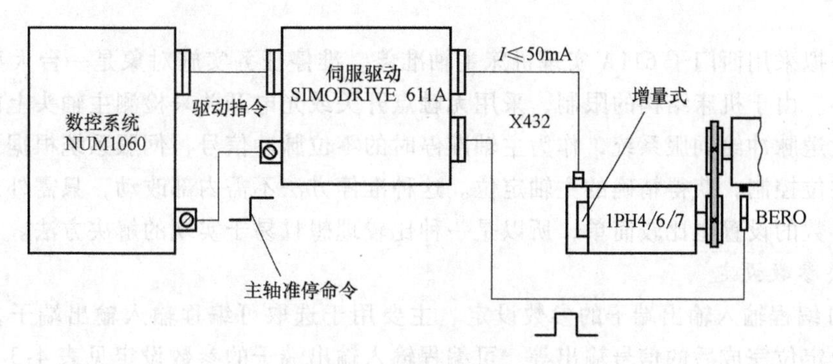

图 4-9　主轴定位功能

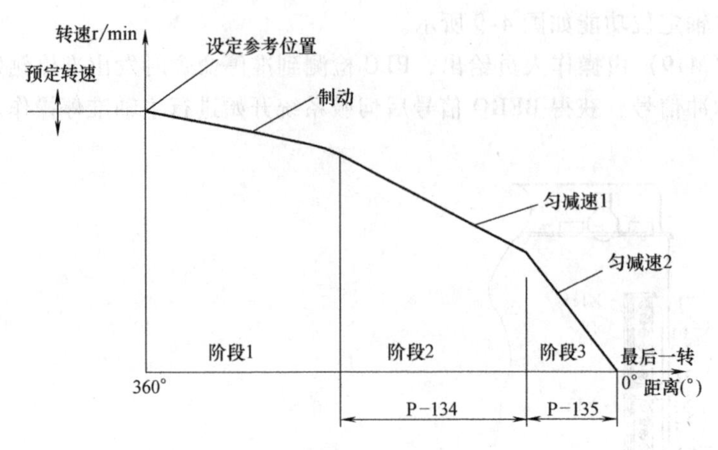

图 4-10　准停过程

主轴准停过程分为三个阶段，即制动（阶段 1）、匀减速 1（阶段 2）、匀减速 2（阶段 3），三个阶段可根据到准停点的距离来调整其宽度和斜率（设定参数为 P-134，P-135，P-136，P-138，P-139）。当准停开始时，主轴会以预定转速（由参数 P-146 设定）开始准停，如果准停时主轴转速低于预定转度，主轴将加速到预定转度再开始准停，这样可以避免主轴准停时由于主轴转速过低产生的爬行现象，减少准停过程的时间。

主轴准停时，主轴可能处在不同的档位上，可以选取两个可编程输入端子（E1～E9）用来定义功能号 23 和功能号 27，用于监测主轴当前所处的档位。在某一档位下，主轴准停时的偏移量可选取参数 P-121、P-122、P-124、P-125 等来设定。不同档位下的参数设定见表 4-2。

表 4-2　不同档位下的参数设定

功能号 23	功能号 27	主轴档位	偏移量参数
0	0	1	P-121
1	0	2	P-122
0	1	3	P-124
1	1	4	P-125

任务实施

本任务拟采用西门子 611A 实现机床主轴准停。准停任务实施对象是一台大型五坐标龙门加工中心。由于机床结构的限制，采用无触点开关或光电开关来检测主轴头上的刀具定位键，然后发送脉冲给伺服系统，作为主轴准停时的零位脉冲信号，伺服系统根据预先设定的参数进行定位控制，获得精确的主轴定位。这种准停方法不需内部改动，只需外加一个无触点开关，参数的设置也比较简单，所以是一种比较理想且易于实现的解决方法。

1. 相关参数设定

（1）可编程输入输出端子的参数设定　主要用于选取可编程输入输出端子，监控主轴档位，以及定位完成后的信号输出等。可编程输入输出端子的参数设定见表 4-3（可编程输入输出端子的选取根据情况而定，本书只做示例，下同）。

表 4-3 可编程输入输出端子的参数设定

功 能	描 述	功能号	接入端子
定位开始	定位使能信号,输入高电位时开始定位操作	28	E2(P-082)
定位参考值 1…2	定位参考值 1…2,与功能号 27 组合使用,监测主轴档位,由参数 P-121、P-122、P-124、P-125 定义	23	E3(P-083)
定位参考值 3…4	定位参考值 3…4,与功能号 23 组合使用,监测主轴档位,由参数 P-121、P-122、P-124、P-125 定义	27	E4(P-084)
位置到达 1/2	主轴定位完成输出信号,定位偏差度由 P-144/P-145 设定	9/10	A21(P-242)

（2）其他功能参数　主要包括定位使能、定位过程的调整、定位偏移量、连续零位脉冲之间最大脉冲数、定位触发方式、参数写保护、参数监控等。具体参数设定略。

2. 准停部件认识

1）选用 SIMODRIVE 611A 的可编程输入 E2、E3、E4 和可编程输出 A21，定义所需的参数。

E2 ⟶定位开始　（P-082=28）

E3 ⟶位置参考值 1…2　（P-083=23）

E4 ⟶位置参考值 3…4　（P-084=27）

A21 ⟶位置到达 1/2　（P-242=9/10）

2）由无触点开关发出的 BERO 脉冲信号接入伺服系统面板的 BERO 输入接口（X432 或 X433），用于检测主轴准停位。

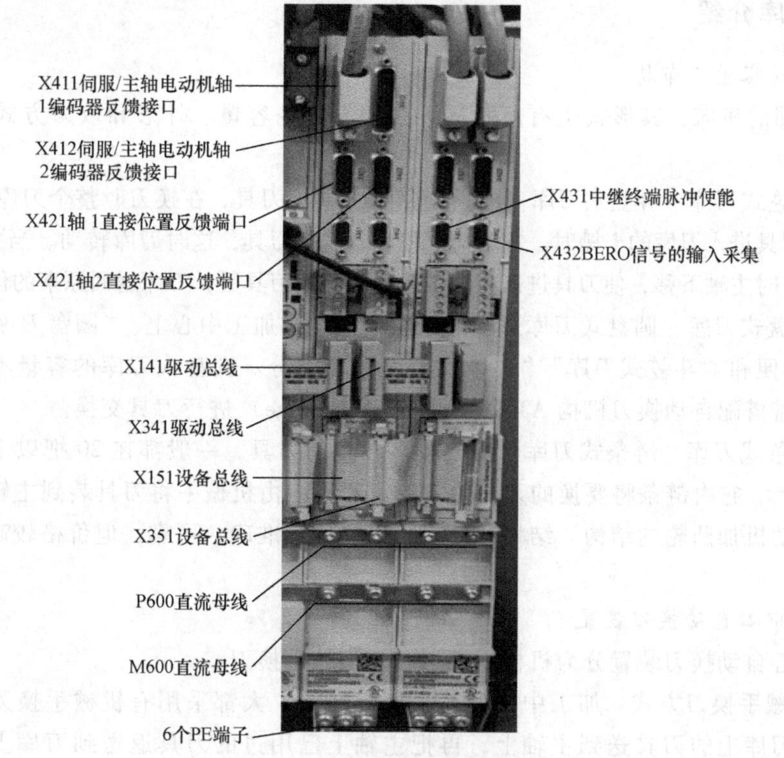

图 4-11　主轴准停的控制流程图

3）定义 PLC 的输入和输出。

① M19：准停信号，PLC 自定义 M 功能。

② A21：准停完成信号，伺服系统可编程输出。

③ 主轴准停开始：定位开始（E2）。

④ 主轴档位监测：位置参考值 1…2（E3）。

⑤ 主轴档位监测：位置参考值 3…4（E4）。

4）PLC 程序设计。PLC 主程序中添加主轴准停指令（M19），用于触发系统主轴准停功能；同时完成主轴档位的监测和输出、准停模式的触发（Position Module）、主轴准停完成信号的监测等。

5）主轴准停的控制流程图如图 4-11 所示。

任务二　斗笠式刀库装调

任务目标

1. 掌握刀库的安装与调试要点。
2. 掌握斗笠式刀库的结构组成及调试方法。

任务引入

一、刀库介绍

1. 刀库的容量、布局

针对不同的机床，其形式也有所不同，根据刀库的容量、外形和取刀方式可分为以下几种。

（1）斗笠式刀库　斗笠式刀库一般只能存 16~24 把刀具，在换刀时整个刀库向主轴移动。当主轴上的刀具进入刀库的卡槽时，主轴向上移动、脱离刀具，这时刀库转动。当要换的刀具对正主轴正下方时主轴下移，使刀具进入主轴锥孔内，夹紧刀具后，刀库退回原来的位置。

（2）圆盘式刀库　圆盘式刀库通常应用在小型立式加工中心上。“圆盘刀库”俗称“盘式刀库”，以便和“斗笠式刀库”“链条式刀库”相区分。圆盘式刀库的容量不大，顶多二三十把刀。需搭配自动换刀机构 ATC（Auto Tools Change）进行刀具交换。

（3）链条式刀库　链条式刀库可储放较多数量的刀具，一般都在 20 把以上，有些可储放 120 把以上。它由链条将要换的刀具传到指定位置，由机械手将刀具装到主轴上。换刀动作均采用电动机加凸轮的结构。结构简单，动作快速、准确、可靠，但价格较高，通常为定制化产品。

2. 加工中心自动换刀装置

加工中心自动换刀装置分为机械手换刀和无机械手换刀。

（1）机械手换刀方式　加工中心的自动换刀装置，大都采用有机械手换刀方式。它是由机械手把刀库上的刀具送到主轴上，再把主轴上已用过的刀具返送到刀库上。换刀时间短，但其机械结构比较复杂。

（2）无机械手换刀方式　它是直接在刀库与主轴（或刀架）之间换刀的自动换刀方式。因无机械手，所以结构简单。换刀时必须首先将用过的刀具送回刀库然后再从刀库中取出新刀具，且这两个动作不能同时进行，所以换刀过程较为复杂，换刀时间较长。但刀库回转是在工步与工步之间非切削时进行的，因此可免去刀库回转时的振动对加工精度的影响。无机械手换刀方式适用于40号以下刀柄的小型加工中心或换刀次数少的用重型刀具的重型机床。

在无机械手换刀方式中，刀库可以是圆盘形、直线排列式，也可以是格子箱式等。直线排列式与格子箱式相比刀库结构较复杂，适用于刀库容量较大的加工中心；圆盘形刀库容量小，刀库结构简单、紧凑，刀库转位、换刀方便，易控制。

图 4-12　内六角扳手

二、准备工具

（1）内六角扳手　成 L 形的六角棒状扳手，专用于拧转内六角圆柱头螺钉。如图 4-12 所示。

（2）呆扳手　它是一种常用的安装与拆卸工具。使用时沿螺纹旋转方向在柄部施加外力，就能拧转螺栓或螺母，如图 4-13 所示。

（3）木榔头　木榔头又称木锤。敲击时，对产品的表面起到保护作用，如图 4-14 所示。

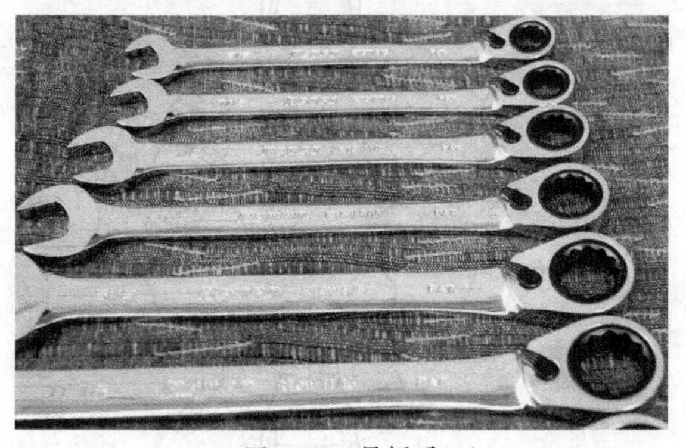

图 4-13　呆扳手

图 4-14　木榔头

（4）勾头扳手　勾头扳手是一个带着长柄的、末端为月牙形的手动工具，如图 4-15所示。

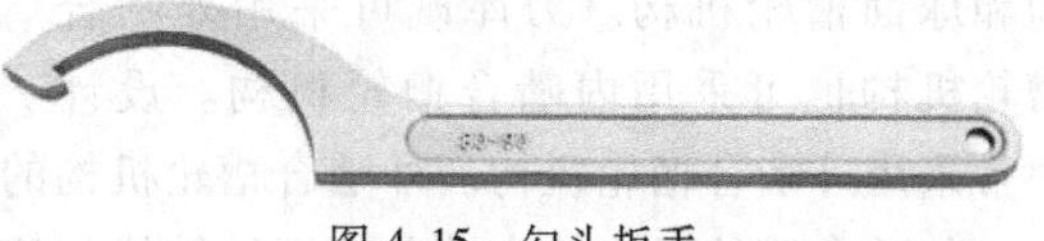

图 4-15　勾头扳手

三、斗笠式刀库结构

斗笠式刀库由刀盘部件、轴承、轴承套、轴、箱盖、拨销、锁止盘、电动机、槽轮、箱体等组成，如图 4-16 所示。

四、刀爪的作用

如图 4-17 所示，刀爪是刀库的重要组成部分，整个换刀过程需要刀库横移装置、刀库

分度装置。由于本刀库是斗笠式刀库，通常使用无机械手换刀，所以合理的刀爪在刀库更换刀具过程中显得更为重要。无机械手换刀，刀爪的设计理念要满足两个要求：一是在机床主轴靠近刀爪时，要通过合理的机构使刀爪因机床主轴的靠近而松刀；二是在机床主轴远离刀爪时，刀爪能够自动复位。

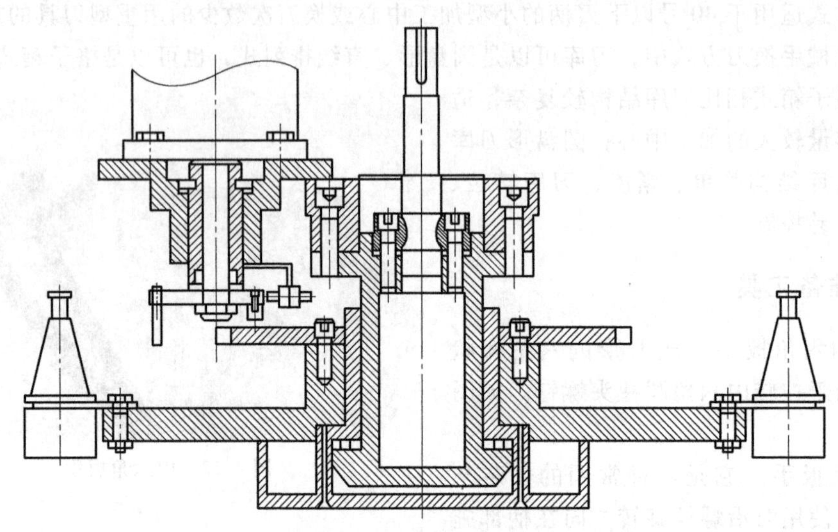

图 4-16　斗笠式刀库示意图

五、刀库转动定位机构

槽轮机构具有冲击小，工作平稳性较高，机械效率高，可以在较高转速下工作，且结构简单、易制造等优点。在目前生产的鼓轮式刀库的加工中心上，很多采用槽轮机构来驱动刀库的分度回转运动。

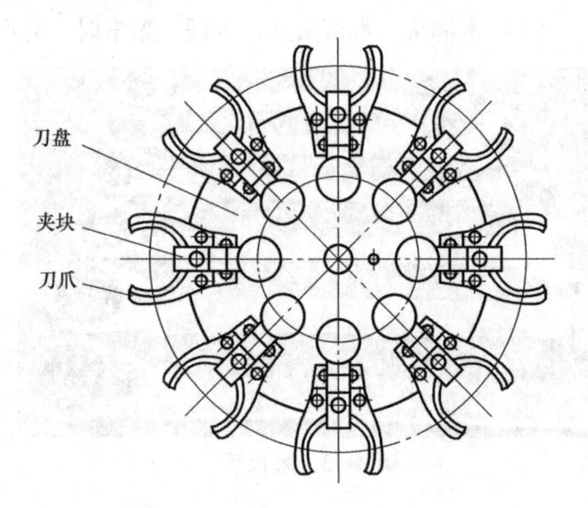

图 4-17　刀库示意图

槽轮机构能把主动轴的匀速连续运动转换为从动轴的周期性间歇运动，常用于各种分度转位机构中。槽轮机构有三种基本类型：外啮合槽轮机构、内啮合槽轮机构和球面槽轮机构。刀库既可采用外啮合槽轮机构也可采用内啮合槽轮机构。设计中常采用外啮合槽轮机构。外啮合槽轮机构的结构如图 4-18 所示。

外啮合槽轮机构的主动曲柄回转轴线与槽轮回转轴线平行，通常主动曲柄做等速回转，当主动曲柄上的拨销进入槽中，就拨动槽轮做反向转位运动，当拨销从槽中脱出，槽轮即静止不动，并由锁止盘定位。当只有一个拨销时，主动曲柄转一周，槽轮做转一个角度的步进运动，从而实现转位、分度和定位。

六、斗笠式刀库的换刀过程

1）主轴移动至换刀坐标处，如图 4-19a 所示。

2）刀库前进（抓旧刀），如图 4-19b 所示。

3）Z 轴向上移动（让出刀库旋转尺寸），如图 4-19c 所示。

4）刀库旋转（选刀），如图 4-19d 所示。

5）Z 轴向下移动（移动至换刀位置），如图 4-19e 所示。

6）刀库后退（换刀结束），如图 4-19f 所示。

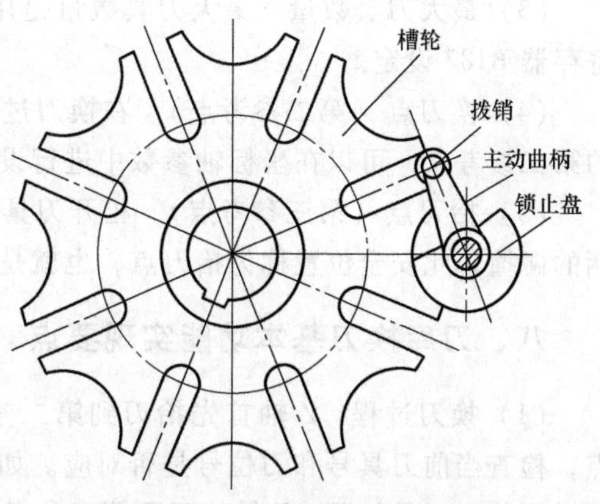

图 4-18　外啮合槽轮机构的结构

斗笠式刀库一般只能存 16~24 把刀具，斗笠式刀库在换刀时整个刀库向主轴移动。当主轴上的刀具进入刀库的卡槽时，主轴向上移动、脱离刀具，这时刀库转动。当要换的刀具正对主轴正下方时主轴下移，使刀具进入主轴锥孔内，夹紧刀具后，刀库退回原来的位置。

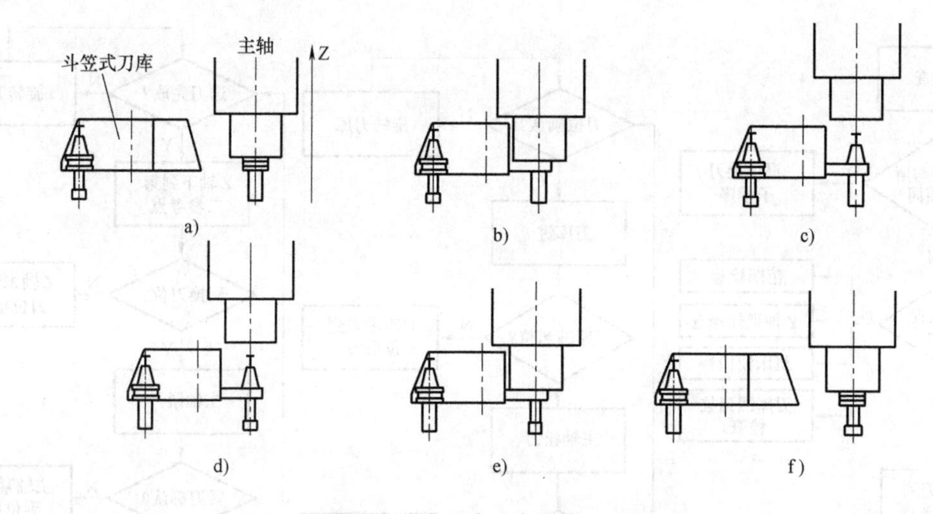

图 4-19　斗笠式刀库的换刀过程

七、斗笠式刀库的调试

（1）当前刀具号　当前刀具号是指被安放在主轴上的刀具被用户自定义的 ID 号，该号码在同一刀库中是唯一的，用户可以在数控系统刀库刀补功能中选择刀库表进行编辑。

在系统中当前主轴上的刀具号在刀库表 0 位置，0 位置映射的寄存器是 B188，所以当前主轴上的刀号对应的断电寄存器是 B188 所存的值。

刀具号的最大数值不能大于设定的刀库刀具总数。

刀具号和刀库中的刀套号是一一对应的，所以在斗笠式刀库中只需要填写当前刀具号。

（2）当前刀位号　当前刀位号是指当前刀库停在换刀缺口上的那把刀的刀具号。在旋转刀库找刀的时候需要对该数据进行数值计算。

当前刀位号对应的断电寄存器是 B189。

（3）最大刀具数量　最大刀具数量是用来定义刀库的最大容量的数值。该数值由断电寄存器 B187 设定。

（4）换刀点（第二参考点）　在换刀过程中取刀和还刀的位置称为换刀点，也就是所谓的第二参考点，可以在坐标轴参数中进行设置。

（5）抬刀点（第三参考点）　松开刀具以后主轴将抬刀到一个安全的避让位置以避开刀柄的碰撞，此安全位置称为抬刀点，也就是所谓的第三参考点。

八、刀库换刀基本功能实现要点

（1）换刀过程　Z 轴首先抬刀到第二参考点，主轴准停开始，检查是否到达第二参考点，检查当前刀具号和刀位号是否对应。如果不对应，首先将刀库转到当前刀位号位置，刀库进到位，刀具松开，Z 轴抬刀到第三参考点。

（2）选刀过程　旋转到预选刀刀号所对应的刀位号。

（3）取刀过程　Z 停轴到第二参考点，刀具紧刀，退回刀库，取消主轴准停。

斗笠式换刀流程图如图 4-20 所示。

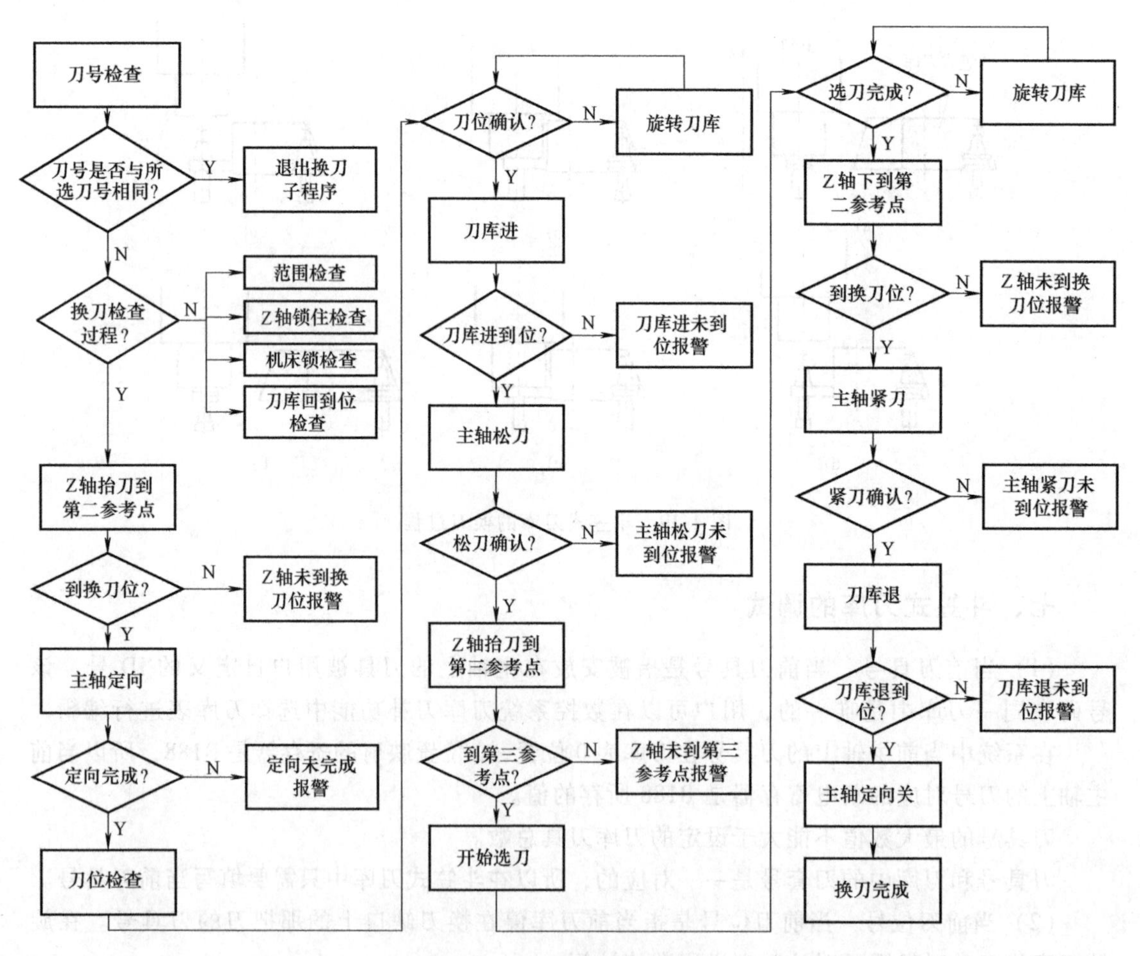

图 4-20　斗笠式换刀流程图

任务实施

一、刀库的安装

1. 刀库结构（表4-4）

表4-4　刀库结构

1)刀库整体结构图	
2)刀库结构爆炸图	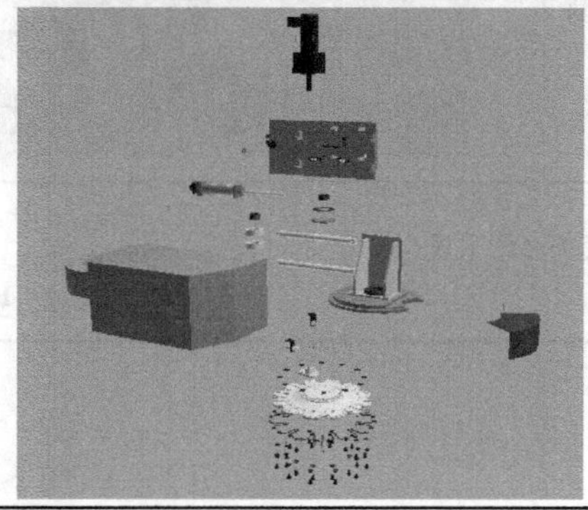

2. 安装及固定刀库座过程（表4-5）

表4-5　安装及固定刀库座过程

1)安装刀库座	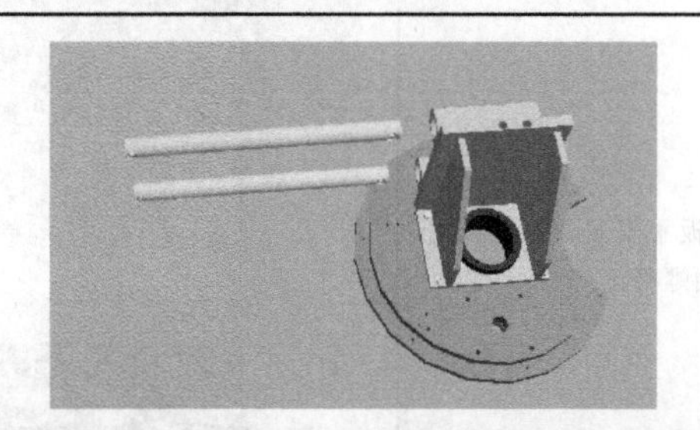
2)安装刀库固定板。徒手安装刀库固定板,并用内六角扳手固定导轨-刀库固定板紧固螺栓	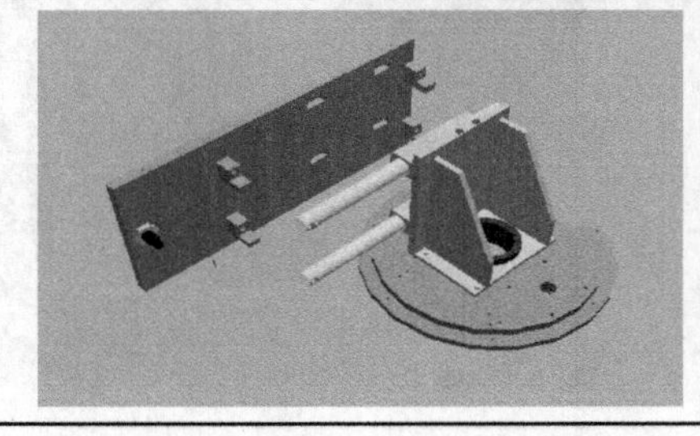 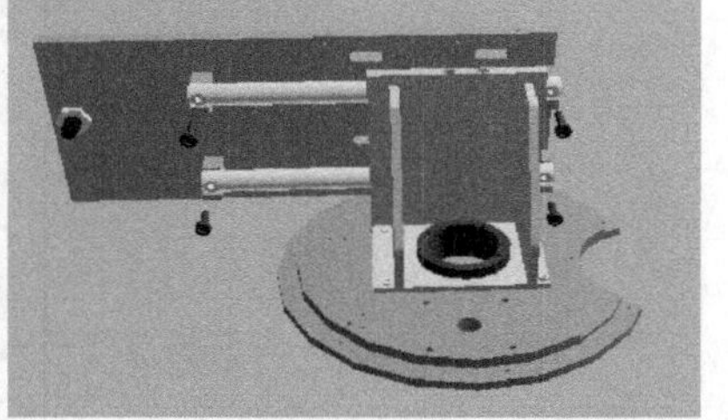

3. 安装限位（表4-6）

表4-6 安装限位

1）安装限位开关。徒手安装限位开关，并用内六角扳手安装限位开关紧固螺栓		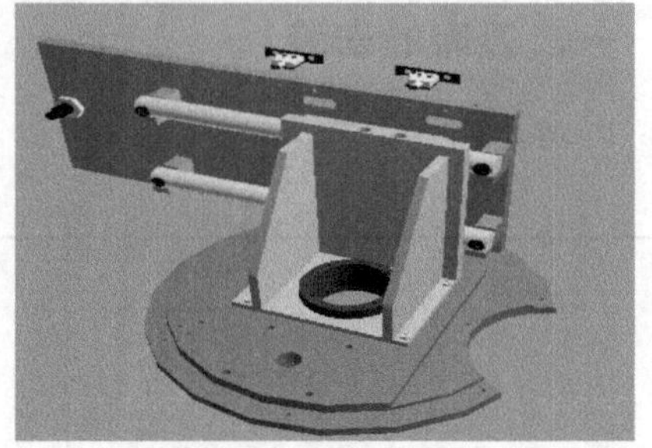
2）安装限位挡块。徒手安装限位挡块，并用内六角扳手安装限位挡块固定螺栓	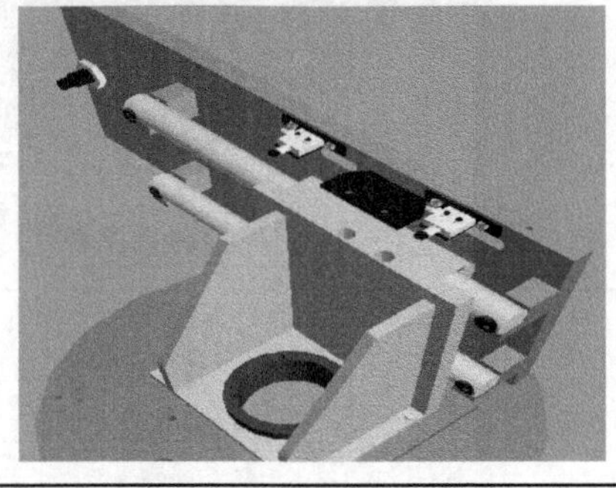	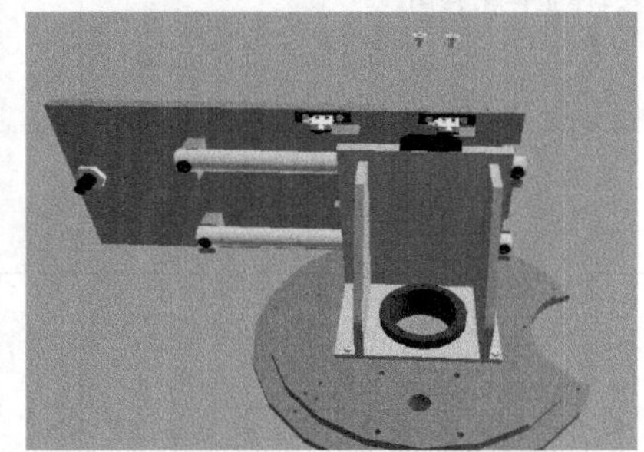

4. 安装气缸（表4-7）

表4-7 安装气缸

徒手安装气缸，并用扳手安装气缸活塞连接紧固螺母和气缸紧固螺母	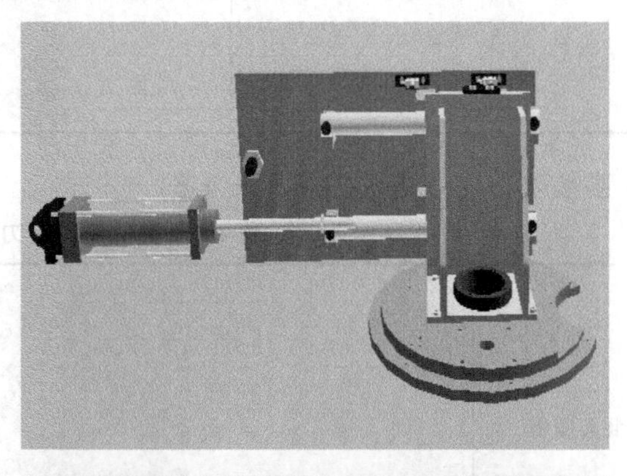 

（续）

徒手安装气缸，并用扳手安装气缸活塞连接紧固螺母和气缸紧固螺母	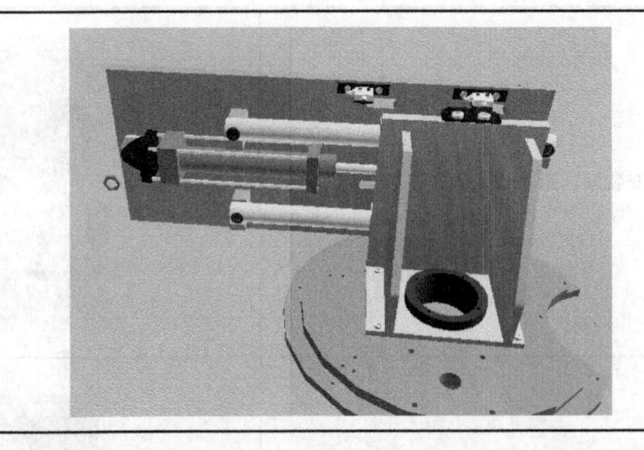

5. 安装轴承（表 4-8）

表 4-8 安装轴承

1）安装下轴承。用木榔头敲击安装下轴承	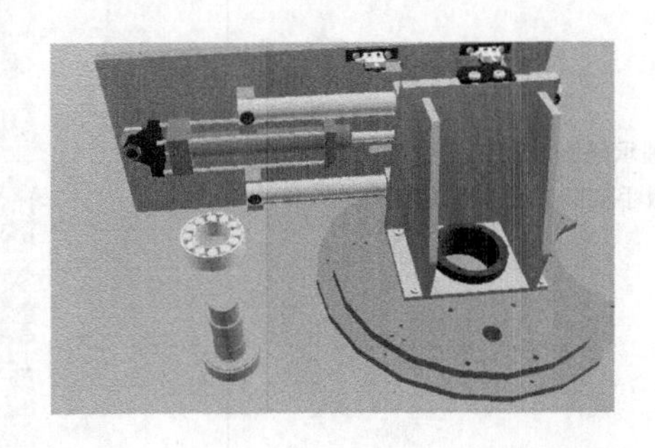
2）安装挡圈	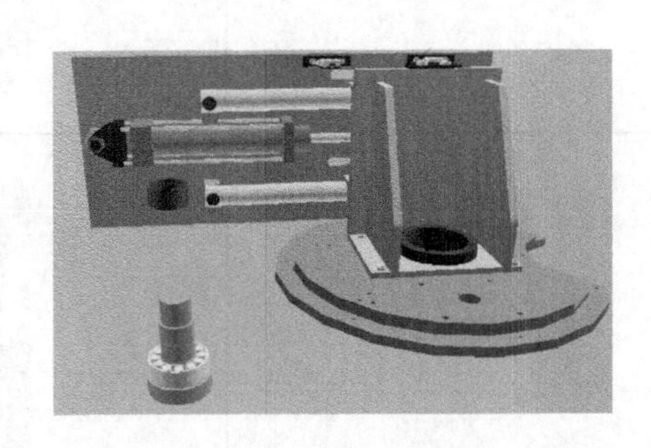
3）安装上轴承。用木榔头敲击安装上轴承	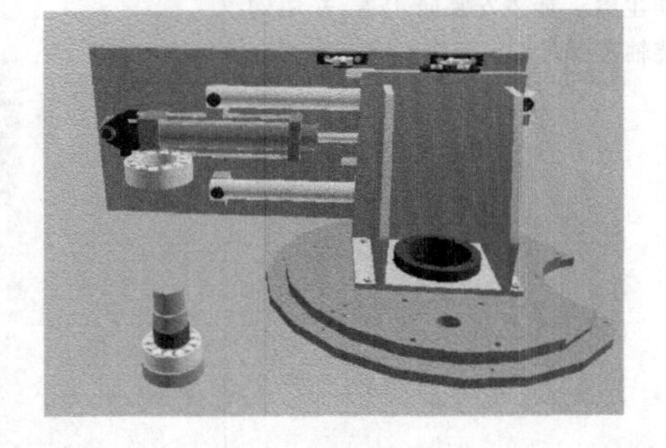

（续）

4）安装轴。用木榔头敲击安装轴	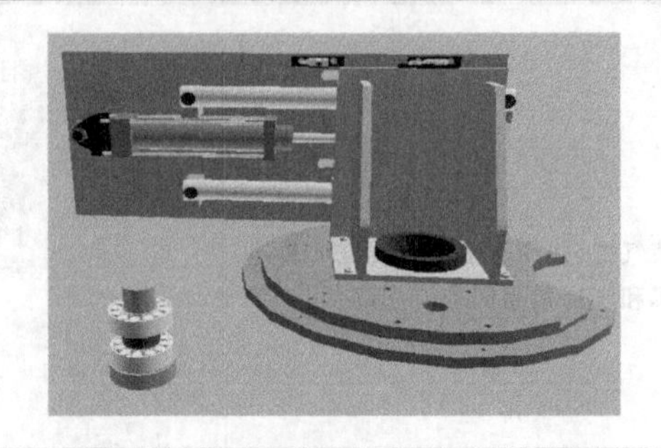
5）安装轴承隔圈。徒手安装轴承隔圈，并用内六角扳手安装轴承隔圈紧固螺母	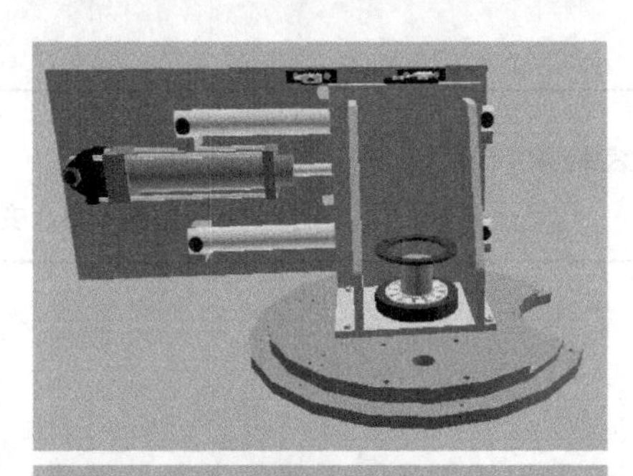 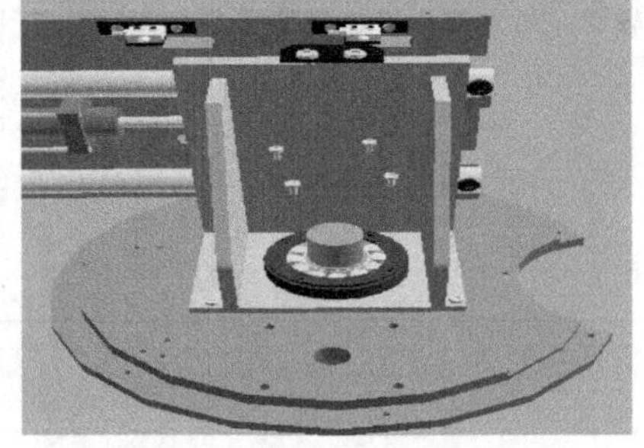
6）安装防尘盖。徒手安装防尘盖，并用勾头扳手安装轴圆螺母	 

6. 安装刀库电动机（表 4-9）

表 4-9 安装刀库电动机

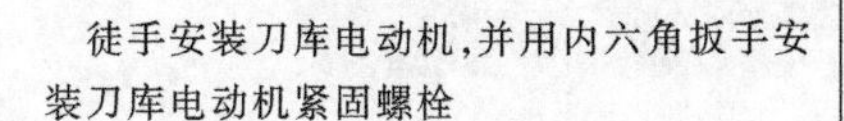 徒手安装刀库电动机，并用内六角扳手安装刀库电动机紧固螺栓	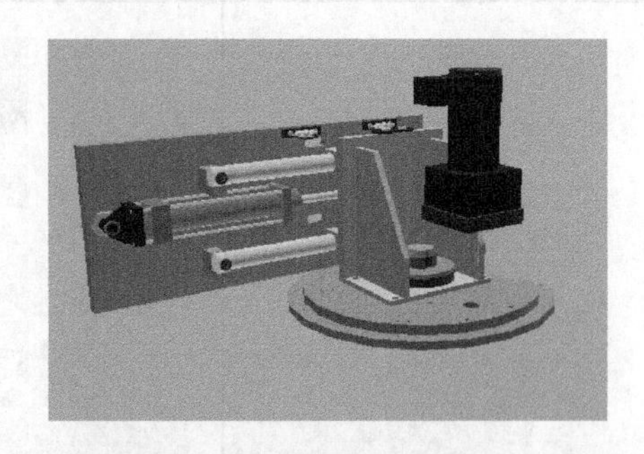 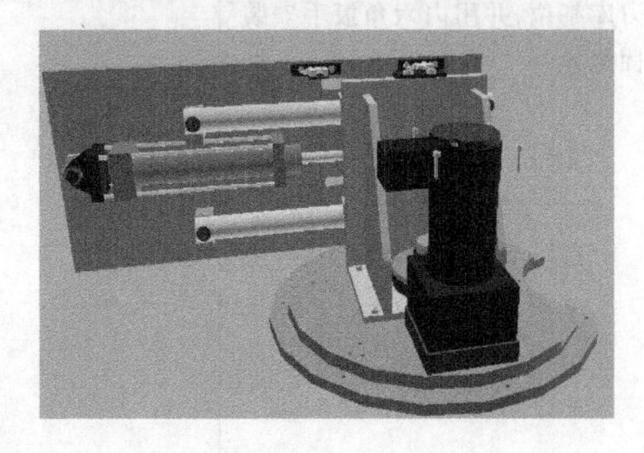

7. 安装拐盘（表 4-10）

表 4-10 安装拐盘

徒手安装拐盘，并用内六角扳手安装拐盘紧固螺栓	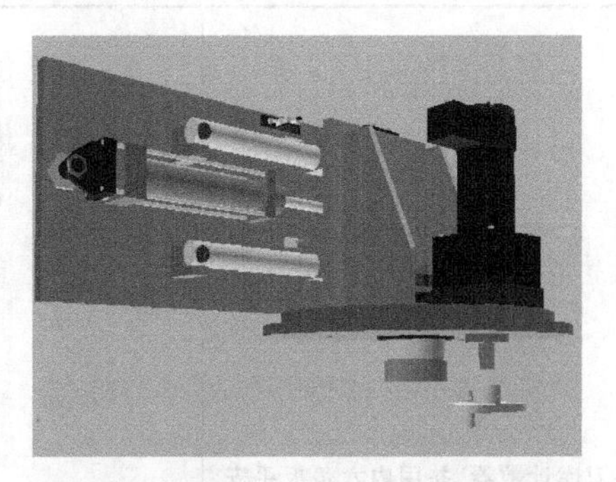 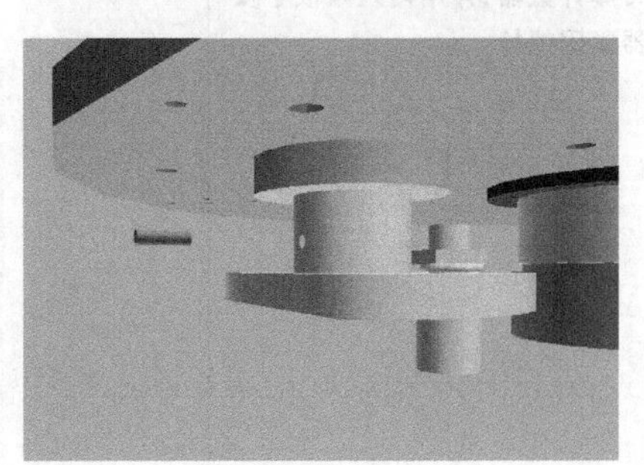

8. 安装刀库基位（表 4-11）

表 4-11 安装刀库基位

<table>
<tr><td rowspan="2">徒手安装刀库基位，并用内六角扳手安装刀库基位紧固螺栓</td><td>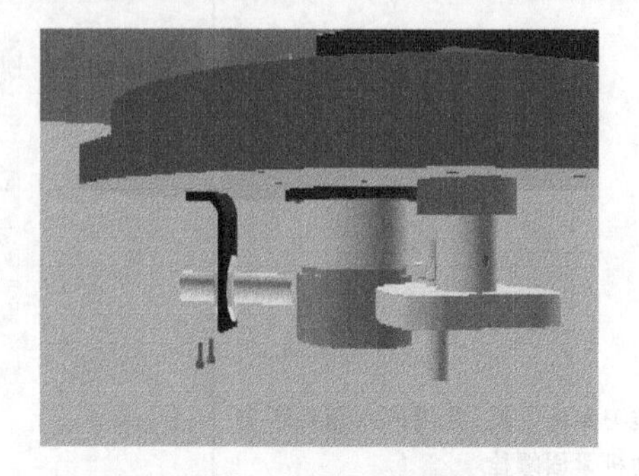</td></tr>
<tr><td>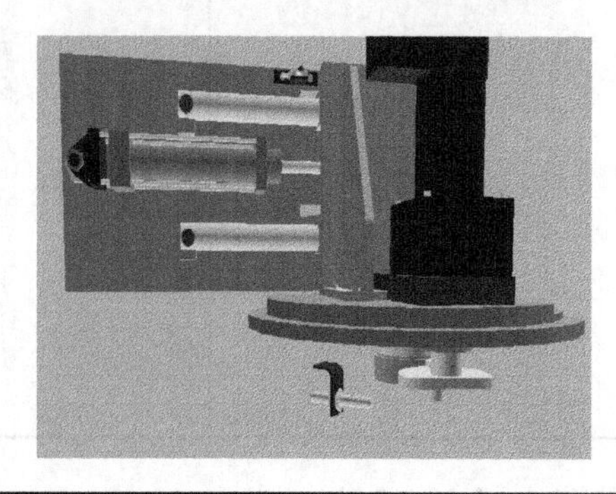</td></tr>
</table>

9. 安装刀库计数器（表 4-12）

表 4-12 安装刀库计数器

<table>
<tr><td rowspan="2">徒手安装刀库计数器，并用内六角扳手安装刀库计数器紧固螺栓</td><td>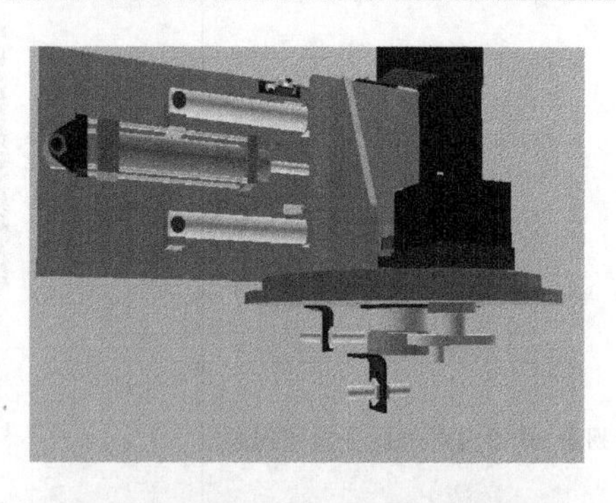</td></tr>
<tr><td>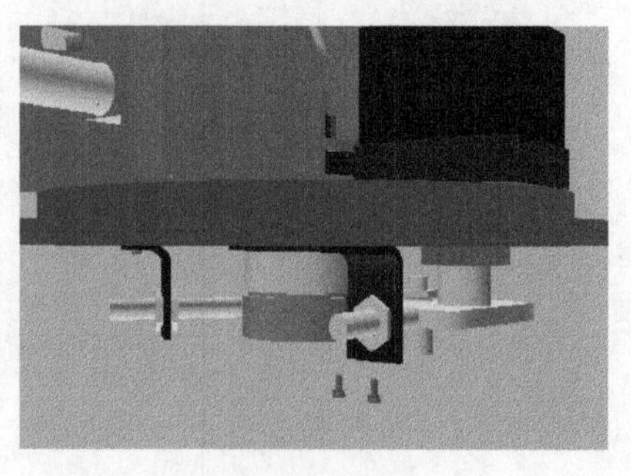</td></tr>
</table>

10. 安装刀盘（表 4-13）

表 4-13 安装刀盘

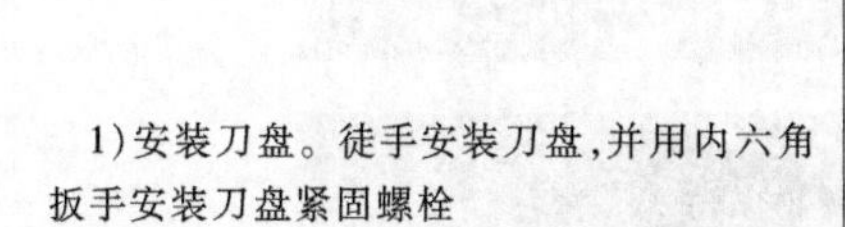 1)安装刀盘。徒手安装刀盘,并用内六角扳手安装刀盘紧固螺栓	 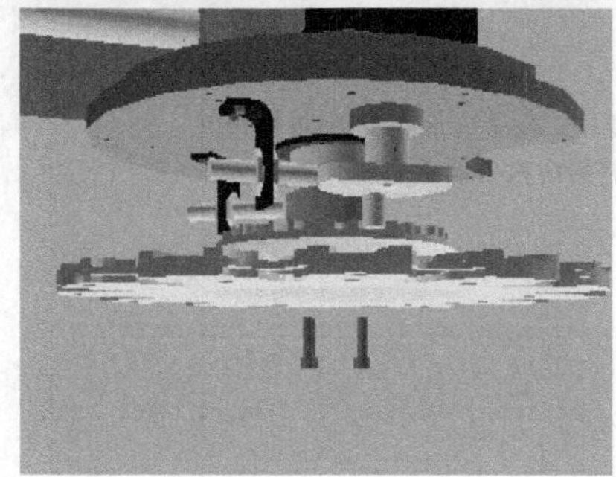
2)安装压头。徒手安装压头,并用内六角扳手安装压头紧固螺栓	 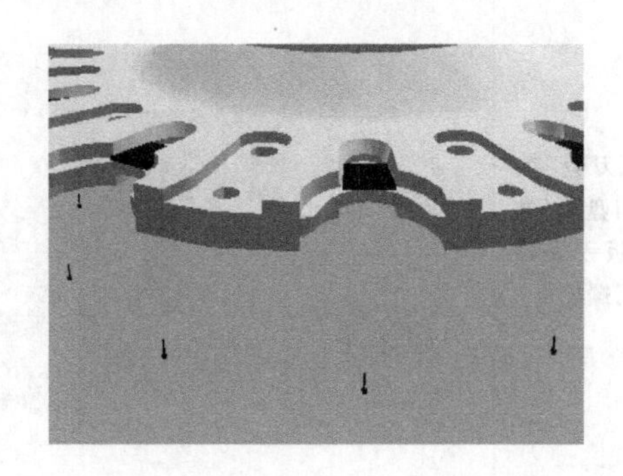

（续）

3）安装弹簧片。徒手安装弹簧片和弹簧片紧固螺母，并用内六角扳手安装弹簧片紧固螺栓	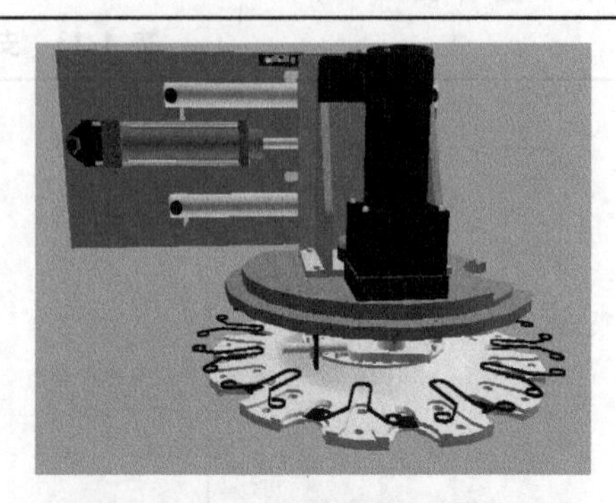  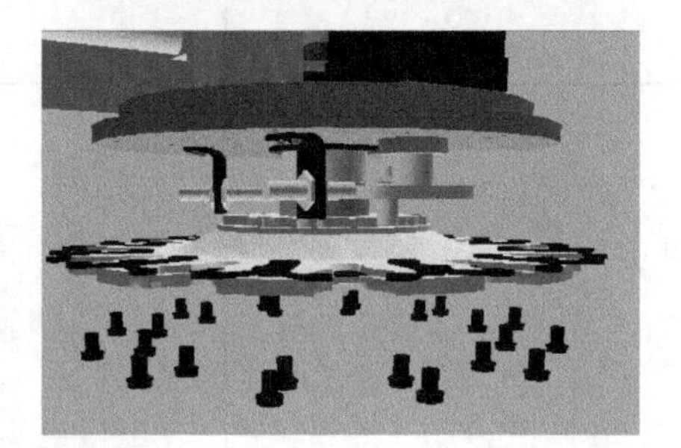

11．安装防护罩（表4-14）

表4-14 安装防护罩

1）安装刀盘罩。徒手安装刀盘罩，并用内六角扳手安装刀盘罩紧固螺栓	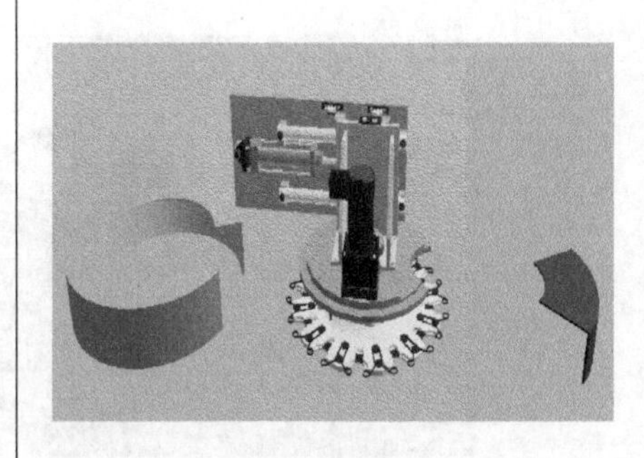 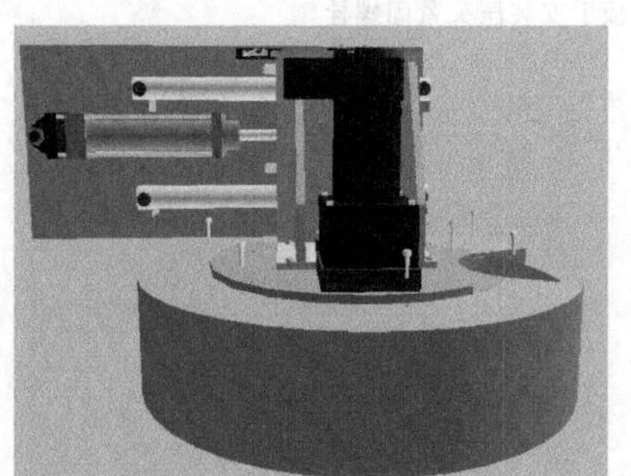

（续）

2）安装刀库罩。徒手安装刀库罩，并用内六角扳手安装刀库罩紧固螺栓	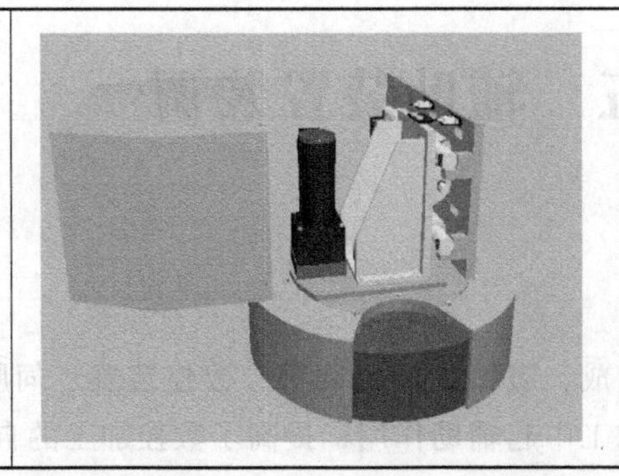 

12. 安装完毕（表 4-15）

表 4-15　安装完毕

安装完毕	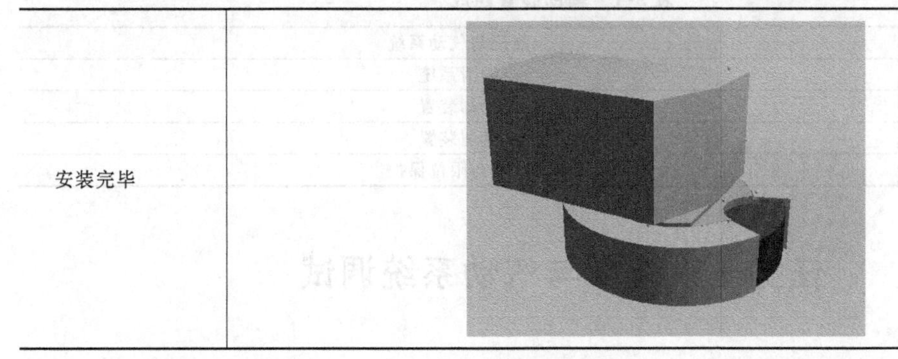

二、刀库安装与调试要点

1）严禁把超重、超长的刀具装入刀库。

2）顺序选刀方式必须注意刀具放置在刀库中的顺序。其他选刀方式也要注意所换刀具是否与所需刀具一致，防止换错刀具导致事故发生。

3）手动方式往刀库上装刀时，要确保装到位、装牢靠。检查刀座上的锁紧是否可靠。

4）常检查刀库的回零位置是否正确，检查机床主轴回换刀点位置是否到位，并及时调整，否则不能完成换刀动作。

5）要注意保持刀具刀柄和刀套的清洁。

6）开机时，应先使刀库和机械手空运行，检查各部分工作是否正常；特别要检查各行程开关和电磁阀能否正常动作。

项目五　辅助装置装调

项目概述

一台数控机床由很多部分共同组成，有输入输出装置、数控装置、伺服及辅助装置等。作为组成部分的辅助装置，在数控加工中起辅助作用，提高了数控加工的自动化程度，减轻了加工人员的工作强度，它主要包括润滑系统、冷却装置、气动系统、液压系统及排屑装置等，见表 5-1。

表 5-1　辅助装置组成

辅助装置	液压与气动系统
	润滑系统
	冷却装置
	排屑装置
	过载与限位保护

任务一　液压与气动系统调试

任务目标

1. 掌握液压与气动系统的组成特点。
2. 能读懂数控机床的液压与气动原理图。

任务引入

一、气源装置

气源装置（图 5-1）为气动系统提供了一定质量要求的压缩空气，它是气动系统的一个重要组成部分，气动系统对压缩空气的主要要求有：具有一定的压力、流量及净化程度。

气源装置主要由以下几部分组成，见表 5-2。

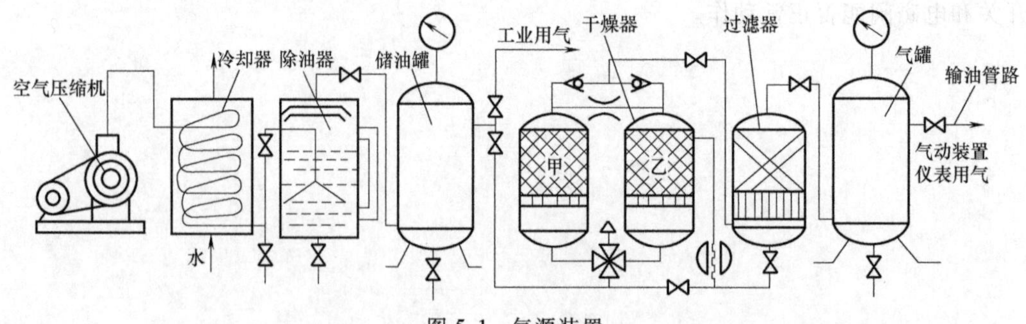

图 5-1　气源装置

表 5-2 气源装置组成

<table>
<tr><td>1)空气压缩机
功用:将机械能转变为气体压力能的装置,是气动系统的动力源
分类:活塞式、膜片式、螺杆式,其中气动系统最常使用的机型为活塞式压缩机
在选择空气压缩机时,其额定压力≥工作压力,其流量应等于系统设备最大耗气量并考虑管路泄漏等因素</td><td>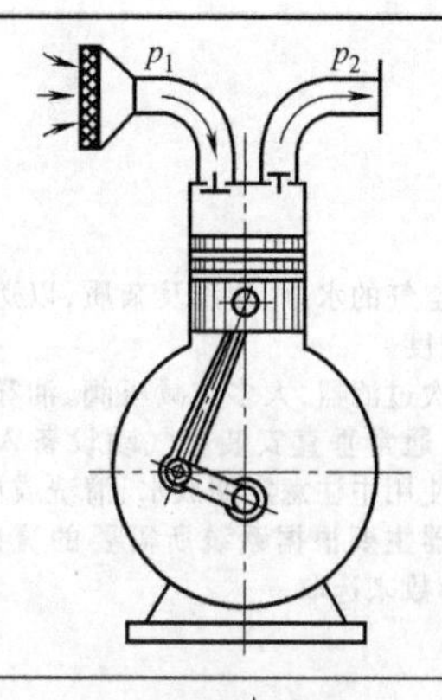</td></tr>
<tr><td>2)冷却器
功用:将压缩机排出的压缩气体温度由 120~150℃降至 40~50℃,使其中水汽、油雾汽凝结成水滴和油滴,以便经除油器析出
分类:后冷却器一般采用水冷换热装置。其结构形式有:列管式、散热片式、管套式、蛇管式和板式等。其中,蛇管式冷却器最为常用</td><td>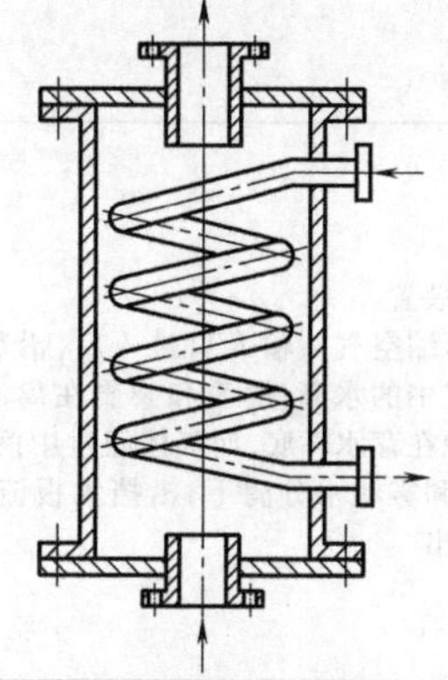</td></tr>
<tr><td>3)除油器
功用:分离压缩空气中凝聚的水分和油分等杂质使压缩空气得到初步净化
分类:环形回转式、撞击折回式、离心旋转式和水浴式等</td><td>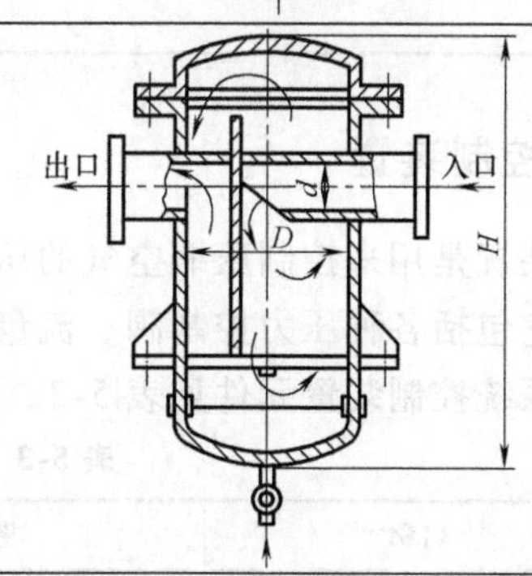</td></tr>
<tr><td>4)干燥器
功用:为了满足精密气动装置用气,把初步净化的压缩空气进一步净化以吸收和排除其中的水分、油分及杂质,使湿空气变成干空气
分类:潮解式、加热式、冷冻式等</td><td>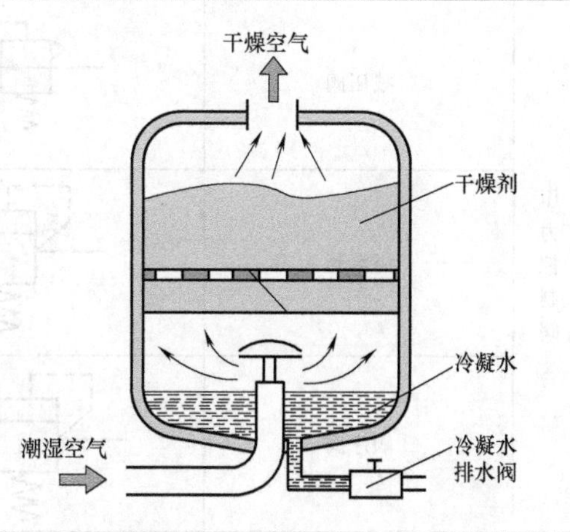</td></tr>
</table>

（续）

5）空气过滤器 功用：滤除压缩空气的水分、油滴及杂质，以达到气动系统所要求的净化程度 安装：它属于二次过滤器，大多与减压阀、油雾器一起构成气源处理装置。通常垂直安装在气动设备入口处，进、出气孔不得装反，使用中注意定期放水、清洗或更换滤芯 选择：空气过滤器主要根据系统所需要的流量、过滤精度和容许压力等参数来选取	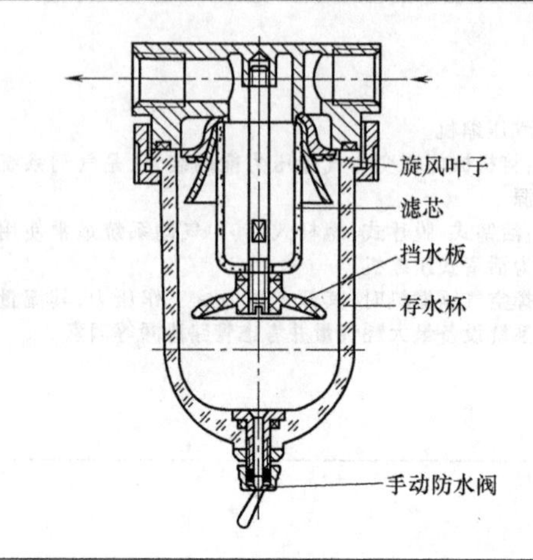
6）气源处理装置 工作原理：压缩空气从输入口进入后，沿旋风叶子强烈旋转，夹在空气中的水滴、油滴和杂质在离心力的作用下分离出来，沉积在存水杯底，而气体经过中间滤芯时，又将其中微粒杂质和雾状水分滤下，沿挡水板流入杯底，洁净空气经出口输出	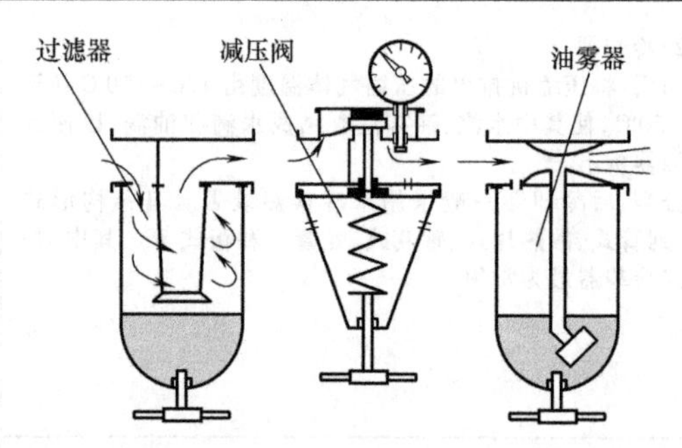

二、控制装置

控制装置是用来控制压缩空气的压力、流量和流动方向的，以便执行机构完成预定的工作循环。它包括各种压力控制阀、流量控制阀和方向控制阀等。

气动系统控制装置元件见表5-3。

表5-3　气动系统控制装置元件

类别	名称	图形符号	特点
压力控制阀	减压阀		调整或控制气压的变化，保持压缩控制器减压后稳定需要值，又称为调压阀。一般与过滤器、油雾器组成气源处理装置。对低压系统则需用高精度的减压阀—定制器
	溢流阀		为保证气动回路的安全，当压力高过某一调定值时，实现自动向外排气，使压力回到某一调定范围内，起过压保护作用
	顺序阀		依靠气路中压力的作用，按调定的压力控制执行元件顺序动作或输出压力信号。与单向阀并联可组成单向顺序阀

（续）

类别		名称	图形符号	特点
流量控制阀		节流阀		通过改变节流阀的流通面积来实现流量调节。与单向阀并联组成单向节流阀，常用于气缸的调速和延时回路中
		排气消音节流阀		装在执行元件主控阀的排气口处，调节排入大气中气体的流量。用于调整执行元件的运动速度并降低排气噪声
方向控制阀	换向型控制阀	气压控制换向阀		以气压为动力切换主阀，使气流改变流向操作安全、可靠。适用于易燃、易爆、潮湿和粉尘多的场合
		电磁控制换向阀	出口 入口 出口 入口	用电磁力的作用来实现阀的切换以控制气流的流动方向。分为直动式和先导式两种 先导式结构应用于通径较大时，由微型电磁铁控制气路产生先导压力，再由先导压力推动主阀阀芯实现换向，即电磁、气压复合控制
		机械控制换向阀	A P R A P R A P R	依靠凸轮、撞块或其他机械外力推动阀芯使其换向，多用于行程程序控制系统，作为信号阀使用，也称为行程阀
		人力控制换向阀		分为手动和脚踏两种操作方式

（续）

类别	名称		图形符号	特点
方向控制阀	单向型控制阀	单向阀	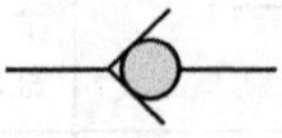	气流只能一个方向流动而不能反向流动
		梭阀	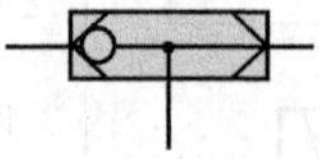	两个单向阀的组合，其作用相当于“或门”
		双压阀	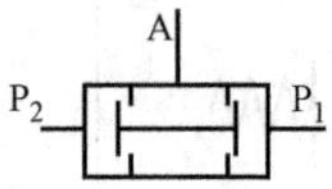 A P2 P1	两个单向阀的组合，其作用相当于“与门”
		快速排气阀	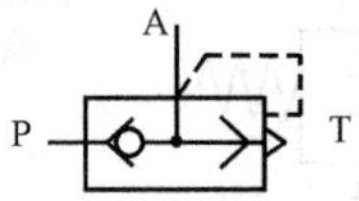 A P T	常装在换向阀与气缸之间，它使气缸不通过换向阀而快速排出气体，从而加快气缸的往返运动速度，缩短工作周期

三、执行装置

执行装置是将压缩空气的压力能转换为机械能的装置，包括气缸和气马达。实现直线往复运动和做功的是气缸；实现旋转运动和做功的是气马达。

执行装置的工作特点见表5-4。

表5-4 执行装置的工作特点

类别	名称	特点
气缸	普通气缸	压缩空气作用在活塞右侧面积上的作用力，大于作用在活塞左侧面积上的作用力和摩擦力，进而压缩空气推动活塞向左移动，使活塞杆伸出。反之，压缩空气推动活塞向右移动，使活塞和活塞杆缩回到初始位置。在气缸往复运动的过程中，推（或拉）动机构做往复运动
	无活塞杆气缸	工作时，膜片在压缩空气作用下推动活塞杆运动
	膜片气缸	在压缩空气作用下，活塞-滑块机械组合装置可以做往复运动
	增力气缸	增力气缸综合了两个双作用气缸的特点，即将两个双作用气缸串联在一起形成一个独立执行元件
气马达	气马达	当压缩空气从左气口进入气室后立即喷向叶片，作用在叶片的外伸部分，产生转矩带动转子做顺时针旋转运动，输出机械能，废气从中间气口排出，残余气体则从右气口排出；若左、右气口互换，则转子反转，输出相反方向的机械能。转子转动的离心力和叶片底部的压力、弹簧力使得叶片紧密地抵在气马达的内壁上，以保证密封，提高容积效率

四、辅助装置

辅助装置的工作特点见表 5-5。

表 5-5 辅助装置的工作特点

1)消声器。气缸、气阀等工作时排气速度较高,气体体积急剧膨胀,会产生刺耳的噪声。噪声的强度随排气速度、排气量和空气通道的形状而变化。排气速度和排气量越大,噪声也越大。一般可在 100~130dB。为了降低噪声,可以在排气口装设消声器	端口 消音套 连接套 吸收型消声器
2)气液转换器。用于将气动调节仪表或气动手动操作器的输出信号转换为液压信号,驱动液动执行机构动作。液动执行器具有功率大、刚性好、动态响应快等特点	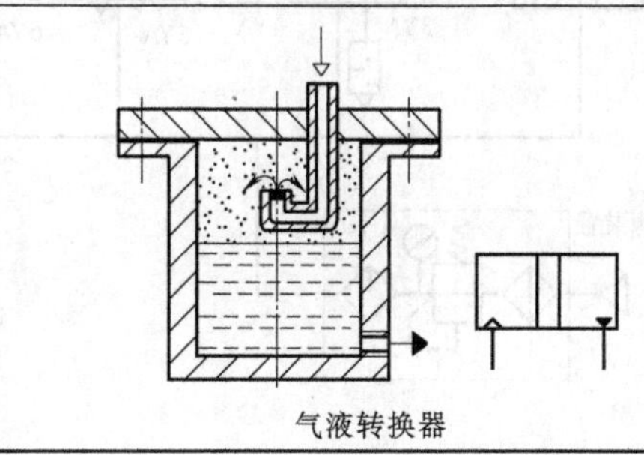 气液转换器

任务实施

一、加工中心气动原理图

根据加工中心气动原理图（图 5-2）可知，当接到换刀指令后，主轴进行定位，此时 4YA 得电，定位完成后，松开刀具，6YA 得电，然后需将刀具拔出，8YA 得电，刀具拔出后，清理换刀孔，1YA 得电，清理干净后，1YA 失电、2YA 得电，完成卸载刀具后，由刀库调用新的刀具，将刀具插入换刀孔中，7YA 失电、8YA 得电，刀具插入后，8YA 失电，夹紧刀具 6YA 失电、5YA 得电，主轴复位，完成换刀。

电磁阀控制顺序表见表 5-6。

表 5-6 电磁阀控制顺序表

电磁阀 动作顺序	1YA	2YA	3YA	4YA	5YA	6YA	7YA	8YA
主轴定位	−	−	−	+	−	−	−	−
主轴松刀	−	−	−	−	−	+	−	−
拔刀	−	−	−	−	−	−	−	+
轴孔吹气	+	−	−	−	−	−	−	+
停止吹气	−	+	−	−	−	−	−	+
插刀	−	−	−	−	−	−	+	−
刀具夹紧	−	−	−	−	+	−	+	−
主轴复位	−	−	+	−	−	−	−	−
换刀完成	−	−	−	−	−	−	−	−

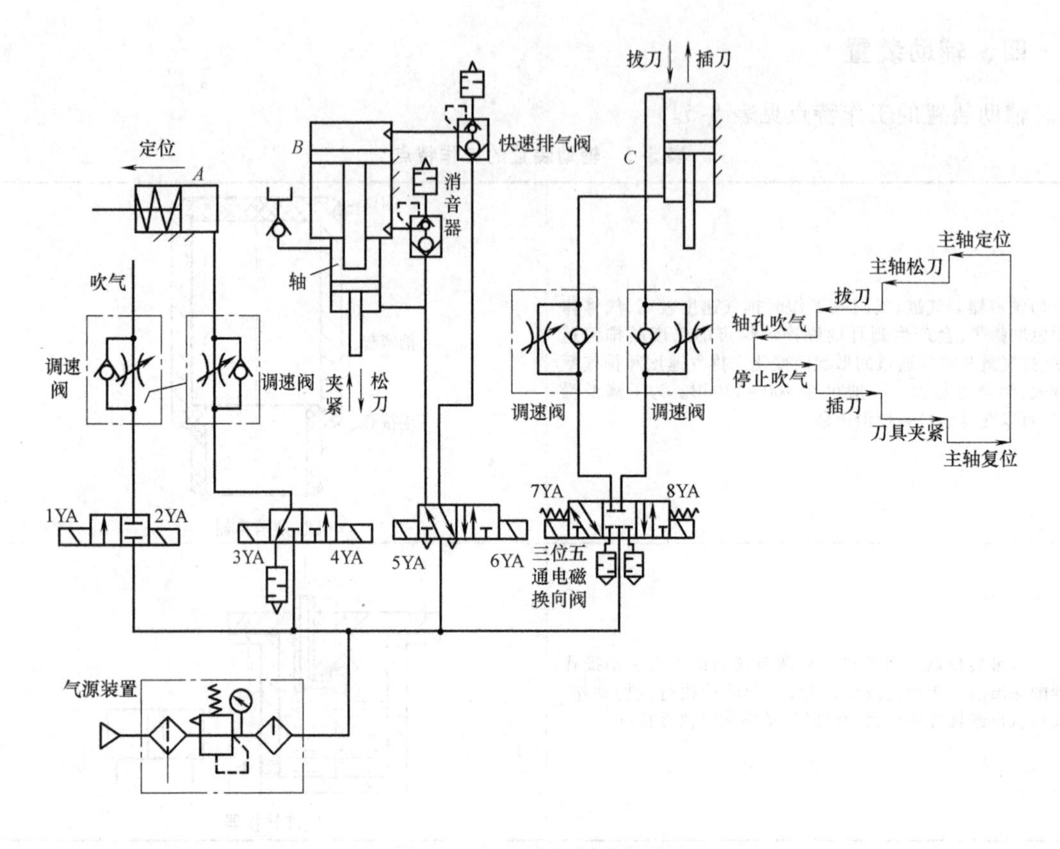

图 5-2　加工中心气动原理图

二、气压回路系统连接

参考气动回路系统连接图（图 5-3），了解气动回路中所用元器件安装位置，根据表 5-7 确定使用元器件的类型及个数，为后期的安装做充分准备。

表 5-7　气动回路系统元器件

编号	名称	数量	编号	名称	数量
1	汇流板	1	16	PU 尼龙管	
2	双线圈电磁阀	1	17	PU 尼龙管	
3	单线圈电磁阀	1	18	球阀	1
4	快速接头	1	19	快速接头	1
5	消声器	2	20	切料三通	1
6	快速接头	1	21	切料三通	1
7	快速接头	2	22	螺钉	2
8	快速接头	1	23	三点组合	1
9	螺钉	4	24	压力控制器	1
10	盖板	1	25	PU 尼龙管	
11	螺钉	2	26	PU 尼龙管	
12	快速接头	1	27	穿壁接头	1
13	一般铜接头	1	28	PU 卷管	1
14	切料三通	1	29	缩紧接头	1
15	PU 尼龙管		30	气枪	1

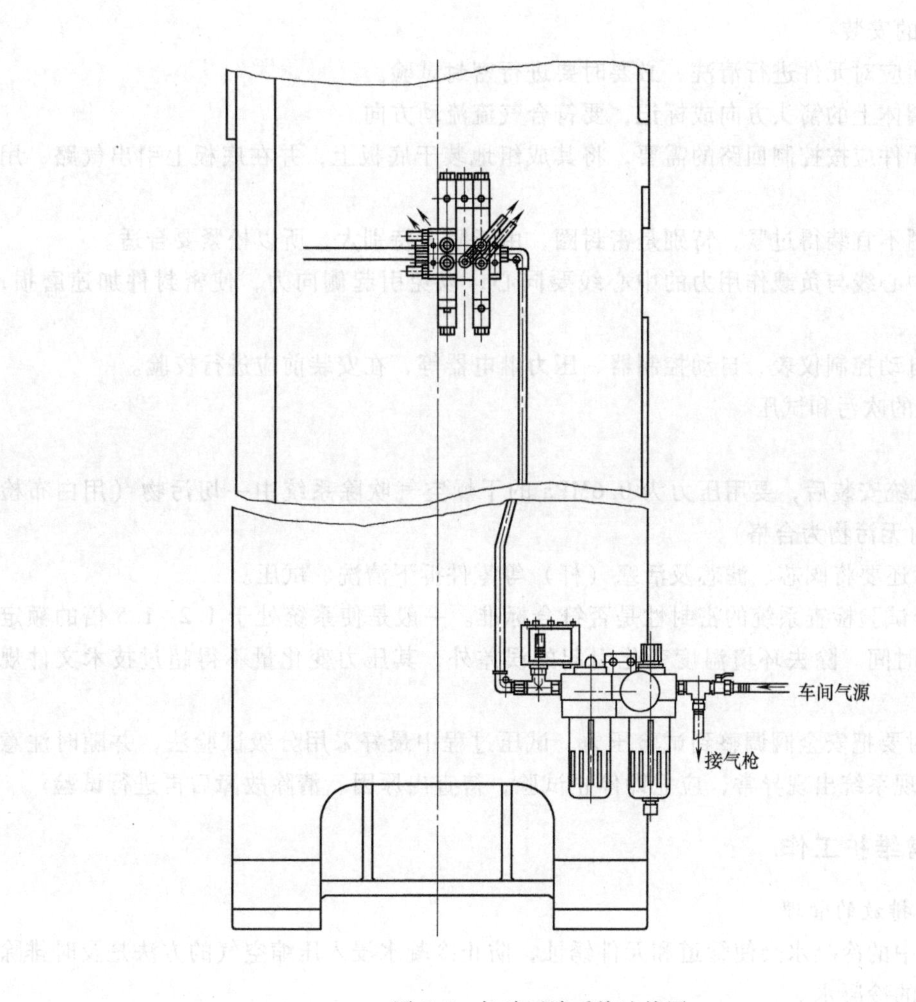

图 5-3 气动回路系统连接图

三、气动系统的安装

（1）管道的安装

1）安装前要检查管道内壁是否光滑，并进行除锈和清洗。

2）管道支架要牢固，工作时不得产生振动。

3）拧紧各处接头，管道不允许漏气。

管道加工（锯切、坡口、弯曲等）、焊接应符合标准。

（2）软管安装

1）长度应有一定余量。

2）在弯曲时，不能从端部接头处开始弯曲。

3）在安装直线段时，不要使端部接头和软管间受拉伸。

4）应尽可能远离热源或安装隔热板。

5）管路系统中任何一段管道均应能拆装。

6）管道安装的倾斜度、弯曲半径、间距和坡向均要符合有关规定。

(3) 元件的安装

1) 安装前应对元件进行清洗，必要时要进行密封试验。

2) 控制阀体上的箭头方向或标记，要符合气流流动方向。

3) 逻辑元件应按控制回路的需要，将其成组地装于底板上，并在底板上引出气路，用软管接出。

4) 密封圈不宜装得过紧，特别是密封圈，由于阻力特别大，所以松紧要合适。

5) 缸的中心线与负载作用力的中心线要同心，以免引起侧向力，使密封件加速磨损，活塞杆弯曲。

6) 各种自动控制仪表、自动控制器、压力继电器等，在安装前应进行校验。

(4) 系统的吹污和试压

1) 吹污。

① 管路系统安装后，要用压力为0.6MPa的干燥空气吹除系统中一切污物（用白布检查，以5min内无污物为合格）。

② 吹污后还要将阀芯、滤芯及活塞（杆）等零件拆下清洗、试压。

③ 用气密试验检查系统的密封性是否符合标准。一般是使系统处于1.2~1.5倍的额定压力保压一段时间。除去环境温度变化引起的误差外，其压力变化量不得超过技术文件规定值。

2) 试压时要把安全阀调整到试验压力。试压过程中最好采用分级试验法，并随时注意安全。如果发现系统出现异常，应立即停止试验，待查出原因、清除故障后再进行试验。

四、日常维护工作

1. 冷凝水排放的管理

压缩空气中的冷凝水会使管道和元件锈蚀，防止冷凝水浸入压缩空气的方法是及时排除系统各处积存的冷凝水。

2. 系统润滑的管理

气动系统中从控制元件到执行元件凡有相对运动的表面都需要润滑。如果润滑不足，会使摩擦阻力增大，导致元件动作不良因密封面磨损而引起泄漏。

3. 空压机系统的日常管理

空压机有无异常声音和异常发热，润滑油位是否正常。空压机系统中的水冷式后冷却器供给的冷却水是否足够。

1) 检查系统各泄漏处。

2) 通过对方向阀排气口的检查，判断润滑油是合适度，空气中是否有冷凝水，如润滑不良，检查油雾器滴油是否正常，安装是否恰当；如有大量冷凝水排出，检查排出冷凝水的装置是否合适，过滤器的安装位置是否恰当。

3) 检查安全阀、紧急安全开关动作是否可靠。定期检修时必须确认它们的动作可靠性，以确保设备和人身安全。

4) 观察方向阀的动作是否可靠。

5) 反复开关换向阀、观察气缸动作，判断活塞密封是否良好。检查活塞杆外露部分，观察活塞杆是否被划伤、腐蚀和存在偏磨；判断活塞杆与端盖内的导向套、密封圈的接触情

况，压缩空气的处理质量，气缸是否存在横向载荷等；判断缸盖配合处是否泄漏。

6）对行程阀、行程开关及行程挡块都要定期检查安装的牢固程度，以免出现动作混乱。

任务二 润滑系统调试

任务目标

1. 润滑系统分类及特点。
2. 润滑系统的安装与保养。

任务引入

要使运动副的磨损减小，必须在运动副表面保持适当清洁的润滑油膜，即维持摩擦副表面之间恒量供油以形成油膜。这通常是连续供油的最佳特性（恒流量），然而，有些小型轴承需油量仅为每小时1~2滴，一般润滑设备按此要求连续供油是非常困难的。此外，很多事实表明，过量供油与供油不足是同样有害的。例如，对一些轴承过量供油会产生附加热量、污染和浪费。大量实验证明，周期定量供油，既可使油膜不被损坏又不会产生污染和浪费，是一种非常好的润滑方式。因此，当连续供油不合适时可采用经济的周期供油系统来实现。该系统使定量的润滑油按预定的周期时间对各润滑点供油，使运动副均适合采用周期润滑系统来润滑。

润滑系统按使用的润滑元件可分为单线阻尼式润滑系统、递进式润滑系统和容积式润滑系统。其润滑系统的特点见表5-8。

表5-8 润滑系统的特点

1. 单线阻尼式润滑系统 该系统适合于机床润滑点需油量相对较少，并需周期供油的场合。它是利用阻尼式分配器，把泵打出的油按一定比例分配到润滑点。一般用于循环系统，也可以用于开放系统，可通过时间的控制，以控制润滑点的油量。该润滑系统非常灵活，多一个或少一个润滑点都可以，并可由用户安装，且当某一点发生阻塞时，不影响其他点的使用，故应用十分广泛	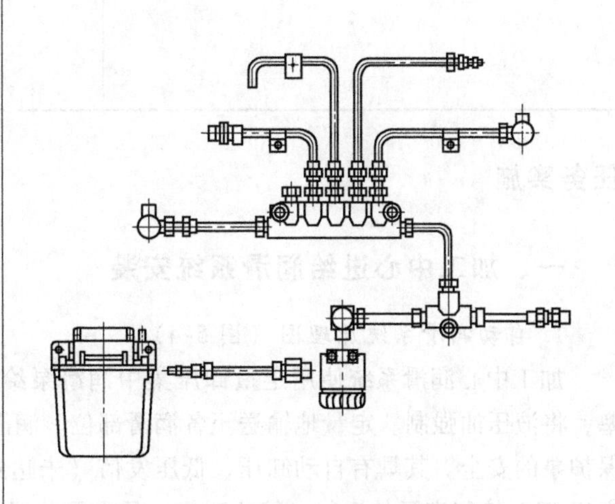 单线阻尼式润滑系统

（续）

2. 递进式润滑系统 该系统主要由泵站、递进片式分流器组成，并可附有控制装置加以监控。其特点是能对任一润滑点的堵塞进行报警并终止运行，以保护设备；定量准确、压力高，不但可以使用稀油，而且还适用于使用油脂润滑的情况。润滑点可达100个，压力可达21MPa 递进式分流器由一块底板、一块端板及最少三块中间板组成。一组阀最多可有8块中间板，可润滑18个点。其工作原理是由中间板中的柱塞从一定位置起依次动作供油，若某一点产生堵塞，则下一个出油口就不会动作，因而整个递进式分流器停止供油。堵塞指示器可以指示堵塞位置，便于维修	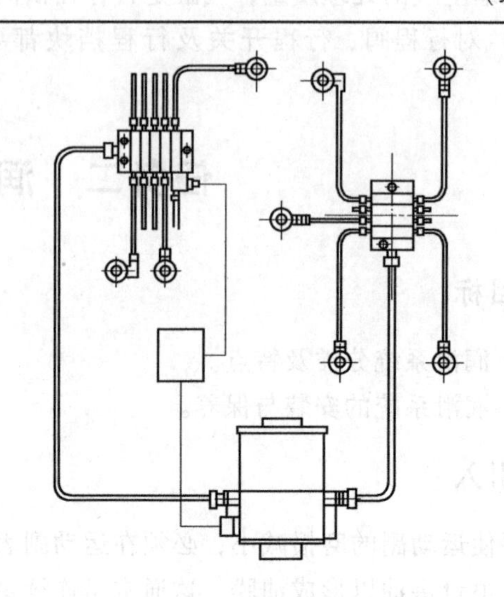 递进式润滑系统
3. 容积式润滑系统 该系统以定量阀为分配器向润滑点供油，在系统中配有压力继电器，使得系统油压达到预定值后发信，使电动机延时停止，润滑油从定量分配器供给，系统通过换向阀卸荷，并保持一个最低压力，使定量阀分配器补充润滑油，电动机再次起动，重复这一过程，直至达到规定润滑时间。该系统压力一般在50MPa以下，润滑点可达几百个，其应用范围广、性能可靠，但不能作为连续润滑系统	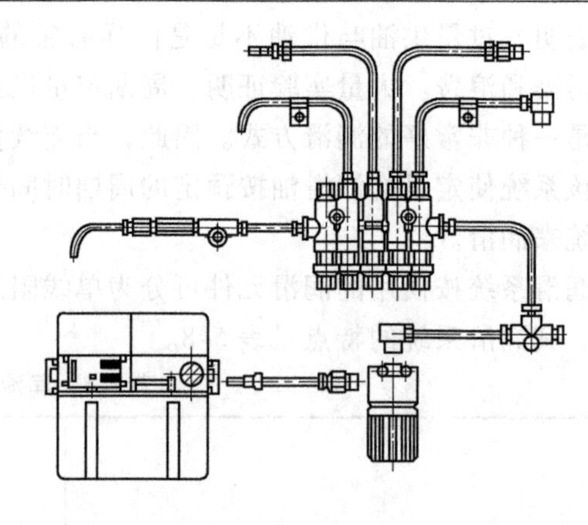 容积式润滑系统

任务实施

一、加工中心进给润滑系统安装

1. 自动润滑系统原理图（图5-4）

加工中心润滑系统使用定量卸压集中润滑泵给油，由润滑泵输送的液压油推动计量件活塞，将液压油强制、定量地输送至各润滑部位。润滑系统设有溢流阀，控制泵的工作压力，以保护泵的安全。其具有自动卸压、低压发信（未达到额定压力发信）、低油位发信等功能。由主机PLC控制实际的运行、停止时间。另在泵装置上配置点动开关，以供调试时使用。

2. 自动润滑回路安装（图5-5）

根据自动润滑系统原理图进行润滑系统连接，通过查看各轴的润滑系统连接图可知各轴润滑管路安装位置和工作过程。

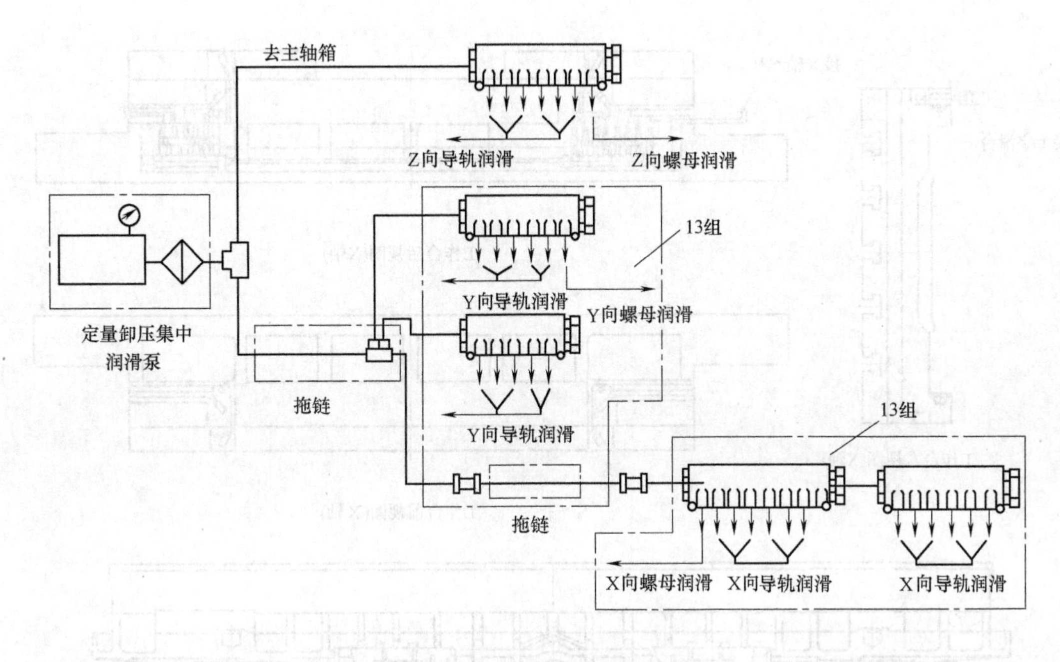

图 5-4　自动润滑系统原理图

3. 其他润滑部位和方法

1）主轴轴承。主轴前支承轴承和后支承轴承，内装高速轴承润滑脂，只有在主轴维修或需要更换时更换。

2）同步带。主轴编码器齿轮与主轴齿轮用同步带连接，此同步带注意不要有油，同步带有油影响同步带的寿命。

3）X、Y、Z 丝杠支承轴承需油脂润滑，一般每三年更换一次 2 号特种油脂。

4）链条。在主锤和主轴箱之间的两条专用链条采用脂润滑，三个月润滑一次，以保证 Z 坐标平稳工作。

二、润滑系统维护与保养

在正常的操作温度下，检查所有润滑系统的接合是否良好，如有发现漏油现象，应将漏油处重新旋紧，每日应检视油位是否正常。每天操作机床前应检视油箱内油量，如油量不足应添加下列润滑油，见表 5-9。

表 5-9　所添加润滑油

润滑源	检查周期	方法	油箱容量	适用的油品
自动润滑单元	低油位发信时	加油至油表上限	1.8L	L—G150 导轨油、HL32 液压油

在操作 50h 之后，应检查所有润滑管路上的接合点，特别是管与管连接的地方。之后，可在每 200h 后检查一次。为了增大机床的效能，机床在操作三个月之后，其主轴的精度必须再加以调整。此后，可每半年到一年调整一次，以保持机床的最佳精度。

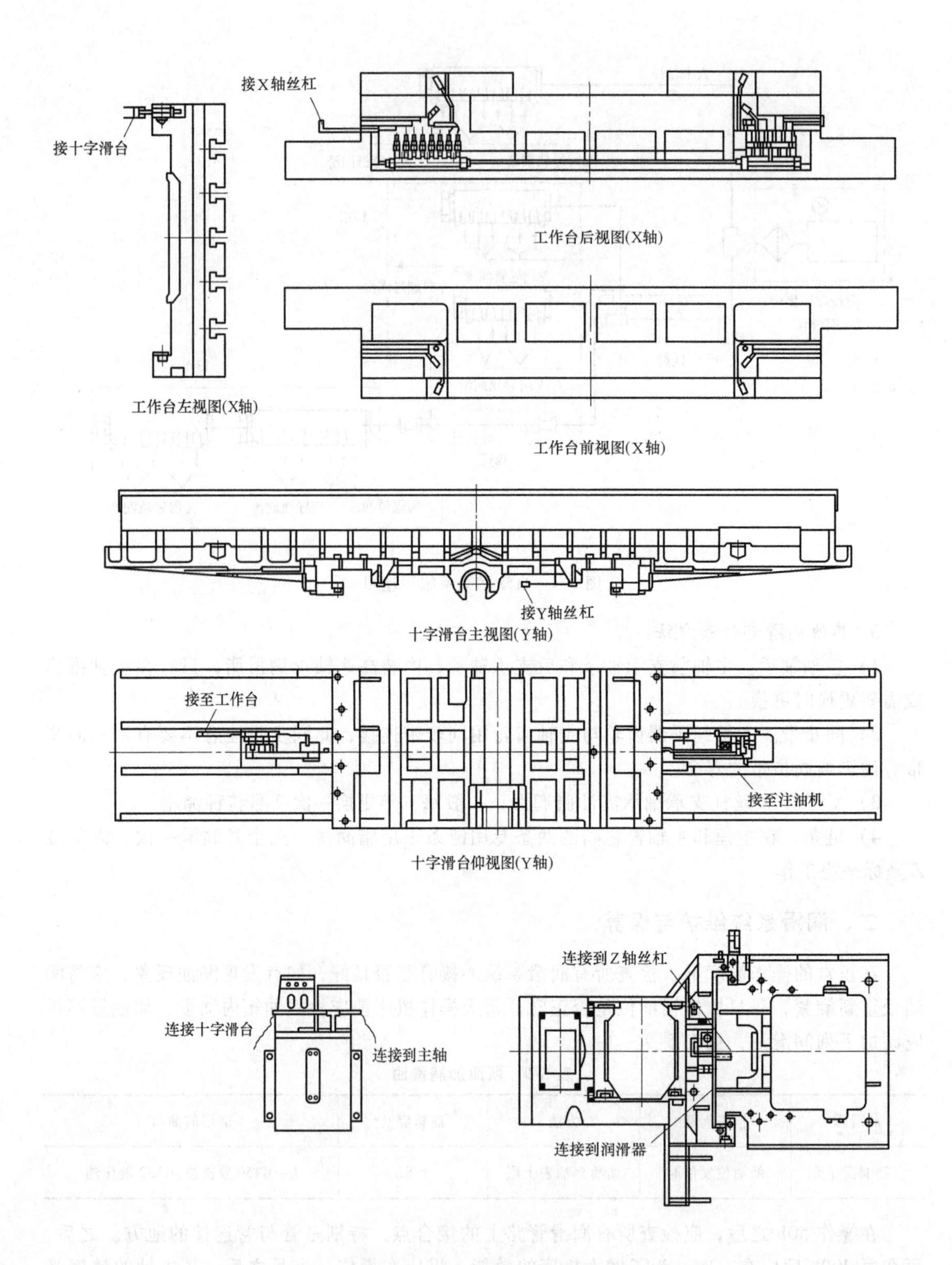

图 5-5　自动润滑回路安装

任务三 其他辅助装置调试

任务目标

1. 冷却系统与排屑系统的特点。

2. 水箱和集屑箱的安装。

任务引入

一、冷却系统

1. 切削液的作用

在轴承加工过程中采用湿式加工，可以大大提高刀具切削能力和使用寿命，提高产品精度，降低废品率。湿式加工采用切削液的主要优点如下。

1）润滑作用。切削液可以润滑刀具，提高刀具的切削能力。

2）冷却作用。一定流量的切削液，可以将切削热带走，从而降低了刀具的温度。

3）冲屑作用。切屑液可以将切屑冲刷掉，掉入排屑沟排走，同时沟槽内排屑也可以用切削液来实现。

4）减小工件表面粗糙度值。切削液将加工面的铁屑冲走，铁屑不致划伤加工面，从而减小了工件表面粗糙度值。

5）减少锈蚀。选用合适的切削液，可以防止工件、机床导轨的锈蚀。

2. 切削液的使用和维护

（1）使用 配置（稀释）切削液就是按一定比例加水稀释。水基切削液特别是乳化液在稀释时应注意以下几点。

1）水质。一般情况下不宜使用超过推荐硬度的水，因为高硬度的水中所含有的钙、镁离子会使阴离子表面活性剂失效，乳液分解，出现不溶于水的金属皂。即使乳化液用非离子表面活性剂制成，大量的金属离子也可以使胶束聚集，从而影响乳化液的稳定。太软的水也不宜使用，用太软的水配置的乳化液在使用过程中易产生大量泡沫。

2）稀释。切削液的稀释关系到乳化液的稳定。切削液使用前，要先确定稀释的比例和所需乳化液的体积，然后算出所使用切削液原液量和水量。在稀释时，要选取洁净的容器，将所需的全部水倒入容器内，然后在低速搅拌下加入原液。配置时，原液的加入速度以不出现未乳化原液为准。注意原液和水的加入顺序不能颠倒。

（2）维护 延长乳化液的使用寿命除了选择合适的切削液的质量和合理使用外，切削液的维护也是非常重要的因素。切削液的维护工作主要包括以下几项。

1）确保液体循环线路的畅通。及时排除循环线路的金属屑、金属粉末、霉菌粘液、切削液本身的分解物、砂轮灰等，以免造成堵塞。

2）抑菌切削液（特别是乳化液）抑菌生长至关重要，在切削液的使用过程中，要定期检查细菌含量，及时采取相应措施。

3）要及时除掉切削液中的金属粉末等切屑及飘浮油，消除细菌滋生环境。

4）定时检查切削液 pH 值，有较大变化，及时采取相应措施。

5）及时补加切削液，由于切削液在循环使用过程中因飞溅、雾化、蒸发以及加工材料和切屑的携带，会不断消耗，因此要及时补加新液，以满足系统的循环液总量不变。

3. 切削液的净化

切削液的净化即将切削液中一定比例、相对较大的固体颗粒，从切削液中去除的过程。经过净化后的切削液能够再用于机械加工，以达到循环使用的目的。对切削液净化的优点主要表现在以下几个方面。

1）延长切削液的更换周期。实践证明，经过滤净化后的切削液的更换周期可以大大加长。

2）提高刀具及砂轮的使用寿命。近几年的研究表明，如将切削液中的杂质（如碎屑、砂轮粉末等）从 40μm 降低到 10μm 以下，刀具（或砂轮）寿命可延长 1~3 倍。

3）减小工件表面粗糙度值，降低废品率。

4）延长管路及泵组使用寿命。切削液中的固体颗粒等切屑会加速管路及泵等部件的磨损。

4. 切削液的过滤形式

切削液的过滤形式见表 5-10。

二、排屑系统

机床排屑器，又称排屑机，是用来将金属切削机床切削下来的金属碎屑运送至一定位置的机器。

机床排屑器分类：链板式除屑输送机、刮板式除屑输送机、磁性除屑输送机、螺旋式除屑输送机。机床排屑器特点见表 5-11。

表 5-10 切削液的过滤形式

1. 使用沉淀箱 1）如图 a 所示，在沉淀箱内设有隔除悬浮物和浮油的分离挡板和隔板，切屑和固体污物则沉淀于箱底。经沉淀和隔离悬浮物和浮油的净化液，流过隔板上方，流入沉淀箱的净液存储部分。这种装置适用于净化各种切削液的切屑和磨屑，特别适应切屑大和密度大的切屑分离 2）图 b 所示为另一种沉淀箱，它带有刮板链，可将沉淀于箱底的细切屑和固体污物刮出箱外，落入污物箱。它适合于水基切削液的集中冷却系统，特别适合于净化磨削铸铁时的磨削液，沉淀箱对切屑细末、细粒子和高黏度切削油的分离效果不好	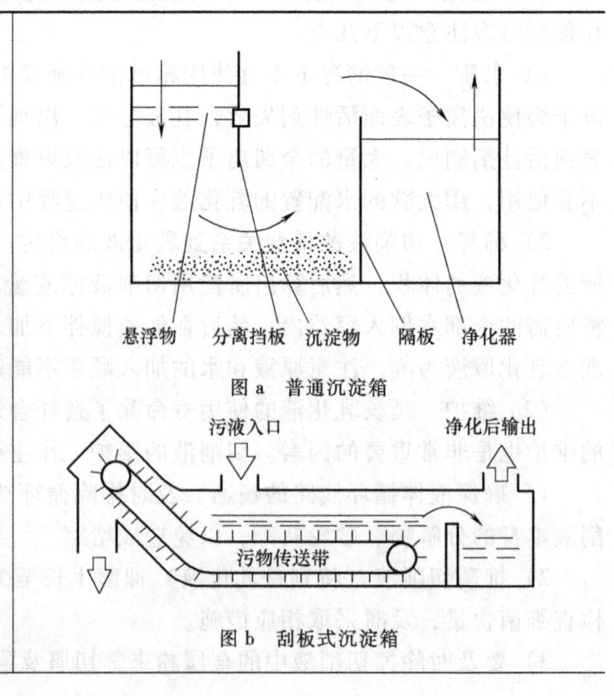 图 a 普通沉淀箱 图 b 刮板式沉淀箱

（续）

<table>
<tr><td>

2. 使用磁性分离器

磁性分离器早已应用于磨削加工过程净化磨削液，它利用磁性吸附原理，依靠连续转动的磁鼓清除铁屑和其他导磁金属末。分离过程：当脏的磨削液流过缓慢旋转的磁鼓吸附区域时，在磁场作用下磁性的固体粒子被磁化，吸附到磁鼓表面，并被带出磨削液流动区，经橡胶压辊挤压脱水，然后依靠贴着磁鼓的刮板把磁鼓上的磨屑刮下。这种磁性分离器在分离出磁性固体颗粒的同时，也能清除部分其他非磁性杂质。适用于乳化液、水基合成液和低黏度切削油的净化

</td><td>

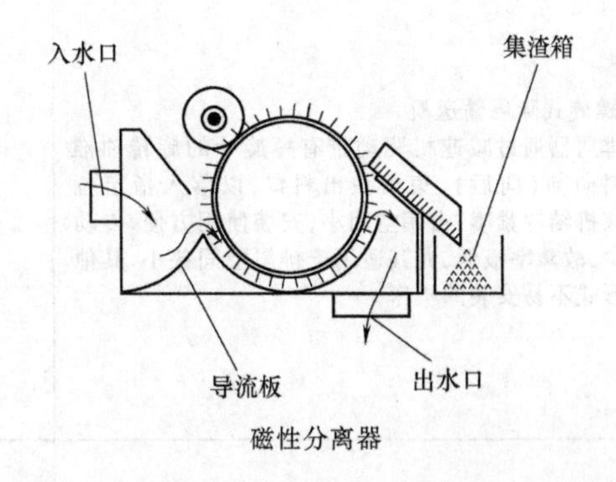

磁性分离器

</td></tr>
<tr><td>

3. 使用离心分离器

离心式分离器是依据切削液和切屑的密度差，通过其高速回转产生离心力来分离切屑的。同样依据不同液体的密度差来分离油和水。其净化过程是带细末粒子的切削液由污液管进入转子内部，并随转子一起高速旋转，靠旋转而产生的离心力，促使细末粒子抛向壁周，净液由顶部溢出。当分离器转子内部切屑积聚过多时，要停止过滤，清理转子。分离器的性能由其回转数、回转半径所决定。手动卸料和半自动卸料离心分离器可用于乳化液、合成液及低黏度切削油的净化。离心式分离器分离精度高，但高速回转易产生气泡，故不适合大容量分离

</td><td>

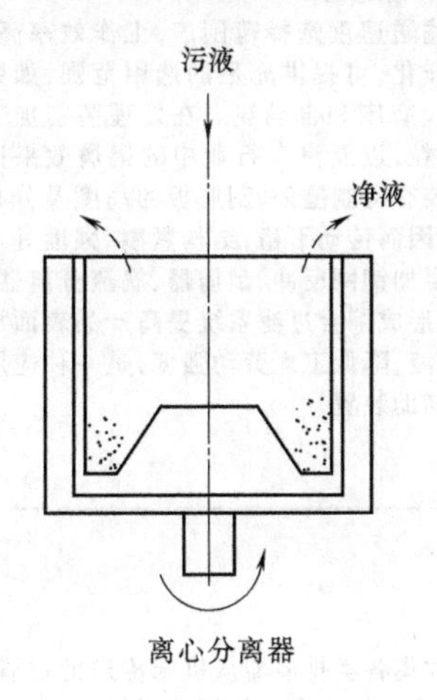

离心分离器

</td></tr>
<tr><td>

4. 使用涡旋分离器

能分离出切屑细末和细粒子，但不能分离出轻的污物和浮油。其净化过程：带细末粒子的切削液沿着圆柱段内壁切向压入，并在圆柱段充分旋转，顺着内壁盘旋而下进入圆锥段分离区，在分离区其盘旋强度越往下越快，靠盘旋而产生的离心力，促使细末粒子抛向壁周，而后细末粒子顺着内壁下落，由底流口流出。作用于细末粒子的离心力往往大于细末粒子自身重量的几倍至几十倍，所以细末粒子很易抛出。圆锥体中心由于盘旋而形成一个空气柱，并在此相邻处出现低压区，促使净化过的切削液上升，由顶端的溢流口流出。这种分离器一般供给压力为0.25~0.4MPa，出口压力为0.04~0.06MPa。用来分离含切屑量大或含大切屑的切液时，为了防止圆锥体底流口被堵塞，必须预先把切削液做重力沉淀或磁性分离处理后才能进行。这种分离器适用于高速磨削、强力磨削以及一般精磨加工中净化合成液、乳化液和低黏度油基切削液

</td><td>

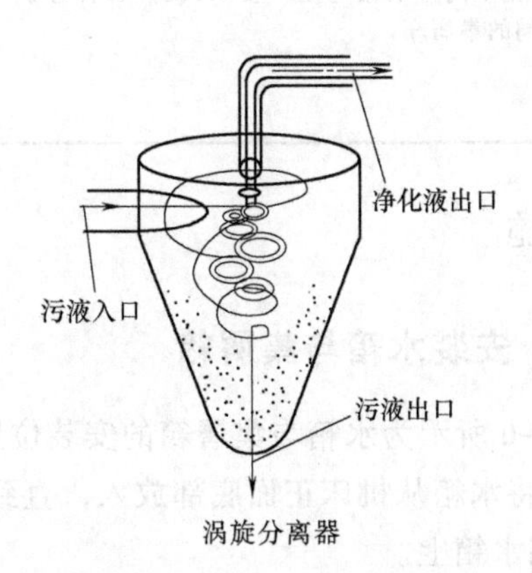

涡旋分离器

</td></tr>
</table>

表 5-11　机床排屑器特点

1. 螺旋式除屑输送机 该排屑器通过减速机驱动带有螺旋叶的旋转轴推动物料向前（向后），集中在出料口，以落入指定位置。该机结构紧凑，占用空间小，安装使用方便，传动环节少，故障率极低，尤其适用于排屑空间狭小，其他排屑形式不易安装的机床	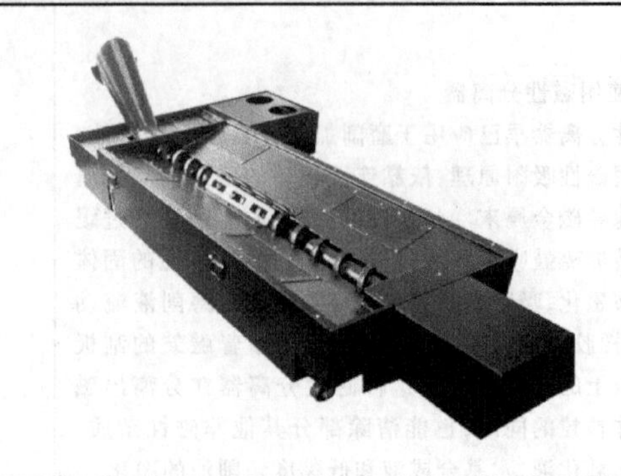
2. 刮板式除屑输送机 该排屑器的输送速度选择范围广，工作效率高，有效排屑宽度多样化，可提供充足的选用范围，如数控机床、加工中心、磨床和自动线。在处理磨削加工中的金属砂粒、磨粒，以及汽车行业中的铝屑效果比较好。刮板两边装有特制链条，刮屑板的高度及分布间距可随机设计，因而传动平稳，结构紧凑，强度好。并可根据用户需要加钢网反冲、刮屑器、涡流分离器、油水分离器等，以形成综合过滤系统提高产品表面加工精度，节约切削液，降低工人劳动强度，是一种应用比较广泛的机床辅助装置	
3. 集屑车 集屑车用于收集各类排屑器从机床传送的切屑，底部装有轮子，可将切屑送出工作场地，便于集中清理，分为干式与湿式两种，干式料箱可以倾斜，将切屑倒出即可，湿式是在干式基础上加双层滤网，放油阀，以便于切屑中的切削液与切屑分离，起到回收与环保作用，并可根据不同排屑量与用户要求，设计各种容积与功能不同的集屑车	

任务实施

一、安装水箱与集屑箱

图 5-6 所示为水箱与集屑箱的安装位置图，按照表 5-12 准备元器件。

1）将水箱从机床正面底部放入，直到接触到机床的底座为止，从机床的两侧放入两个集屑盘到水箱上。

2）连接泵的电源线，并连接水管到泵的出水端与切削液喷嘴接点处。

3）用管束将所有水管的连接处束紧。

4）填充约 250L 的切削液到水箱内，使切削液到适当液位。

5）如果使用者购买铁屑输送机并自行安装到水箱上，首先须从机床前端拉出水箱，直到铁屑槽已经完全移出机床之后再将铁屑储屑盘从水箱上移走，接着使用天车辅助吊运或由两人一起搬运，从控制面板一侧将铁屑输送机安装到水箱上，最后将组合完成的水箱与铁屑输送机一同移到机床底部，直到水箱接触到底座为止。

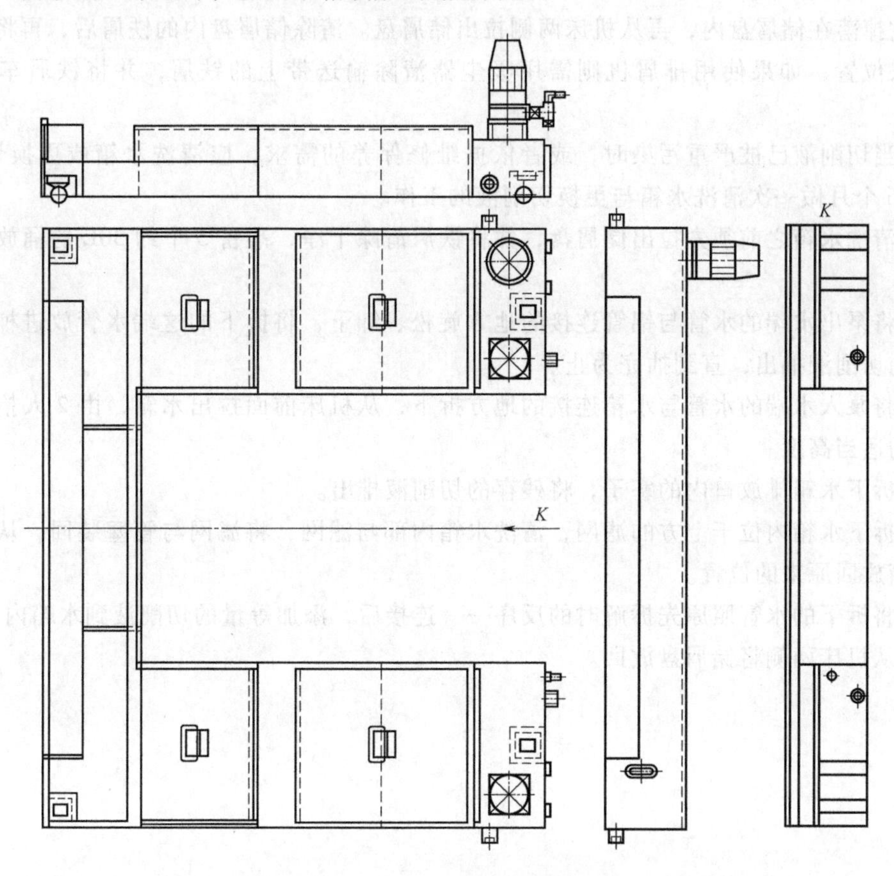

图 5-6 水箱与集屑箱安装位置图

表 5-12 水箱元器件

编号	名称	数量	编号	名称	数量
1	螺钉	16	13	三通接头	1
2	ϕ65mm 转向活动轮	4	14	60°管螺纹	1
3	螺钉	4	15	螺塞	1
4	板	2	16	PVC 棉织管	
5	螺钉	4	17	盖	2
6	挡板	2	18	螺钉	8
7	水箱	1	19	隔离网	2
8	水泵固定座	1	20	水箱前盖板	2
9	螺钉	4	21	水箱中间盖板	2
10	水泵	1	22	管接头	1
11	螺钉	4	23	PVC 棉织管	
12	尼卜	1			

二、清除铁屑与更换切削液

1）当有太多铁屑积存在机床内或在每日工作结束之前，有必要花一些时间去清除铁屑。首先必须关闭控制面板的电源，然后打开安全门，使用一支刷子清除工作区域内的铁屑，让它掉落在储屑盘内，再从机床两侧拉出储屑盘。清除储屑盘内的铁屑后，再将储屑盘放回原来位置，如果使用排屑机则需用吸尘器清除输送带上的铁屑，并将铁屑车的铁屑倒掉。

2）当切削液已被严重污染时，或者依据维修保养的需求，应清洗水箱或更换切削液。建议3~6个月做一次清洗水箱与更换切削液的工作。

3）清洗水箱之前须先拉出储屑盘，并将铁屑清除干净，准备5个约30L的桶放在机床旁边。

4）将泵出水端的水管与铝管连接的地方旋松、卸下，将拆下的这端水管放进桶内，将水箱中的切削液抽出，直到抽完为止。

5）将泵入水端的水管与水箱连接的地方拆下，从机床前面拉出水箱，由2人抬到有安全支承的适当高度。

6）拆下水箱排放口内的塞子，将残存的切削液排出。

7）拆下水箱内位于上方的滤网，清洗水箱内部与滤网，将滤网与管塞装回，从机床前方将水箱放回原来的位置。

8）将拆下的水管照原先拆解时的反序一一连接后，添加等量的切削液到水箱内。

9）从机床两侧将储屑盘放回。

项目六　机床电气装调

项目概述

数控机床的电气装调是机床装调的重要一环。本项目以西门子 840D 数控系统的电气装调为例，将数控机床电气布局划分为数控系统各模块、系统控制回路、主轴系统与进给系统控制回路、整机电气装调四部分，讲述机床电气装调的过程。

任务一　数控系统各模块的电气装调

任务目标

1. 掌握 SINUMERIK 840D 系统的硬件构成，掌握电源模块、NCU 模块、驱动模块、MMC 模块和 PLC 模块的接口类型。
2. 掌握根据硬件说明书进行数控系统回路装调的方法。

任务引入

一、SINUMERIK 840D 系统的硬件构成

SINUMERIK 840D 数控系统硬件如图 6-1 所示，主要包括如下几个模块。

（1）电源模块　电源模块主要为 NC 和驱动模块提供控制和动力电源，产生母线电压，同时监测各模块状态。

（2）NCU 数控单元（Numerical Control Unit）　NCU 数控单元是数字控制核心，NCU 单元集成了 SINUMERIK 840D 数控 CPU 和 S7-300 的 PLC CPU 芯片，包括数控软件和 PLC 软件。

（3）驱动装置　SINUMERIK 840D 系统采用全数字伺服驱动器 SIMODRIVE 611D。

图 6-1　SINUMERIK 840D 数控系统硬件

（4）人机通信中央处理单元 MMC-CPU　其主要作用是完成机床与外界以及与 PLC-CPU、NC-CPU 之间的通信，内带硬盘，用以存储系统程序、参数等。

（5）操作员面板 OP　显示数据及图形，提供人机显示界面；编辑、修改程序及参数；实现软功能操作。一般包括 TFT 显示屏和 NC 键盘，相当于 MCC 的输入输出设备。

（6）机床操作面板 MCP　MCP 的主要作用是完成数控机床的各类硬功能键的操作，实现急停、回参考点等数控操作功能。

（7）可编程序控制器 PLC　SINUMERIK 840D 系统集成了 S7-300-2DP 的 PLC，并通过通信模块 IM361 扩展外部的 I/O 模块。

（8）电动机　SINUMERIK 840D 系统配以 1FT/1FK 系列进给电动机和 1PH 系列的主轴电动机。

二、电源模块接口介绍

图 6-2 所示为电源模块接口。

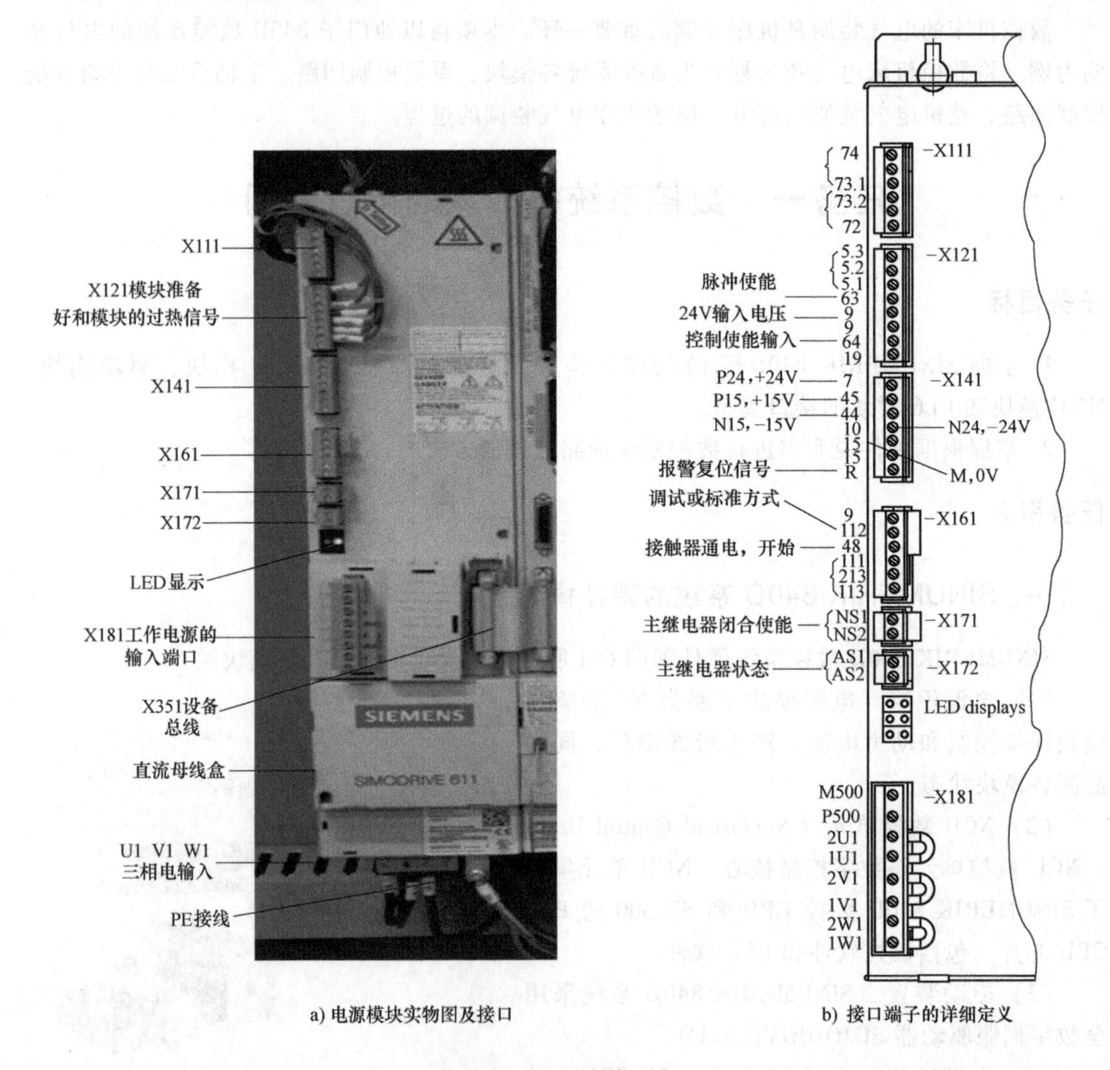

图 6-2　电源模块接口

电源模块的接口信号有以下几组：

1）电源接口

U1 V1 W1：主控制回路三相电输入端口。

X181：工作电源的输入端口，使用时常常与主电源短接，有的系统为了让机床在断电后驱动还能正常工作一段时间，把 600V 的电压端子与 P500、M500 端子短接，这样由于

600V 电压不能马上放电完毕，驱动控制板的正常工作还能维持一段时间。直流母线盒内部的 P600、M600 端子是 600V 直流电压输出端子。

2）控制接口

X121 接口模块为准备好信号和模块过热信号接口。端子 64 为控制使能输入，该信号同时对所有连接的模块有效，该信号取消时，所有轴的速度给定电压为零，轴以最大的加速度停车。延迟一定的时间后，取消 63 端子脉冲使能输入，该信号取消后，所有轴的电源取消，轴以自由运动的形式停车。

X161 接口的 48 端子为模块启动/禁止端子，接主回路继电器，该信号断开时，主控制回路电源主继电器断开。

3）其他辅助接口

X351 为设备总线接口，为后面连接的模块供电。

X141 为电压检测端子，供诊断等用途。

电源模块上面有 6 个指示灯，分别指示模块的故障和工作状态。一般正常情况下绿灯亮表示使能信号丢失（63 和 64），黄灯亮表示模块准备好信号，这时 600V 直流电压已经达到系统正常工作的允许值。

X171 为主继电器闭合使能接口，端子 NS1/NS2 为高电平时，主继电器才可能得电。该信号常用作主继电器闭合的连锁条件。

X172 为主继电器装调接口，端子 AS1/AS2 反映主继电器的闭合状态，主继电器闭合时为高电平。

三、NCU 数控单元模块接口介绍

SINUMERIK 840D NCU 模块接口如图 6-3 所示，介绍如下。

（1）X101 OPI 总线接口。其传输波特率为 1.5MB。可连接 MMC、MCP、HHU 等。

（2）X102 PROFBUS 总线接口或其他通信接口。传输波特率为 1.5MB。可接 ET200/M153 等通信模块。

（3）X111 P 总线/K 总线。通过 IM361 通信模块连接外部 I/O 模块。

（4）X112 保留接口。

（5）X121 I/O 设置口。可扩展连接手轮、仿形测头、4 个快速 I/O 口。

（6）X122 MPI 总线接口。其传输波特率为 187.5KB。可连接 PG、HHU 等。

（7）X130A 驱动总线接口。

（8）X130B 数字模块接口。可连接数字测量模块。

（9）X172 设备总线接口。

（10）X173 PCMCIA 卡插槽。

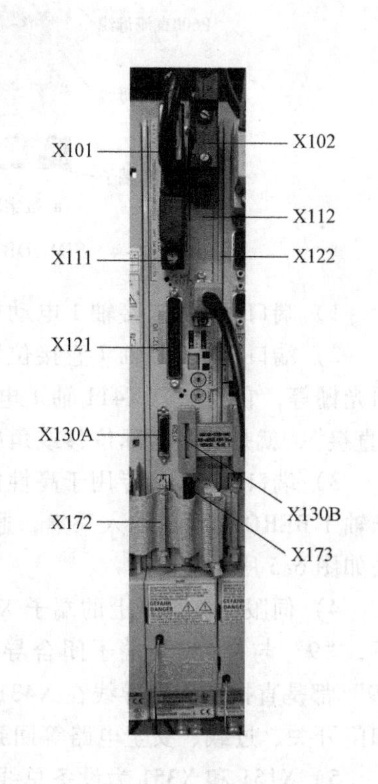

图 6-3 SINUMERIK 840D NCU 模块接口

四、SIMODRIVE 611D 数字驱动模块接口介绍

SIMODRIVE 611D 数字驱动模块分为单轴和双轴模块，本任务所连接的为双轴模块，其实物图及接口分布如图 6-4 所示。

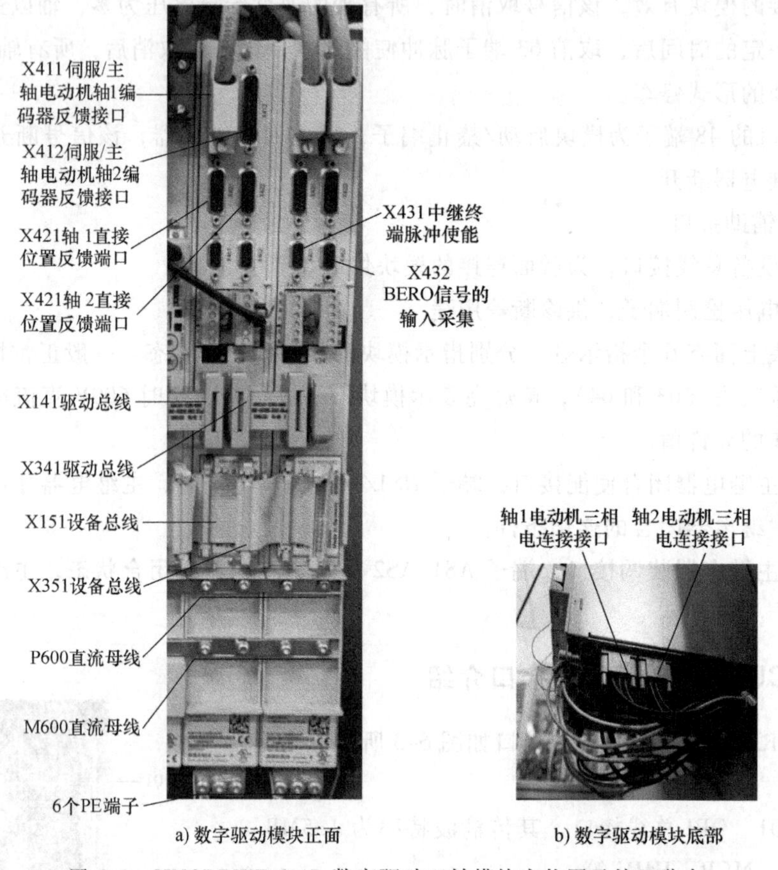

a) 数字驱动模块正面　　b) 数字驱动模块底部

图 6-4　SIMODRIVE 611D 数字驱动双轴模块实物图及接口分布

1）端口 X411 连接轴 1 电动机编码器，即连接轴 1 电动机的内置编码器。

2）端口 X421 是轴 1 直接位置反馈端口，即连接轴 1 的外置编码器，如直线型光栅尺、圆光栅等，它与端口 X411 轴 1 电动机编码器一起构成全闭环的伺服控制系统，这里要注意“直接”，就是测量实际位移或角度。

3）端口 X432 是专用于高性能的驱动模块，主要用在要求控制精度高的加工环境，用于轴 1 BERO 信号的输入采集，通常用于通过适配器和计算机进行数据连接。X432 端口接法如图 6-5 所示。

4）伺服控制单元上的端子 X431 上的“663”与“9”表示轴 1 的脉冲使能，正常情况下，“9”与“663”端子闭合导通，如果未导通，轴 1 无法起动。一般来说，“663”与“9”都是直接用一根导线在 X431 端子上短接的，不经过外部电路，当然也有经过外部电路如门开关、过载、安全电路等回到 9 端子上的。

5）X151 和 X351 为设备总线，为后面连接的模块供电。

6）X141 和 X341 为驱动总线，供诊断和数据交换。

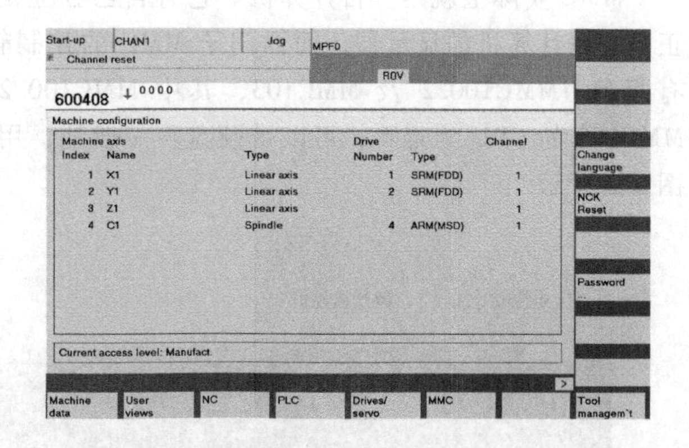

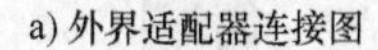
a) 外界适配器连接图　　b) 适配器连接计算机端界面

图 6-5　X432 端口接法

五、OP 及 MMC 接口介绍

OP（Operator Panel）单元一般包括一个 10.4″TFT 显示屏和一个 NC 键盘。

根据用户不同的要求，西门子为用户选配不同的 OP 单元，早期的 810D/840D 系统配置的 OP 单元有 OP030、OP031、OP032、OP032S 等，其中 OP031 最为常用。图 6-6 所示为 OP031 面板后视接口图。新一代的 OP 单元有 OP010、OP010S、OP010C、OP012、OP015 等。图 6-7 所示为 OP010 用户操作面板的正面视图。对于 SINUMERIK 810D/840D 应用了 MPI（Multiple Point Interface）总线技术，传输速率为 187.5K/s，OP 单元为这个总线构成的网络中的一个节点。为提高人机交互的效率，又有 OPI（Operator Panel Interface）总线，它的传输速率为 1.5M/s。

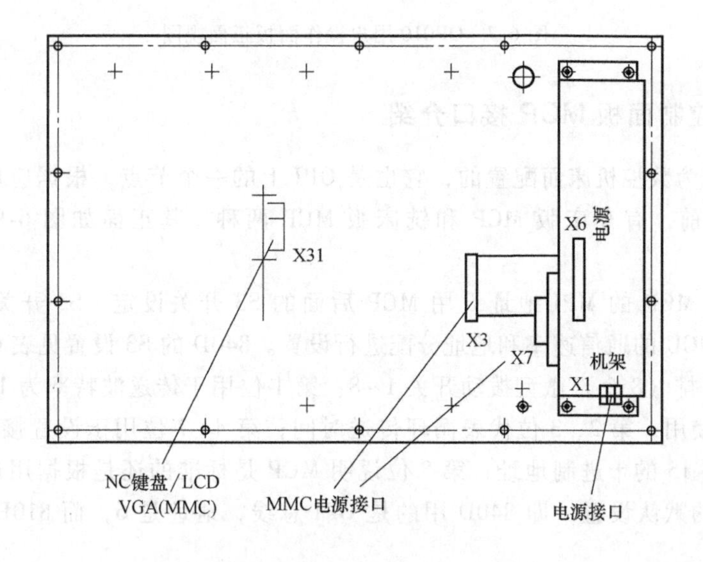

图 6-6　OP031 面板后视接口图

MMC 实际上就是一台计算机。它有自己独立的 CPU，还可以带硬盘、软驱。OP 单元正是这台计算机的显示器，而西门子 MMC 的控制软件也在这台计算机中。MMC 最常用的有两种：MMC100.2 及 MMC103，其中 MMC100.2 的 CPU 为“486”，不能带硬盘；而 MMC103 的 CPU 为奔腾，可以带硬盘。一般地，用户为 SINUMERIK 840D 配 MMC103，如图 6-8 所示。

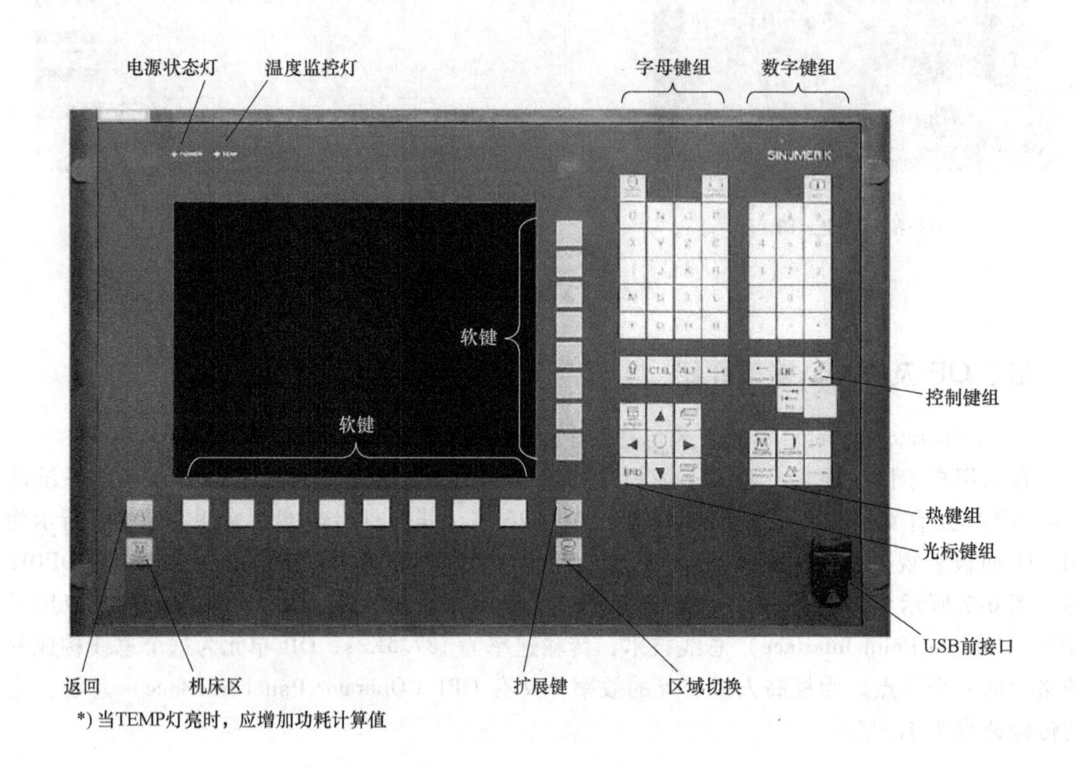

图 6-7　OP010 用户操作面板正面视图

六、机床控制面板 MCP 接口介绍

MCP 是专门为数控机床而配置的，它也是 OPI 上的一个节点，根据应用场合不同，其布局也不同，目前，有车床版 MCP 和铣床版 MCP 两种，其正面如图 6-9 所示，反面如图 6-10所示。

对于 840D，MCP 的 MPI 地址 6 用 MCP 后面的 S3 开关设定。S3 开关可对 X20 口与 MCP、MMC 或 NCU 的通信速率和地址分配进行设置。840D 的 S3 设置见表 6-1。

S3 上面有一排（8 个）微型拨动开关 1~8：第 1 位用于传送波特率为 1.5MB 的 OPI 接口，在 840D 上使用；第 2、3 位代表循环传送时间；第 4~7 位用于设置接口地址，可用 4 位二进制表示 0~15 的十进制地址；第 8 位说明 MCP 是标准的还是根据用户布局的。表最后一行是 840D 的默认设置，即 840D 用的是 OPI 总线，地址是 6，而 810D 用的是 MPI 总线，地址是 14。

MCP 背面的 LED 灯 1~4 的含义见表 6-2。

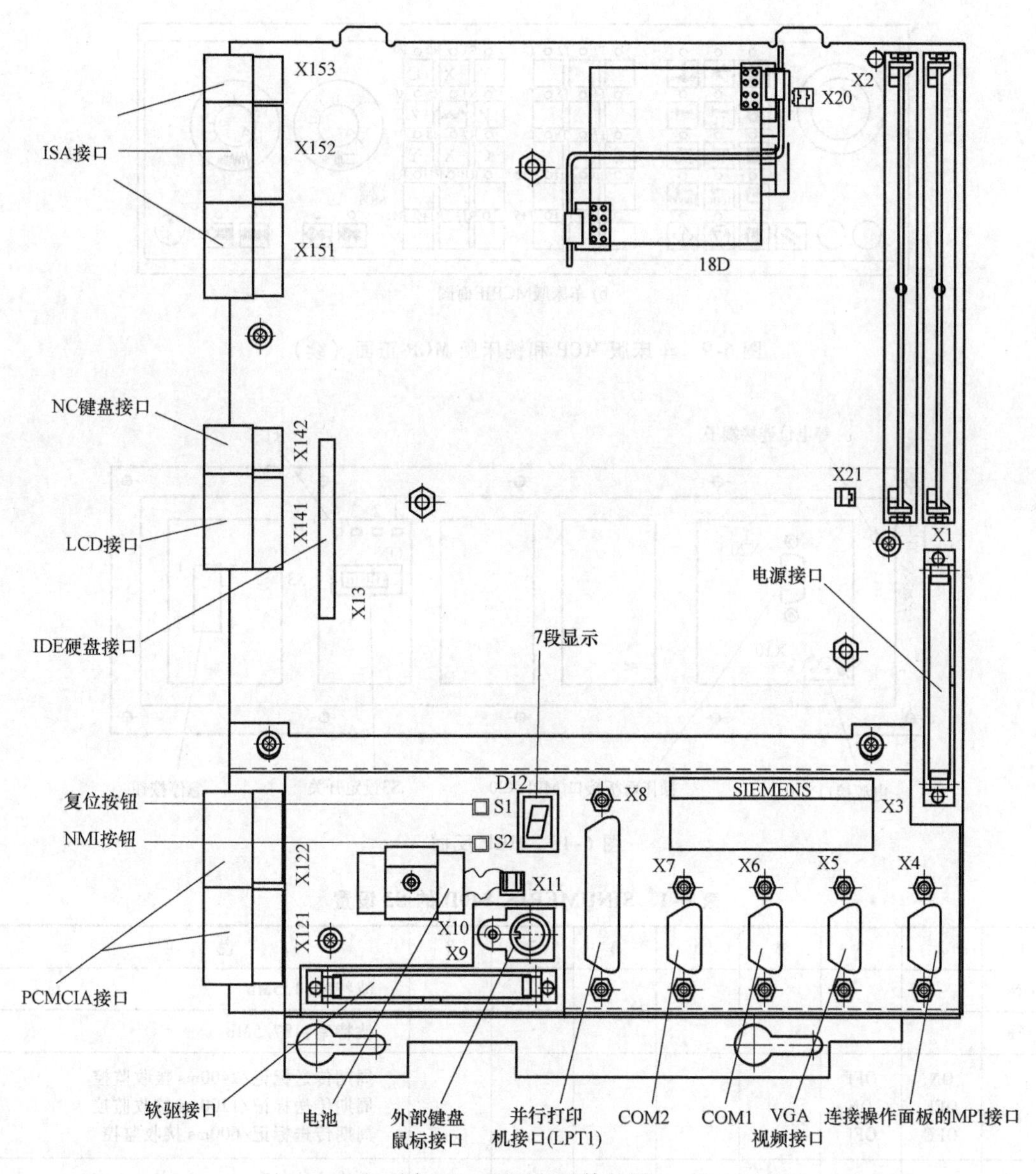

图 6-8　MMC 103 接口图

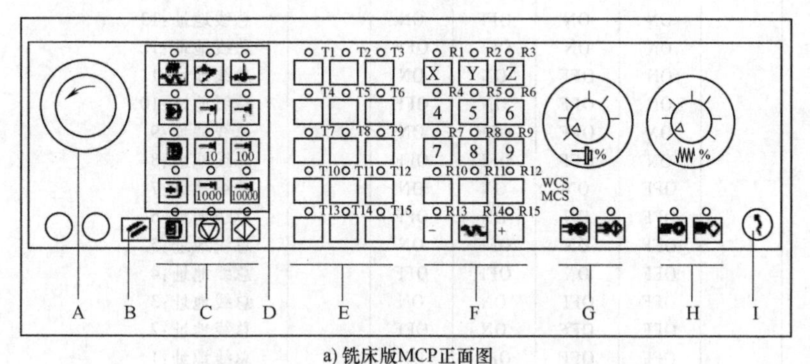

a) 铣床版MCP正面图

图 6-9　车床版 MCP 和铣床版 MCP 正面

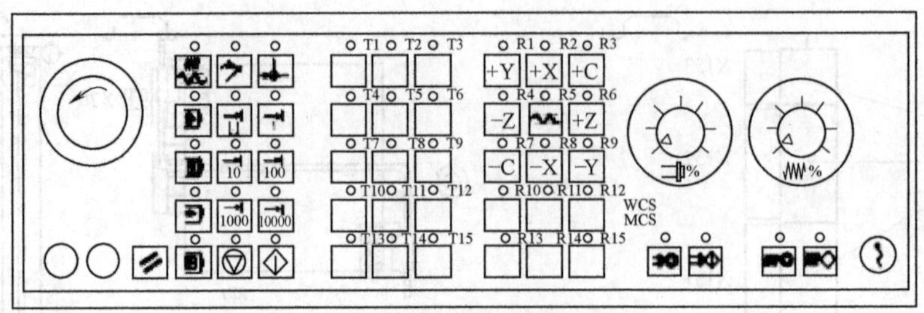

b) 车床版MCP正面图

图 6-9 车床版 MCP 和铣床版 MCP 正面（续）

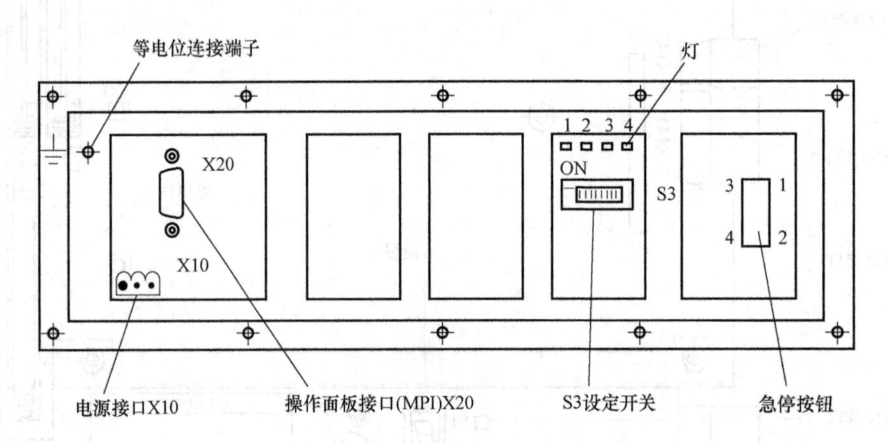

图 6-10 MCP 反面

表 6-1 SINUMERIK 840D 的 S3 设置

1	2	3	4	5	6	7	8	说 明
ON								波特率:1.5Mb
OFF								波特率:187.5Mb
	ON	OFF						周期传送标记/2400ms 接收监控
	OFF	ON						周期传送标记/1200ms 接收监控
	OFF	OFF						周期传送标记/600ms 接收监控
			ON	ON	ON	ON		总线地址:15
			ON	ON	ON	OFF		总线地址:14
			ON	ON	OFF	ON		总线地址:13
			ON	ON	OFF	OFF		总线地址:12
			ON	OFF	ON	ON		总线地址:11
			ON	OFF	ON	OFF		总线地址:10
			ON	OFF	OFF	ON		总线地址:9
			ON	OFF	OFF	OFF		总线地址:8
			OFF	ON	ON	ON		总线地址:7
			OFF	ON	ON	OFF		总线地址:6
			OFF	ON	OFF	ON		总线地址:5
			OFF	ON	OFF	OFF		总线地址:4
			OFF	OFF	ON	ON		总线地址:3
			OFF	OFF	ON	OFF		总线地址:2
			OFF	OFF	OFF	ON		总线地址:1
			OFF	OFF	OFF	OFF		总线地址:0

（续）

1	2	3	4	5	6	7	8	说　明
							ON	接至用户操作面板
							OFF	MCP
ON	OFF	ON	OFF	ON	ON	OFF	OFF	缺省设定
ON	OFF	ON	OFF	ON	ON	OFF	OFF	840D 缺省设定 波特率=1.5Mb 周期传送标记 100ms 总线地址:6

表 6-2　MCP 背面的 LED 灯含义

名　称	说　明
LED 灯 1 和 LED 灯 2	保留
LED 灯 3	当有 24V 电压时灯亮
LED 灯 4	发送数据时灯闪烁

七、S7-300 可编程序控制器接口介绍

SINUMERIK 840D 系统的 PLC 采用的是西门子 SIMATIC S7-300 的软件及模块，在同一条导轨上从左到右依次为电源模块（Power Supply）、接口模块（Interface Module）及信号模块（Signal Module），如图 6-11 所示。PLC 的 CPU 与 NC 的 CPU 是集成在 NCU 中的。

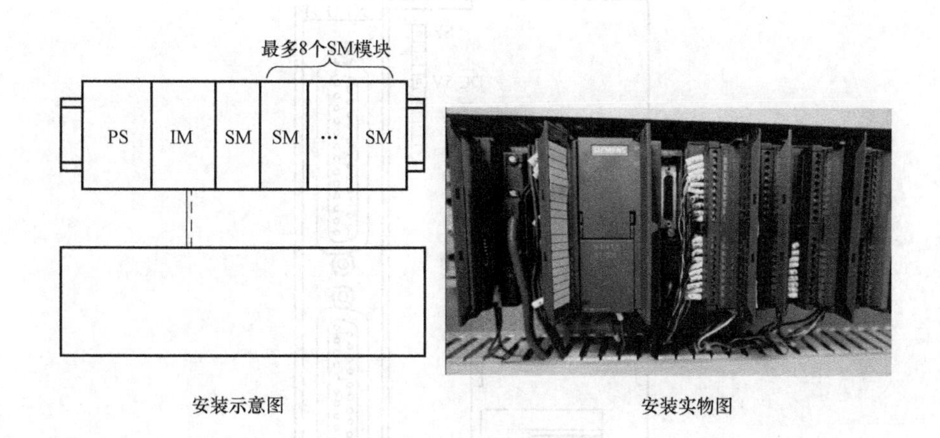

图 6-11　PLC 模块

电源模块（PS）为 PLC 和 NC 提供电源，有+24V 和+5V，如图 6-12 所示。

接口模块（IM）用于级之间互连，如图 6-13 所示。

信号模块（SM）用于机床 PLC 输入/输出，有输入型和输出型两种。

任务实施

一、数控系统各模块接线

分析电气原理图是进行数控系统各模块接线的第一步。图 6-14～图 6-28 为本项目装调的西门子 840D 数控系统电气原理图。可通过查看图 6-16～图 6-19 进行接线。

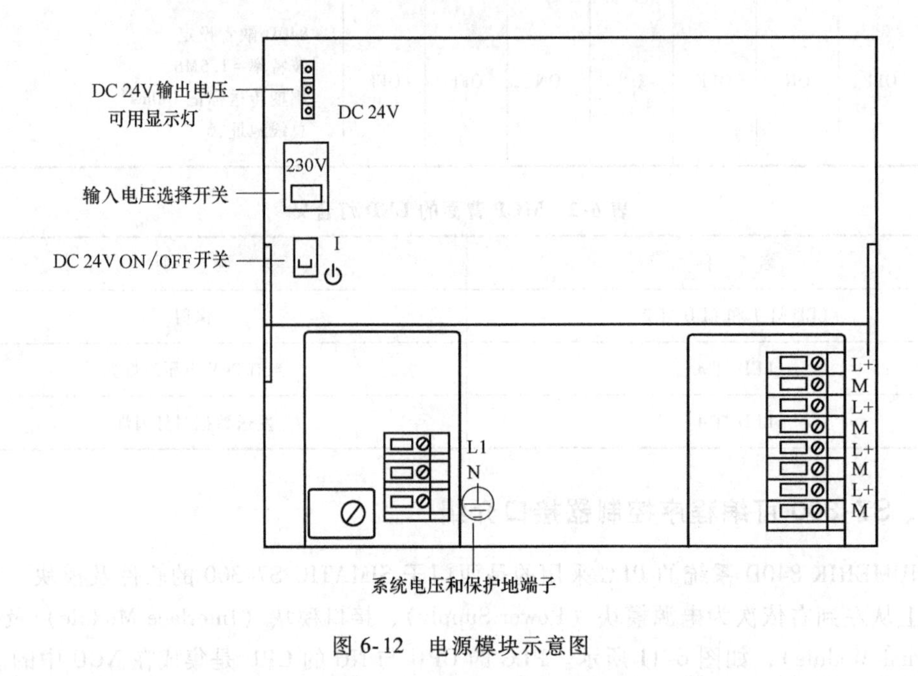

图 6-12　电源模块示意图

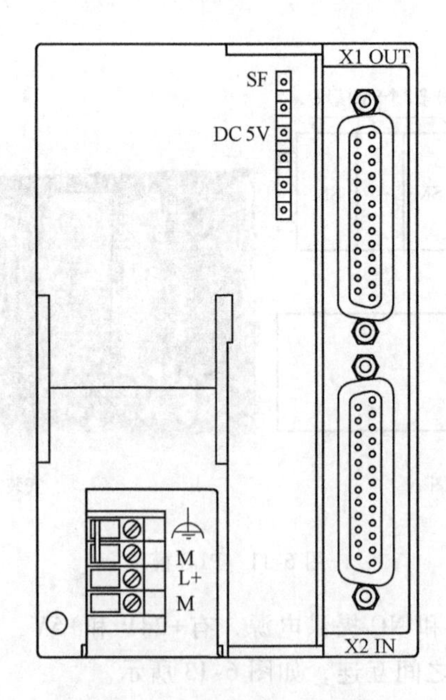

图 6-13　接口模块示意图

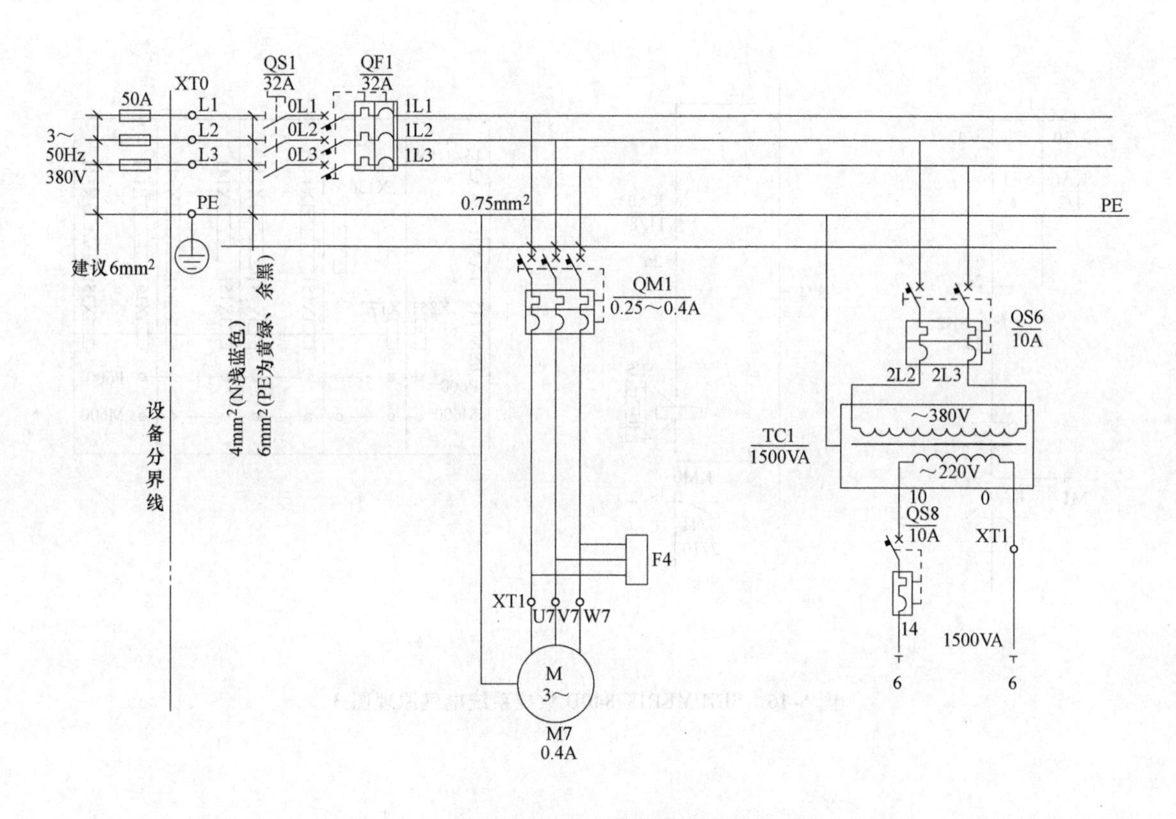

图 6-14 SINUMERIK 840D 数控系统电气原理图 1

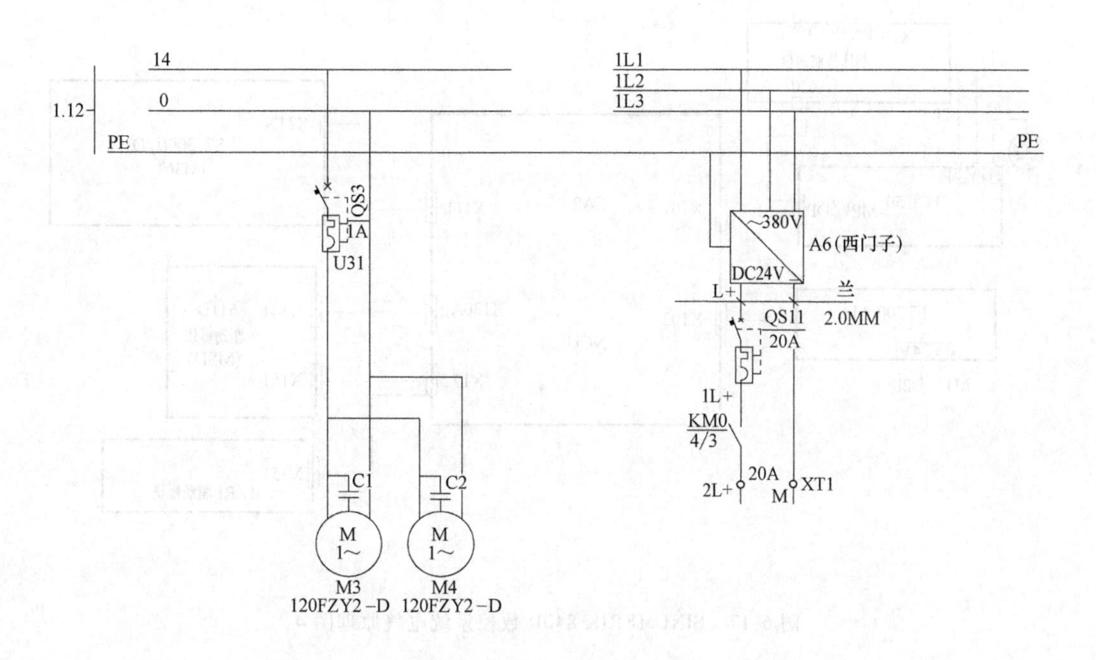

图 6-15 SINUMERIK 840D 数控系统电气原理图 2

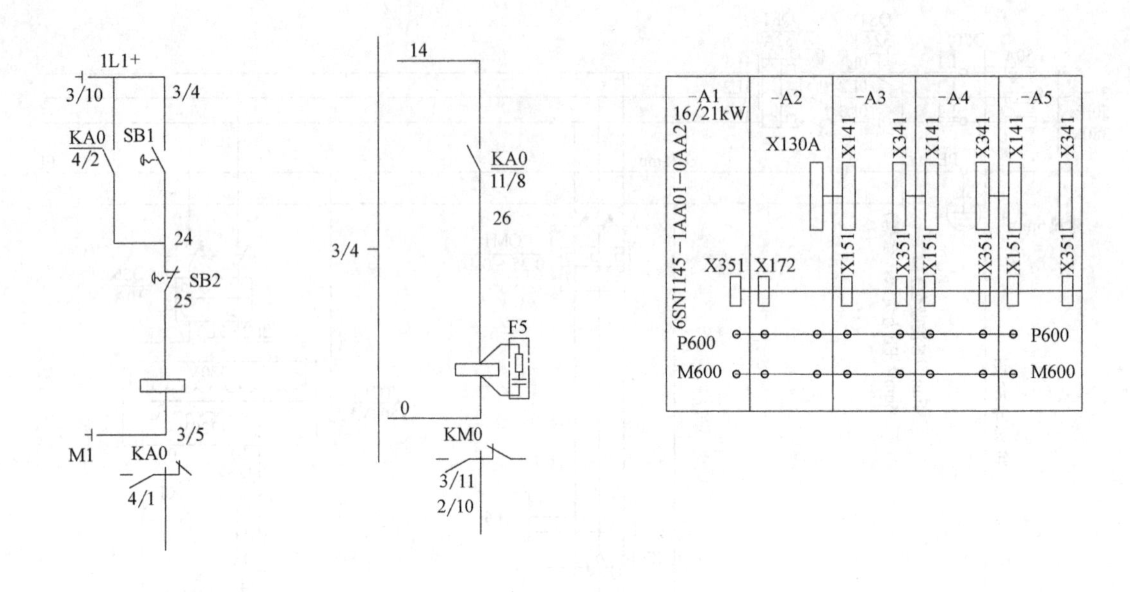

图 6-16　SINUMERIK 840D 数控系统电气原理图 3

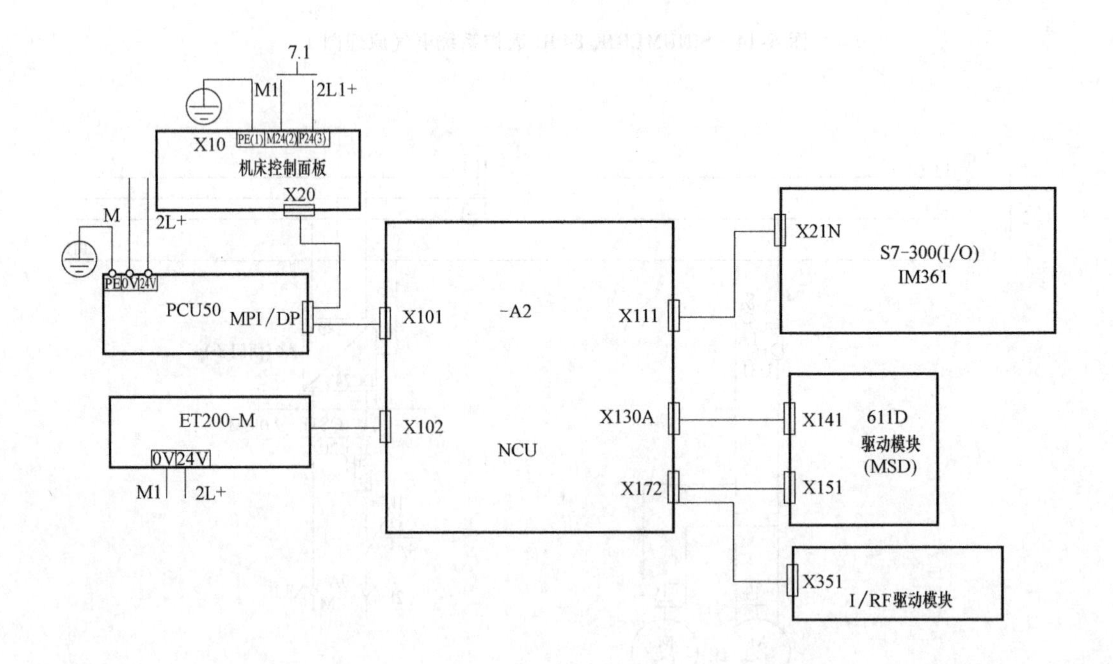

图 6-17　SINUMERIK 840D 数控系统电气原理图 4

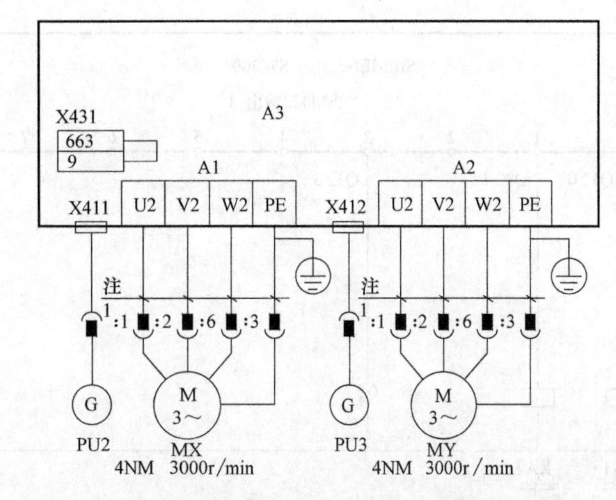

图 6-18 SINUMERIK 840D 数控系统电气原理图 5

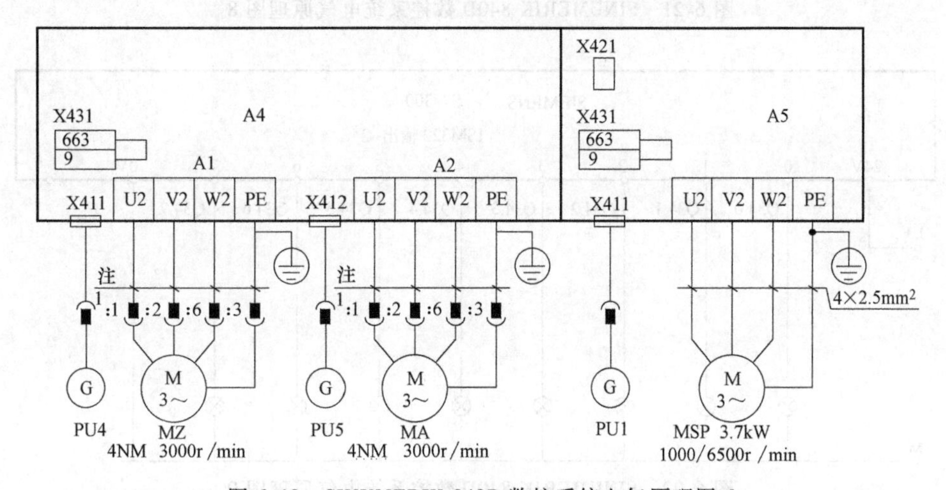

图 6-19 SINUMERIK 840D 数控系统电气原理图 6

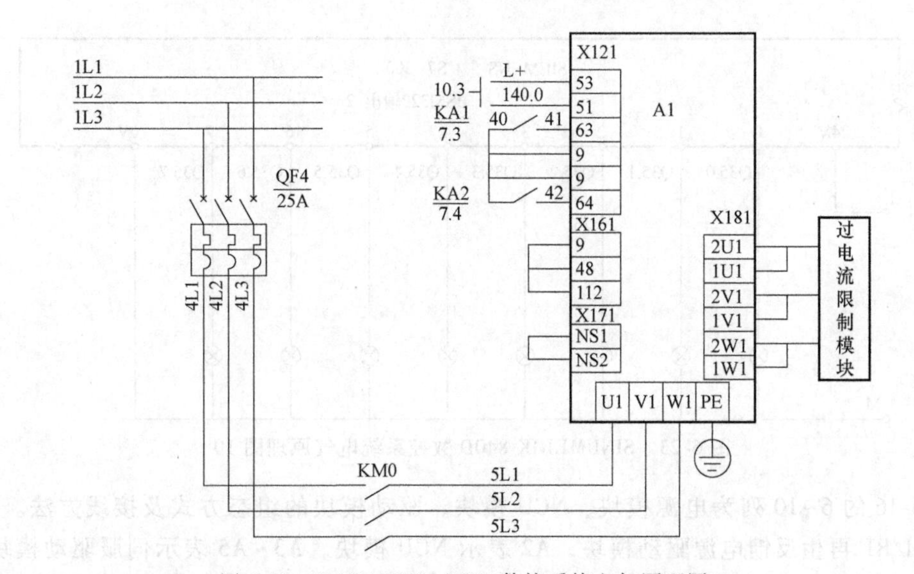

图 6-20 SINUMERIK 840D 数控系统电气原理图 7

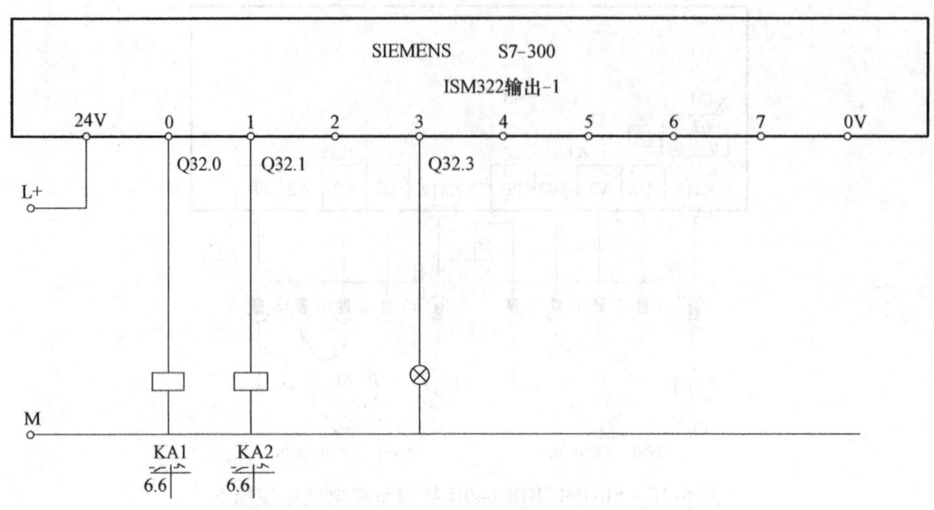

图 6-21 SINUMERIK 840D 数控系统电气原理图 8

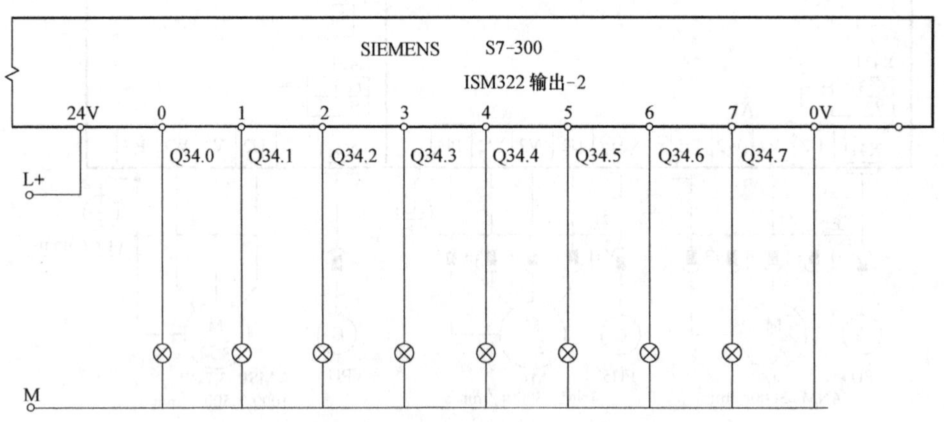

图 6-22 SINUMERIK 840D 数控系统电气原理图 9

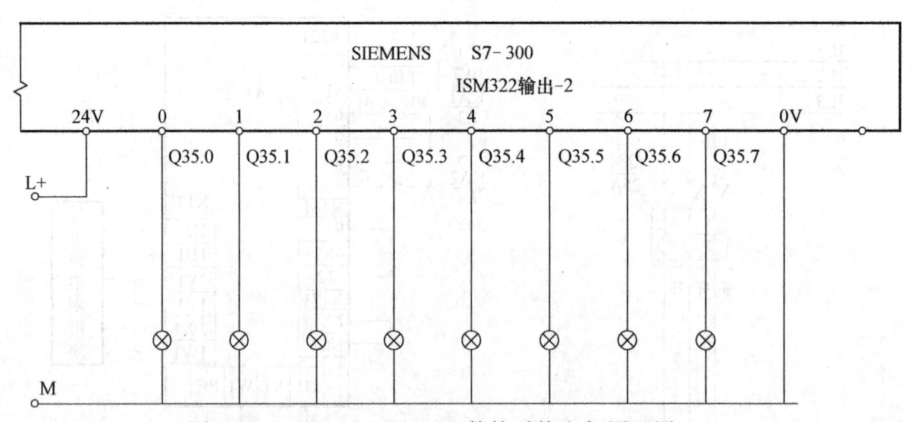

图 6-23 SINUMERIK 840D 数控系统电气原理图 10

图 6-16 的 6~10 列为电源模块、NCU 模块、驱动模块的组态方式及接线方法。图中，A1 表示 I/RF 再生反馈电源驱动模块，A2 表示 NCU 模块，A3~A5 表示伺服驱动模块。由于数控机床电控柜内线路较多，为便于展示图 6-16 中各模块间的连接，本任务尽可能地展

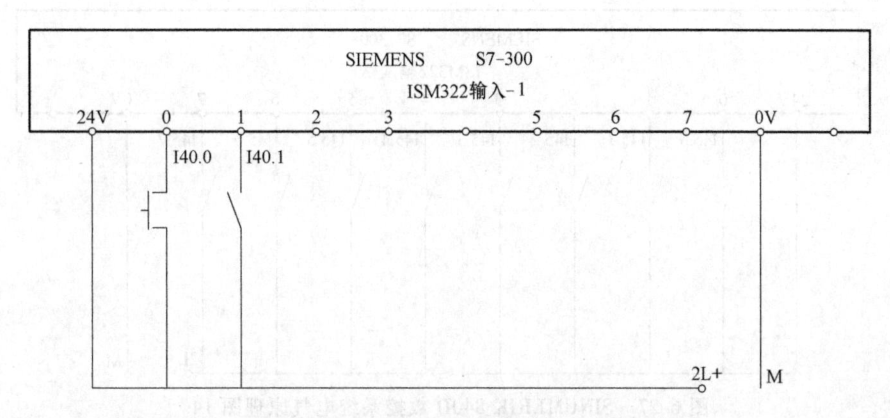

图 6-24 SINUMERIK 840D 数控系统电气原理图 11

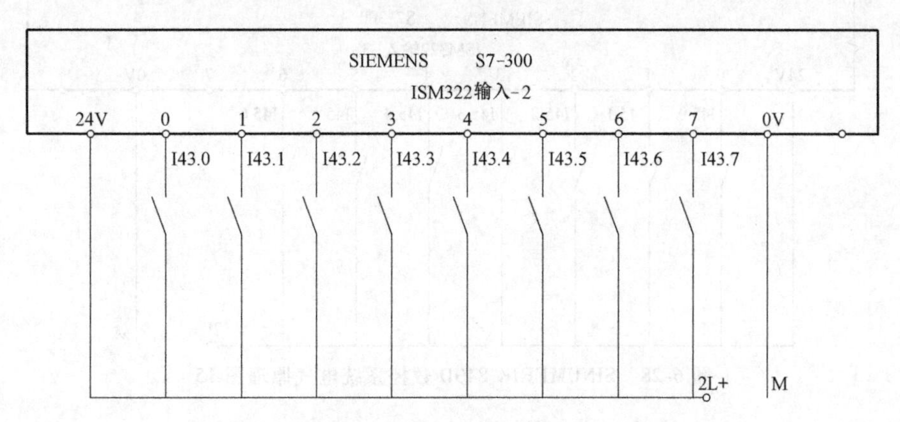

图 6-25 SINUMERIK 840D 数控系统电气原理图 12

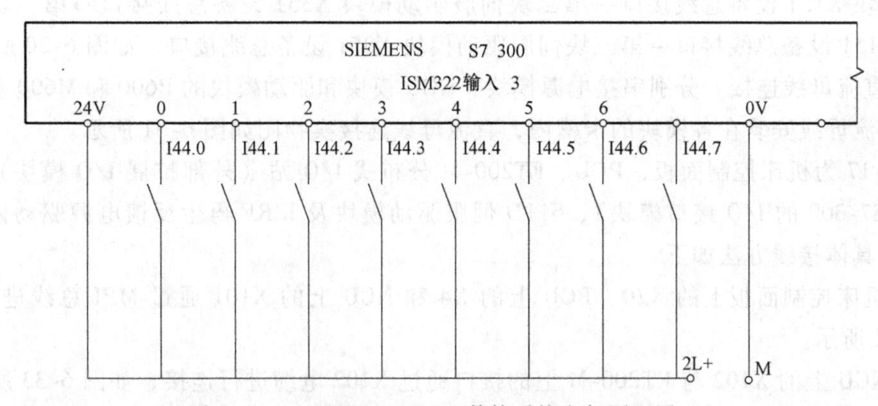

图 6-26 SINUMERIK 840D 数控系统电气原理图 13

示了 840D 数控系统的实际连接，对于难以展示的接线，采用 VNUM 数控机床调试维修教学软件进行了仿真接线，具体接线步骤如下。

1）驱动总线连接。NCU 模块 X130A 驱动总线接口→第一块伺服驱动模块 X141 接口，第一块伺服驱动模块 X341 接口→第二块 X141 伺服驱动模块 X141 接口，第二块伺服驱动模块 X341 接口→第三块 X141 伺服驱动模块 X141 接口，如图 6-29 所示。

2）设备总线连接。电源模块 X351 设备总线接口→NCU 模块 X172 设备总线接口→第一

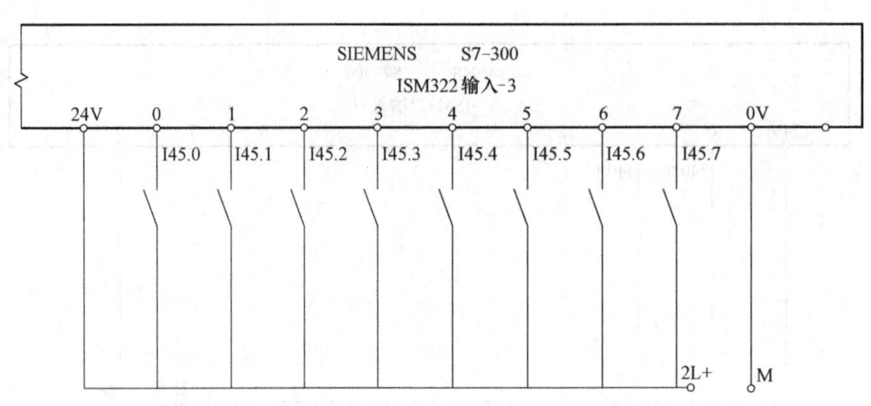

图 6-27 SINUMERIK 840D 数控系统电气原理图 14

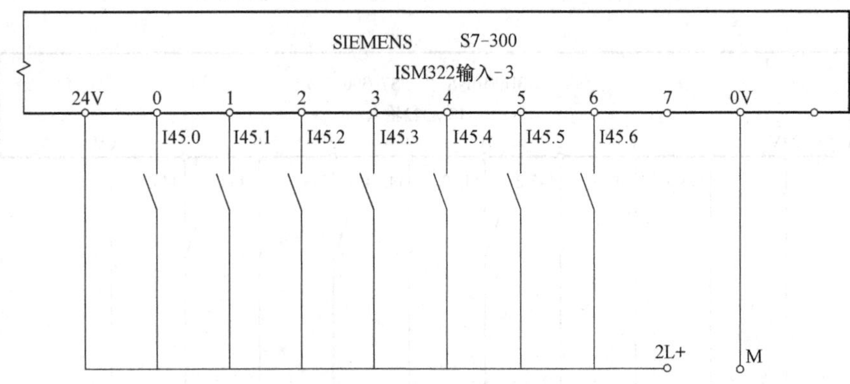

图 6-28 SINUMERIK 840D 数控系统电气原理图 15

块伺服驱动模块 X151 设备总线接口→第一块伺服驱动模块 X351 设备总线接口→第二块伺服驱动模块 X151 设备总线接口→第二块伺服驱动模块 X351 设备总线接口→第三块伺服驱动模块 X151 设备总线接口→第三块伺服驱动模块 X351 设备总线接口，如图 6-30 所示。

3）直流母线连接。分别串接电源模块、NCU 模块和驱动模块的 P600 和 M600 直流母线接口。直流母线安装在各模块的卡槽内，直流母线连接实物图如图 6-31 所示。

图 6-17 为机床控制面板，PCU、ET200-M 分布式 I/O 站（外部扩展 I/O 模块）、NCU、IM361（S7-300 的 I/O 接口模块）、611D 伺服驱动模块及 I/RF 再生反馈电源驱动模块之间的接线。具体接线方法如下。

1）机床控制面板上的 X20、PCU 上的 X4 和 NCU 上的 X101 通过 MPI 总线进行连接，如图 6-32 所示。

2）NCU 上的 X102 与 ET200-M 上的接口通过 X102 电缆进行连接，如图 6-33 所示。

图 6-29 驱动总线连接

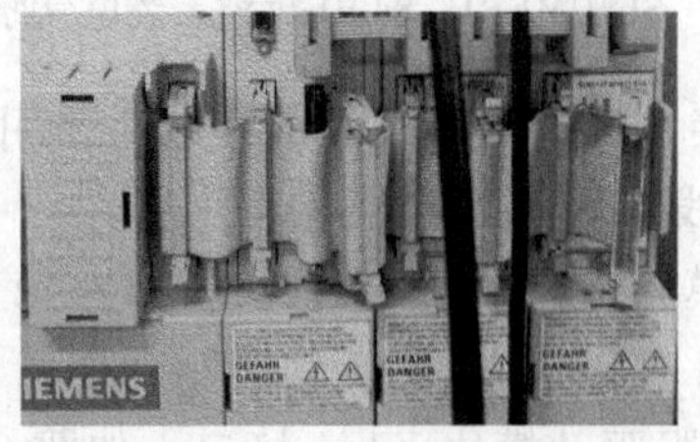

图 6-30 设备总线连接

图 6-31 直流母线连接实物图

3）NCU 上的 X111 与 IM361 的 X21N 通过 PLC 总线进行连接，如图 6-34 所示。

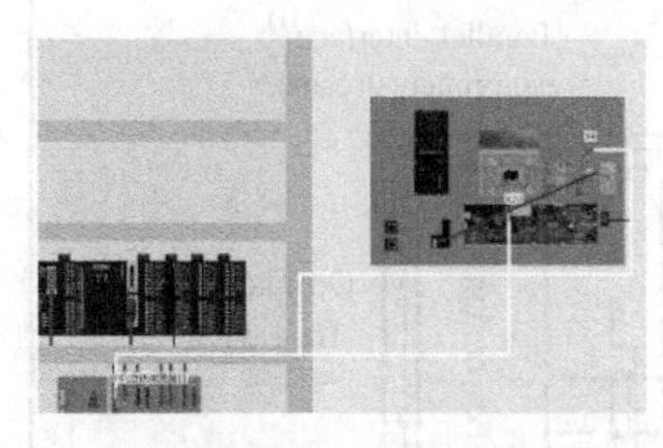

图 6-32　MPI 总线仿真连接

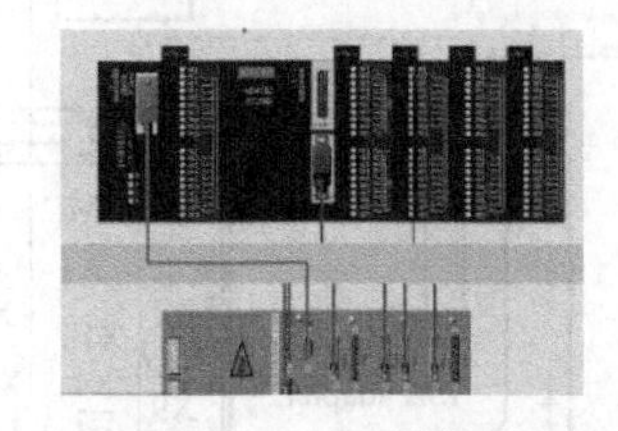

图 6-33　X102 电缆仿真连接

图 6-34　PLC 总线仿真连接

4）NCU 上的 X130A 接口与驱动模块 MSD 上的 X141 接口的驱动总线连接，如图 6-29 所示。

5）NCU 上的 X172 接口与驱动模块 MSD 上的 X151 接口的设备总线连接，如图 6-30 所示。

6）ET200-M 外部扩展 I/O 模块 0V 和 24V 接 M1 和 2L+，从图 6-24 中可知 M 为 0V，2L+为 24V，如图 6-35 所示。

7）PCU 模块 PE 接地，0V 和 24V 接 M 和 2L+。

8）机床控制面板的 X10 接口，PE 接地，M24 和 P24 分别接 0V 和 24V。

图 6-18 和图 6-19 为 A3～A5 驱动模块与伺服电动机的接线图，A3、A4、A5 伺服电动机编码器分别外接控制机床 X、Y、Z、A 进给方向和主轴的伺服电动机，其中，各驱动模块的 X431 接口的“663” 和 “9” 引脚短接，如图 6-36 所示。各驱动模块的 U2、V2、W2 和 PE 分别外接伺服电动机的三相电源及接地仿真连接，如图 6-37 所示。图 6-38 所示为主轴电动机三向电源、接线仿真连接。各驱动模块的 X411、X412 脉冲编码器接口用伺服电动机编码器反馈线缆接电动机的伺服编码器。图 6-39 所示为伺服驱动器端编码器仿真连接。图 6-40 所示为电动机端编码器仿真连接。

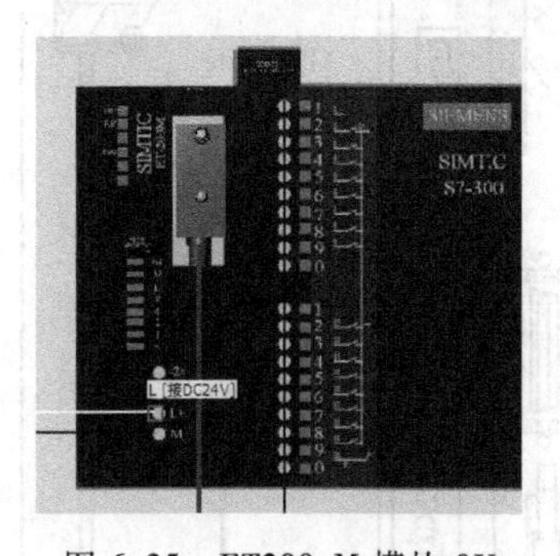

图 6-35　ET200-M 模块 0V 和 24V 仿真连接

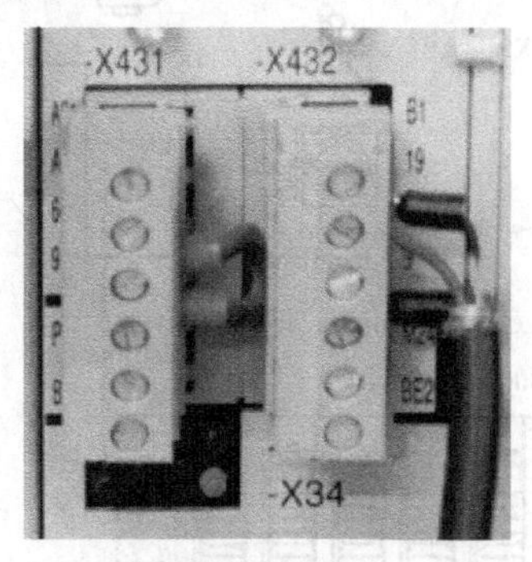

图 6-36　“663” 和 “9” 引脚短接

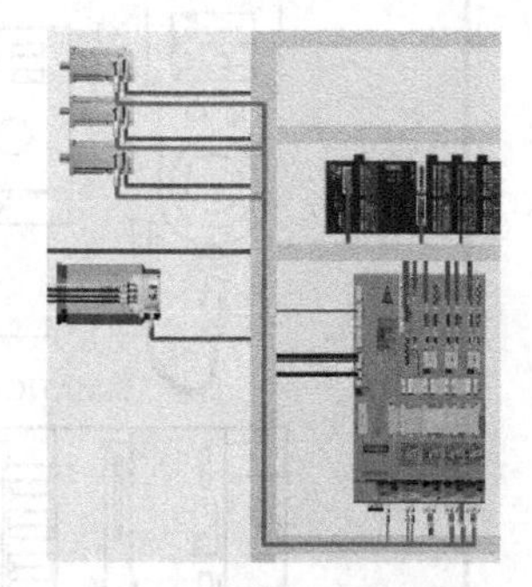

图 6-37　电动机三向电源、接地仿真连接

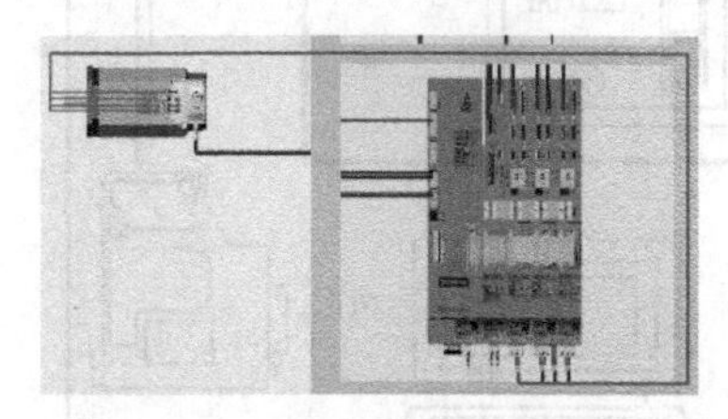

图 6-38　主轴电动机三向电源、接地仿真连接

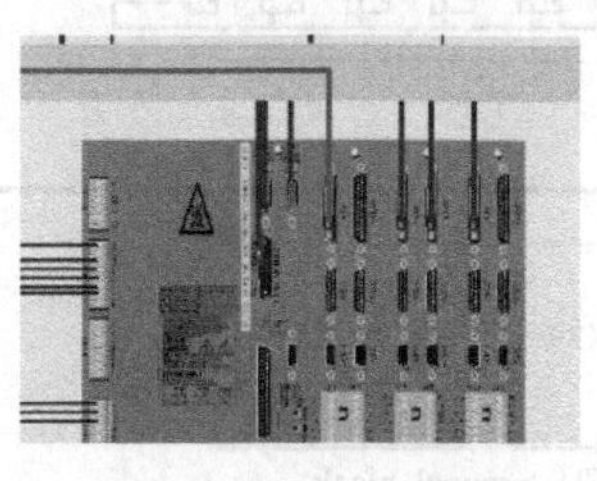

图 6-39　伺服驱动器端编码器仿真连接

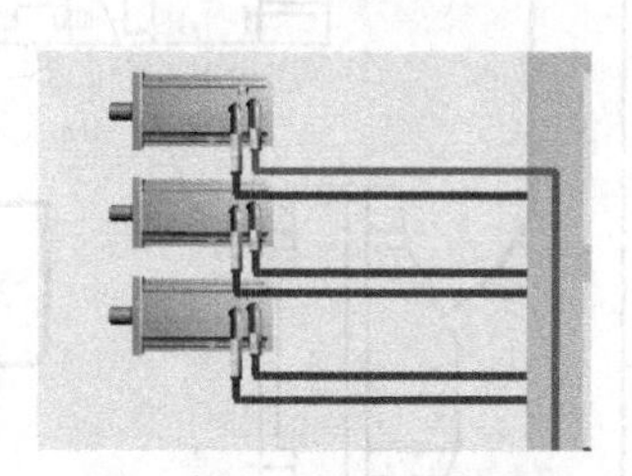

图 6-40　伺服电动机端编码器仿真连接

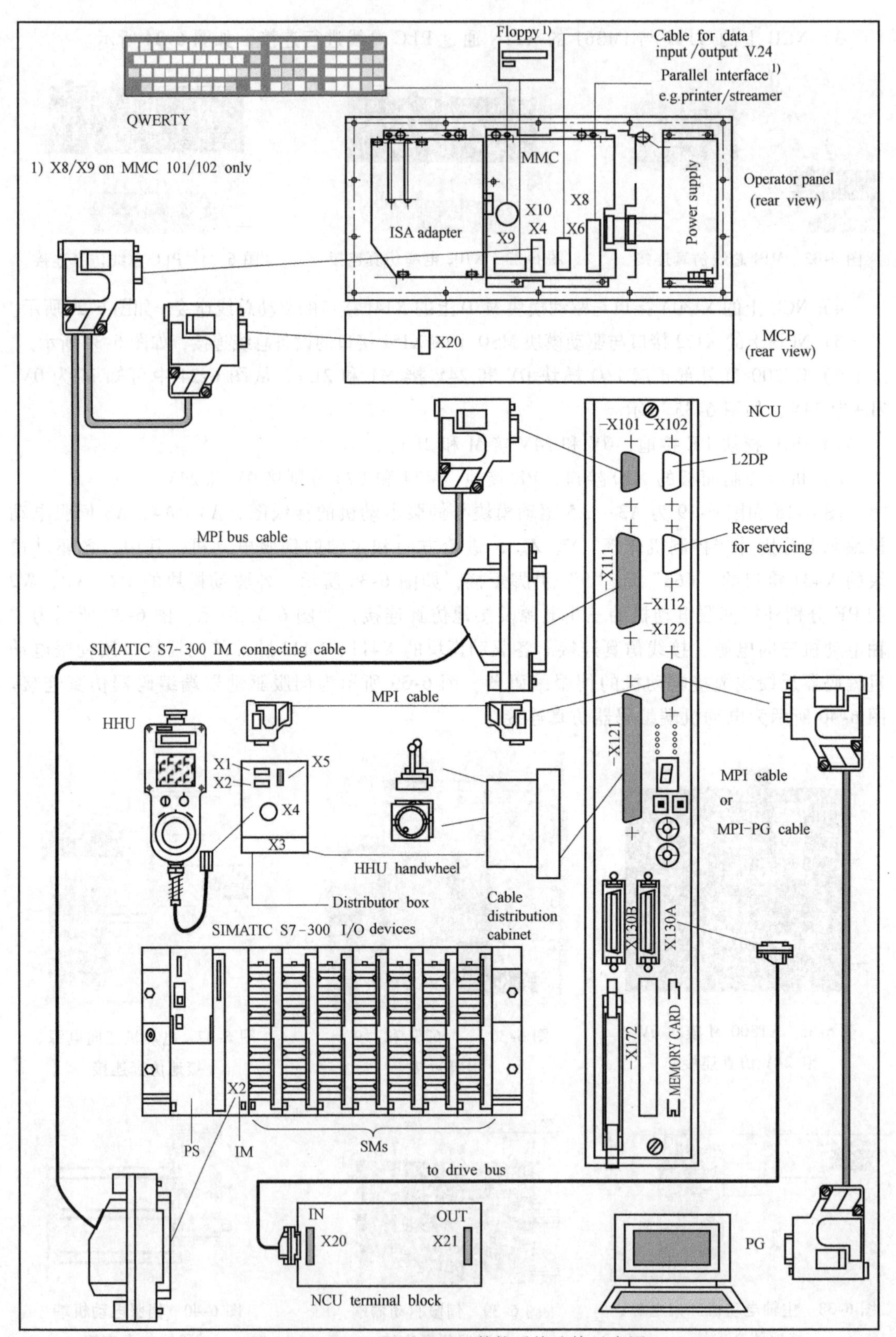

图 6-41　SINUMERIK 840D 数控系统连接示意图

二、SINUMERIK 840D 数控系统回路各模块布局

SINUMERIK 840D 数控系统连接示意图如图 6-41 所示。

进行数控系统回路电气装调的第一步是进行各模块在电控柜中的布局。根据规则，系统的布局是将电气元件按照电路的功率大小从左向右、从上到下进行排列安装，通常接线排在最下方，遇到主轴、变压器或电抗器等质量较大的电器元件，要放在电控柜底部或偏下的部位。

根据功率大小从上到下的布局为 PLC、伺服驱动器、变压器。PLC 的模块从左到右依次为电源模块、接口模块及信号模块，PLC 的 CPU 与 NC 的 CPU 是集成在 CCU 或 NCU 中的。SINUMERIK 840D 配置的驱动一般采用 SIMODRIVE 611D，最左侧通常为电源模块，其后为 NCU 数控单元、MSD 主轴驱动模块、FDD 进给驱动模块。

SINUMERIK 840D 常用组态方式如图 6-42 所示。将数控系统中所有硬件接入电控柜布局如图 6-43 所示。

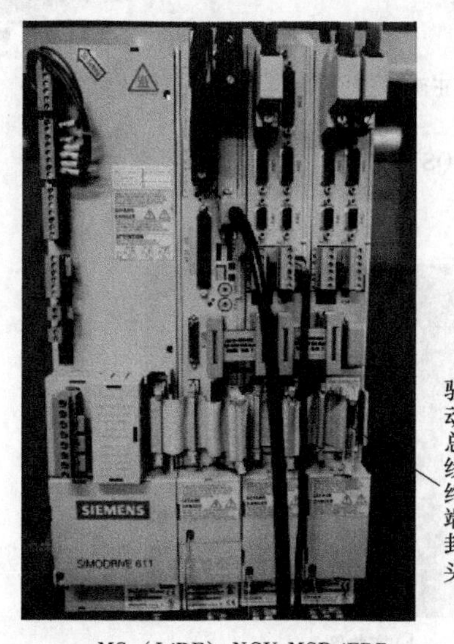

图 6-42　SINUMERIK 840D 常用组态方式

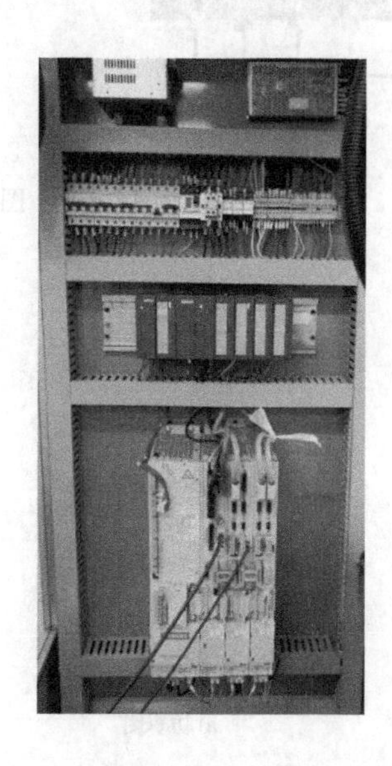

图 6-43　SINUMERIK 840D 硬件布局

任务二　系统控制回路的电气装调

任务目标

1. 熟悉常用元器件的接法，根据电气原理图，掌握数控机床强电回路的接线方法。

2. 在任务一熟悉 SINUMERIK 840D 系统的硬件构成基础上，掌握根据电气原理图进行系统控制回路装调的方法。

任务实施

一、SINUMERIK 840D 系统控制回路强电接线

分析系统控制回路，需从电气原理图中找出与系统控制回路相关的元器件。图 6-14 中三相电经过电源隔离开关 QS1（图 6-44）→断路器 QF1（图 6-45）引入系统，一路经断路器 QM1（图 6-46）→主轴风扇；另一路从三相电任取两相→隔离开关 QS6→变压器 TC1（图 6-47）输出 220V→断路器 QS8→隔离开关 QS3→两个电控柜风扇（图 6-48）。

a) 隔离开关仿真图

b) 实物图正面

c) 实物图反面

图 6-44　电源隔离开关 QS1

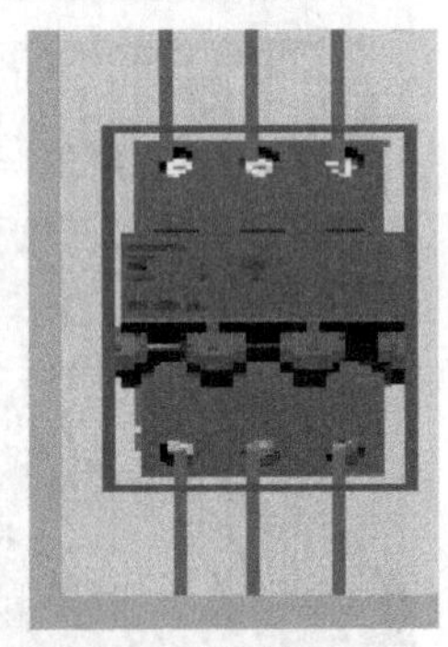
a) 仿真图

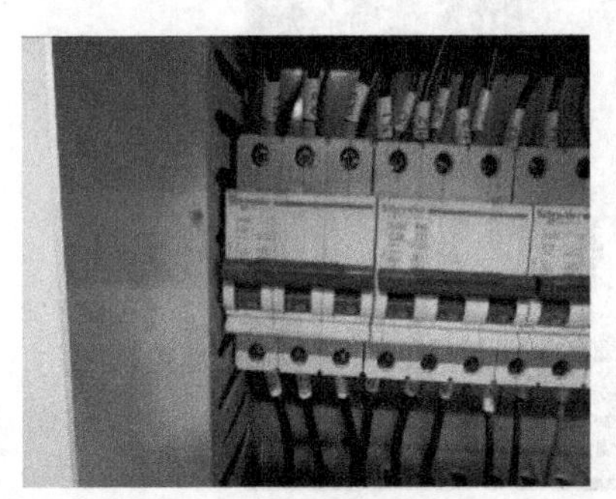
b) 实物图

图 6-45　断路器 QF1（主要起控制线路通断保护的作用）

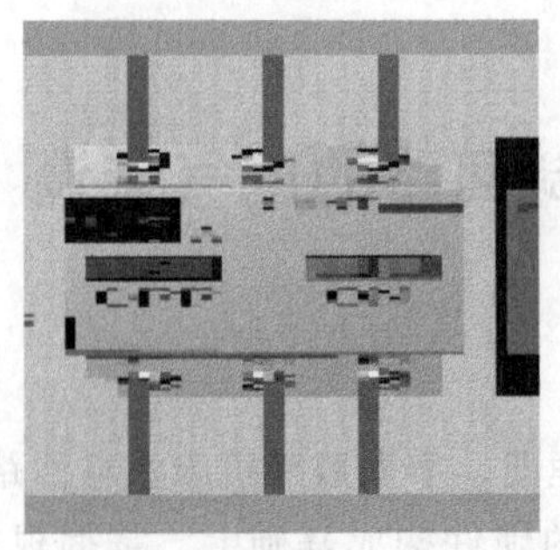
a) 仿真图

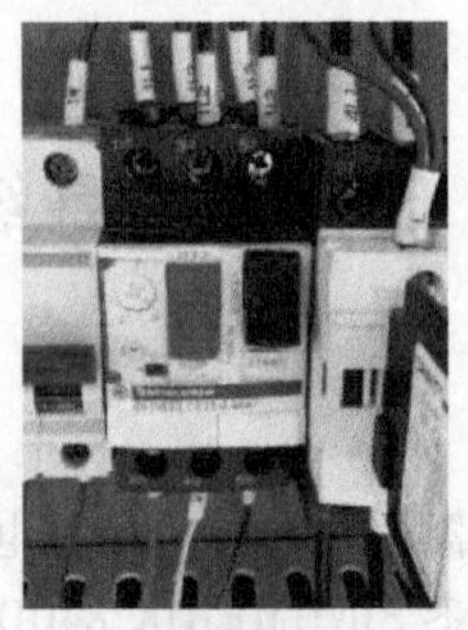
b) 实物图

图 6-46　断路器 QM1（控制主轴的风扇的开关）

图 6-47 变压器 TC1

图 6-48 电控柜风扇

二、SINUMERIK 840D 系统控制回路接线

如图 6-15 所示，系统的控制通过开关电源经 AC/DC 转换输出 DC24V 电压，其回路为隔离开关 QS1→断路器 QF1→开关电源 24V→隔离开关 QS11→系统主控接触器 KM0 常开触点（接图 6-16）→系统中间继电器 KA0 常开触点→停止按钮 SB2→系统中间继电器 KA0 线圈→开关电源 0V；为了接通回路自锁，因此另一路为系统主控接触器 KM0 常开触点入口端→启动按钮 SB1→停止按钮 SB2 入口端。

当系统的强电元件开启，按下图 6-16 启动按钮 SB1，系统中间继电器 KA0 线圈吸合，控制回路中系统中间继电器 KA0 形成自锁。此时 KA0 的常开触点吸合，系统主控接触器 KM0 线圈得电，KM0 主触点闭合，给驱动电源模块上电，系统上电成功。

任务三 主轴系统与进给系统控制回路的电气装调

任务目标

1. 熟悉常用元器件的接法，根据电气原理图，掌握数控机床强电回路的接线方法。

2. 在任务一熟悉 SINUMERIK 840D 系统的硬件构成基础上，掌握根据电气原理图进行主轴系统与进给系统控制回路装调的方法。

任务实施

一、SINUMERIK 840D 主轴与进给系统强电回路接线

1）主轴风扇的连接。三相电经过电源隔离开关 QS1（图 6-44）→断路器 QF1→断路器 QM1→主轴电动机及风扇（图 6-49）。

2）电动机主轴电源的连接。总开关 QS1→QF1→QF4→KM0（交流接触器线圈得电，常开触点闭合自锁电路）→驱动电源模块 A1→NCU 模块 A2→驱动模块 A3 中的三相输出口 A1（U2、V2、W2）→主轴伺服

图 6-49 主轴电动机及风扇

电动机，X431 接口端子“663”与端子“9”短接（内置制动电阻），驱动模块 X411→主轴伺服电动机编码器接口。

3）伺服电动机连接。伺服驱动模块三相输出口 A1（U2、V2、W2)→伺服电动机，伺服驱动模块 X431 接口端子“663”与端子“9”短接（内置制动电阻），伺服电动机编码器→伺服驱动模块 X411 接口。

二、SINUMERIK 840D 主轴与进给系统控制回路接线

1）脉冲使能的连接。如图 6-21 所示，PLC 的“ISM322 输出-1”的 Q32.0→脉冲使能继电器（KA1）线圈→PLC 的 COM 端。如图 6-20 所示，X121 接口的 63 号端子→脉冲使能继电器（KA1）常开触点→电源模块中 X121 接口的 9 号端子。

2）控制使能的连接。如图 6-21 所示，PLC 的“ISM322 输出-1”的 Q32.1→控制使能继电器（KA2）线圈→PLC 的 COM 端。如图 6-20 所示，驱动电源模块中 X121 接口的 64 号端子→控制使能继电器（KA2）常开触点→电源模块中 X121 接口的 9 号端子。

3）如图 6-20 所示，X161 接口中的 9 号端子、48 号端子、112 号端子短接。

4）如图 6-20 所示，X171 接口中的 NS1 与 NS2 短接。

三、SINUMERIK 840D 进给系统辅助元件回路接线

在 SINUMERIK 840D 进给系统中有辅助元件、电子手轮和限位开关。这些元件的接线如下。

1）电子手轮在进给系统中的接线。如图 6-28 所示，从 PLC 的“ISM322 输入-3”模块中接入所有手轮的输入信号，I45.0 端子→X 轴脉冲发生器→24V COM 端；I45.1 端子→Y 轴脉冲发生器→24V COM 端；I45.2→Z 轴脉冲发生器→24V COM 端；I45.3 端子→A 轴脉冲发生器→24V COM 端；I45.4 端子→进给倍率×1→24V COM 端；I45.5 端子→进给倍率×10→24V COM 端；I45.6 端子→进给倍率×100→24V COM 端。此外，当电子手轮接通时会有指示灯提示。电子手轮指示灯的接线如图 6-21 所示，PLC 的“ISM322 输出-1”模块的 Q32.3 口→指示灯→PLC 0V COM 端。

2）限位开关在系统中的接线。如图 6-25 和图 6-26 所示，从 PLC 的“ISM322 输入-2”模块和“ISM322 输入-3”模块中接入所有限位开关的输入信号。I43.6 端子→X 轴限位开关→PLC 输入 COM 端 24V；I43.7 端子→Y 轴限位开关→PLC 输入 COM 端 24V；I44.0 端子→Z 轴限位开关→PLC 输入 COM 端 24V；I44.1 端子→A 轴限位开关→PLC 输入 COM 端 24V。

任务四　整机电气装调

任务目标

在任务一熟悉 SINUMERIK 840D 系统各模块硬件装调，任务二掌握数控系统控制回路电气装调以及任务三掌握主轴、伺服强电及控制回路接线基础上，将各模块电气装调进行总

和，进行急停回路、刀库系统和系统启停键的装调，完成整个数控系统的整机接线。

任务实施

一、SINUMERIK 840D 急停回路接线

急停回路用于数控机床出现紧急情况，使数控机床立即停止运动或切断动力装置主电源（如伺服驱动器等）。本任务数控系统主要通过在 PLC 程序中编写相关程序来实现急停，其接线如图 6-24 所示，PLC 的“ISM322 输入-1 模块” I40.1 端口→急停按钮→PLC 的输入 COM 端 24V。

二、SINUMERIK 840D 刀库系统接线

1. 刀库输入信号接线

SINUMERIK 840D 数控系统刀库输入信号，其接线如图 6-25 所示，刀库的输入信号接线：PLC 的“ISM322 输入-2 模块” I43.0 端口→一号刀位置传感器→PLC 输入 COM 端；PLC 的“ISM322 输入-2 模块” I43.1 端口→二号刀位置传感器→PLC 输入 COM 端；PLC 的“ISM322 输入-2 模块” I43.2 端口→三号刀位置传感器→PLC 输入 COM 端；PLC 的“ISM322 输入-2 模块” I43.3 端口→四号刀位置传感器→PLC 输入 COM 端；PLC 的“ISM322 输入-2 模块” I43.4 端口→五号刀位置传感器→PLC 输入 COM 端；PLC 的“ISM322 输入-2 模块” I43.5 端口→六号刀位置传感器→PLC 输入 COM 端。

2. 刀库输出信号接线

SINUMERIK 840D 数控系统刀库输出信号，其接线如图 6-22 所示，刀库的输出信号接线：PLC 的“ISM322 输出-2 模块” Q34.0→刀库旋转指示→PLC 输出 COM 端；PLC 的“ISM322 输出-2 模块” Q34.1→主轴刀杆松开指示→PLC 输出 COM 端；PLC 的“ISM322 输出-2 模块” Q34.2→主轴刀杆夹紧指示→PLC 输出 COM 端；PLC 的“ISM322 输出-2 模块” Q34.3→刀库进指示→PLC 输出 COM 端；PLC 的“ISM322 输出-2 模块” Q34.4→刀库退指示→PLC 输出 COM 端。

在下达换刀指令后，PLC 通过刀号传感器判断目标刀具所在的位置，然后下达换刀命令，通过主轴准停、主轴定位、刀库进、松刀、刀库旋转、抓刀、刀库退回原位等一系列流程完成换刀。由于本任务装调的 SINUMERIK 840D 为实训系统，因此所有刀库动作负载均由指示灯替代，如图 6-22 和图 6-23 所示。

至此，整机装调完毕。

项目七　数控系统参数设置

项目概述

数控系统是数控机床的控制核心，而数控系统的调整、配置与功能实现主要通过机床数据的调整来实现，因此熟悉常用机床数据及功能配置是非常关键的。本项目围绕SINUMERIK 840D 的机床数据及功能实现展开介绍。

任务一　数控系统机床数据的设置与调整方法

任务目标

1. 了解机床数据的保护等级及数据分类方式。
2. 掌握机床数据的生效方式。

任务引入

机床数据的设置与调整在数控机床的调试、维修过程中经常用到。机床数据涉及的方面较多，如轴数据、驱动数据、监控数据、优化数据、回参考点数据等。在设置和调整机床数据前，一定要清楚所要修改数据的定义和作用。修改机床数据一定要谨慎，以防止对数控系统或机床造成损坏。机床数据的修改分为不同的保护等级，只有正确输入各个等级的保护口令，才能进行相应机床数据的修改。

一、机床数据保护等级

西门子 840D 系统根据数据用途及作用将机床数据保护等级分成了 8 级，见表 7-1。0 级最高级，7 级最低级。其中 0~3 级为一类，需要输入口令密码；4~7 级为一类，需要通过系统提供的钥匙进行控制。操作者只有通过特定的保护等级，才能修改相应等级以及该等级以下的机床数据。

表 7-1　保护等级

保护等级	锁　定	适用范围
0	密码	西门子厂家
1	密码:SUNRISE(默认)	机床制造商
2	密码:EVENING(默认)	服务/安装工程师
3	密码:CUSTOMER(默认)	用户的维修工程师
4	开关键位置 3	编程和安装人员
5	开关键位置 2	通过资格认证的操作者
6	开关键位置 1	受过培训的操作人员
7	开关键位置 0	一般操作人员

保护等级 0~3 要求输入密码。0 等级的密码可以进入所有数据参数。密码激活后可以改变，但不推荐修改。如果忘记密码，那么数控系统必须重新初始化。

保护等级 4~7 要求在机床控制面板上进行钥匙开关设置。有三种不同颜色的钥匙可供使用，每把钥匙分别可以进入特定的数据领域。钥匙位置含义见表 7-2。

表 7-2 钥匙位置含义

钥匙颜色	开关位置	保护等级
不使用钥匙	0	7
使用黑钥匙	0 和 1	6~7
使用绿钥匙	0~2	5~7
使用红钥匙	0~3	4~7

840D 系统中的机床数据具有不同的写/读保护等级，写/读保护等级是以 *i/j* 形式给出的，可以通过数控系统的手册查看每个机床数据的写/读保护等级。例如，MD10008 具有 2/7保护等级，2 代表如果想改写该参数，操作者必须具有 2 级以上的口令；7 代表读取该参数的级别是 7 级，也就是最低等级，无需口令即可以读取该数据。

二、机床数据分类

机器数据和设定数据分类见表 7-3。

表 7-3 机器数据和设定数据分类

区 域	说明	区域	说明
1000~1799	驱动用机床数据	39000~39999	预留
9000~9999	操作面板用机床数据	41000~41999	通用设定数据
10000~18999	通用机床数据	42000~42999	通道类设定数据
19000~19999	预留	43000~43999	轴类设定数据
20000~28999	通道类机床数据	51000~61999	编译循环用通用机床数据
29000~29999	预留	62000~62999	编译循环用通道类机床数据
30000~38999	轴类机床数据	63000~63999	编译循环用轴类机床数据

三、数据生效方式

机床数据改变后，必须采用生效设置才能使修改的数据生效。每一个被修改的数据，在其数据行的最右端显示了数据生效的方式。分别如下。

1）重新上电（POWER ON），系统断电重启动或按 NCU 模块面板上的“RESET”键使数据生效。

2）新配置（NEW_CONF），按 MMC 上的软键<Activate MD>使数据生效。

3）复位（RESET），按控制单元上的<RESET>键使数据生效。

4）立即（IMMEDIATELY），值输入以后立即生效。

任务实施

机床数据的设置与调整操作步骤如下。

1）按<启动>软键，进入“启动”操作区域屏幕。

2）按<设定口令>软键，根据修改机床数据的级别输入相应的口令，然后确认。

3）按<机床数据>软键，进入机床数据屏幕，如图 7-1 所示。在水平菜单上将显示<通用机床数据>、<通道机床数据>、<轴机床数据>、<驱动配置>、<驱动机床数据>及<显示机床数据>等，按相应软键则进入相关数据区进行数据修改。

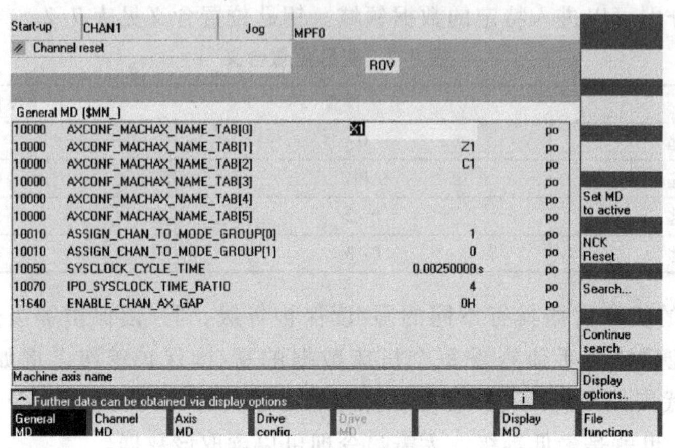

图 7-1　机床数据屏幕

4）利用<搜索>软键可以快速定位要修改的数据。

5）数据修改完毕以后，根据数据行最右边的提示使机床数据生效。

如果用户的权限不足，则机床数据可能不被显示或只能显示一部分。840D 数控系统提供了显示过滤器的功能，可以将显示内容限制在自己需要的数据上。显示过滤功能的开启通过单击<Display Options>软键开启，如图 7-2 所示，可以对参数进行选择性显示。

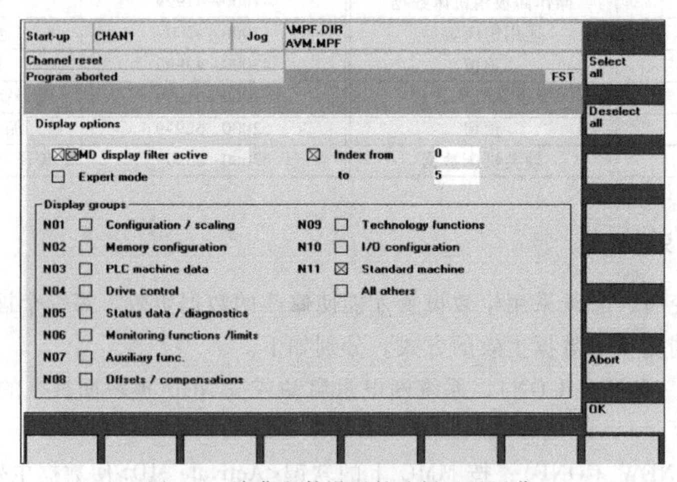

图 7-2　隐藏文件设置的选择显示屏幕

任务二　数控机床轴配置

任务目标

1. 了解机床轴的基本配置方法。

2. 掌握 IBN-TOOL 软件进行机床轴参数设定、驱动配置的方法。

任务引入

一、机床轴的基本配置

840D 系统的轴分为三种类型：机床轴、几何轴、附加轴。机床轴是指机床所有存在的轴，它包括几何轴和附加轴；几何轴是指在笛卡儿直角系中具有插补关系的轴，如 X、Y、Z；附加轴是指无几何关系的轴，如旋转轴、位置主轴等。

840D 系统的轴可按 3 种等级配置：机床轴级、通道轴级、编程轴级。

1. 机床轴级

机床轴级参数如下。

MD20000：设定通道名，如 CHAN1。

MD10000：AXCONF_MACHAX_NAME_TAB[n]，此参数设定机床所有物理轴。例如 X1，X 代表轴名，1 代表通道号。该数据定义了机床的轴名。例如：

车床 配置X轴、Z轴、C轴(主轴)

MD 10000	X1	Z1	C1		
Index[…]	0	1	2	3	4

铣床 配置X、Y、Z主轴和C轴

MD 10000	X1	Y1	Z1	A1	C1
Index[…]	0	1	2	3	4

对于铣床 MD 10000 参数配置如下。

AXCONF_MACHAX_NAME_TAB[0]=X1

AXCONF_MACHAX_NAME_TAB[1]=Y1

AXCONF_MACHAX_NAME_TAB[2]=Z1

AXCONF_MACHAX_NAME_TAB[3]=A1

AXCONF_MACHAX_NAME_TAB[4]=C1

2. 通道轴级

MD 20070：AXCONF_MACHAX_USED[0…7]设定对于此机床存在的轴的轴序号。例如：

车床

MD 20070	1	2	3	0	0
Index[…]	0	1	2	3	4

铣床

MD 20070	1	2	3	4	5
Index[…]	0	1	2	3	4

铣床配置如下。

AXCONF_MACHAX_USED[0]=1

AXCONF_MACHAX_USED[1]=2

AXCONF_MACHAX_USED[2]=3

AXCONF_MACHAX_USED[3]=4

AXCONF_MACHAX_USED[4]=5

MD 20080：AXCONF_CHANAX_NAME_TAB[0…7] 设定通道内该机床编程用的轴名。例如：

MD 20080 | X | Z | C | | | X | Y | Z | A | C |
Index[…] | 0 | 1 | 2 | 3 | 4 | 0 | 1 | 2 | 3 | 4 |

铣床配置如下。

AXCONF_CHANAX_NAME_TAB[0]=X

AXCONF_CHANAX_NAME_TAB[1]=Y

AXCONF_CHANAX_NAME_TAB[2]=Z

AXCONF_CHANAX_NAME_TAB[3]=A

AXCONF_CHANAX_NAME_TAB[4]=C

3. 编程轴级

MD 20050：AXCONF_GEOAX_ASSIGN_TAB[0…4]，设定机床所用几何轴序号。几何轴为组成笛卡儿坐标系的轴，该机床数据定义了激活使用的几何轴。例如：

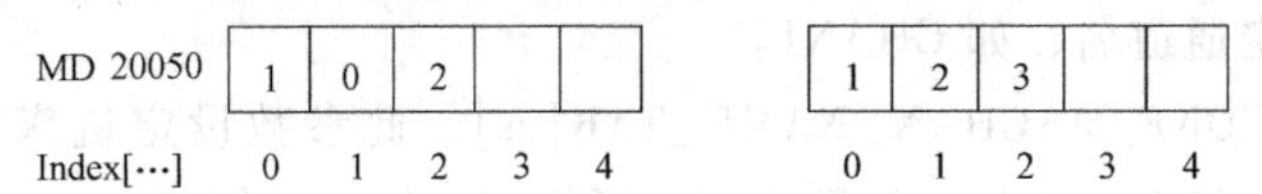

铣床配置如下。

AXCONF_GEOAX_ASSIGN_TAB[0]=1

AXCONF_GEOAX_ASSIGN_TAB[1]=2

AXCONF_GEOAX_ASSIGN_TAB[2]=3

MD 20060：AXCONF_GEOAX_NAME_TAB[0…4] 设定所有几何轴名。例如：

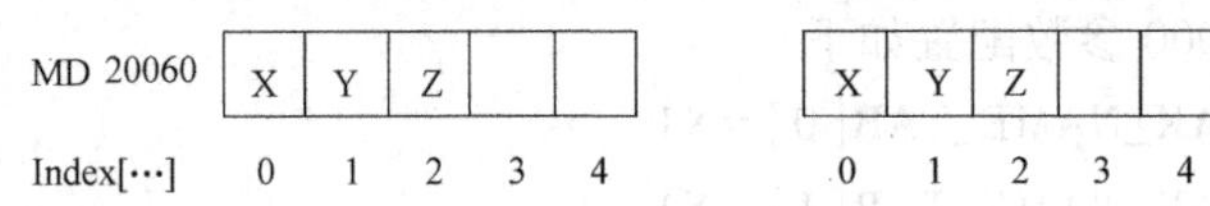

铣床配置如下。

AXCONF_GEOAX_NAME_TAB[0]=X

AXCONF_GEOAX_NAME_TAB[1]=Y

AXCONF_GEOAX_NAME_TAB[2]=Z

二、数控系统调试

对于 NC 数据的设定，大致分为两大块：一块是系统关于机床及其轴的数据；另一块是驱动的数据。

1. 机床数据设定

关于 NC 机床数据的意义，请参照相关西门子资料的功能介绍。这里仅就一般情况进行说明。

1）通用 MD（General）。

MD10000：此参数设定机床所有物理轴。

2）通道 MD（Channel Specific）。

MD20000：设定通道名 CHAN1。

MD20050 [n]：设定机床所用几何轴序号。几何轴为组成笛卡儿坐标系的轴。

MD20060 [n]：设定所有几何轴名。

MD20070 [n]：设定对于此机床存在的轴的轴序号。

MD20080 [n]：设定通道内该机床编程用的轴名。

以上参数设定后，做一次 NCK 复位。

3）轴相关 MD（Axis Specific）。

MD30130：设定轴指令端口 =1。

MD30240：设定轴反馈端口 =1。

如此二参数为“0”，则该轴为仿真轴。

此时，再做一次 NCK 复位。这时系统会出现“300007”报警。

2. 驱动数据设定

由于驱动数据较多，对于 MMC100.2 必须借助“SIMODRIVE 611D START-UP TOOL”软件，也称 IBN-TOOL 软件，而 MMC103 可直接在 OP 上进行。驱动数据设定大致需要对以下几种参数设定。

Location：设定驱动模块的位置。

Drive：设定此轴的逻辑驱动号。

Active：设定是否激活此模块。

配置完成并有效后，需存储（SAVE）→OK。

此时再做一次 NCK 复位。启动后显示“30070”报警。

这时原为灰色的 FDD、MSD 变为黑色，可以选电动机，操作步骤如下。

FDD→Motor Controller→Motor Selection→按电动机铭牌选相应电动机→OK→OK→Calculation。

用 Drive+或 Drive-切换做下一轴。

MSD→Motor Controller→Motor Selection 按电动机铭牌选相应电动机→OK→OK→Calculation。

最后→Boot File→Save Boot File→Save All，再做一次 NCK 复位。

至此，驱动配置完成，NCU 正面的 SF 红灯应灭掉，这时各轴应可以运行。

最后，如果将某一轴设定为主轴，则步骤如下。

1）先将该轴设为旋转轴。

MD30300=1

MD30310=1

MD30320=1

做 NCK 复位。

2）然后找到轴参数，用 AX+、AX-找到该轴。

MD35000=1（设为主轴）

MD35100=XXXX

MD35110 [0]
MD35110 [1]
MD35130 [0]
MD35130 [1]
} 设定相关速度参数

MD36200 [0]

MD36200 [1]

再做 NCK 复位。

启动后，在 MDA 下输 SXXM3，主轴即可转。

所有关键参数配置完成以后，可让轴适当运行一下，可在 JOG、手轮、MDA 等方式下改变轴运行速度，观察轴运行状态。

任务实施

一、IBN-TOOL 软件与数控系统的连接

IBN-TOOL 软件（也称为 Start-up Tool）是安装在计算机上的软件，通过它可以进行 840D 数控系统的调试和优化工作，另外 840D 系统通常配置 MMC103，因此驱动数据也可直接在 OP 单元上进行设置。本任务采用通过计算机上 Start-up Tool 软件进行数控系统的参数设置和驱动配置。在配置参数之前，需要进行计算机与 840D 数控系统的联机操作，其具体操作步骤如下。

1）通过程序菜单或桌面图标打开 Start-up Tool 软件，弹出图 7-3 所示画面。

2）单击<Password>，进入图 7-4 所示画面。

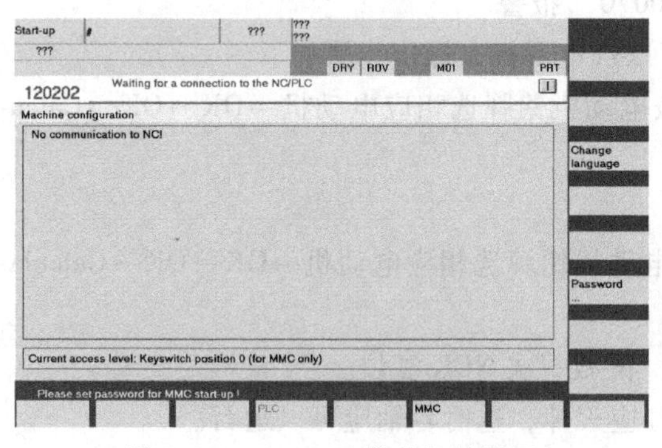

图 7-3　IBN-TOOL 软件初始界面

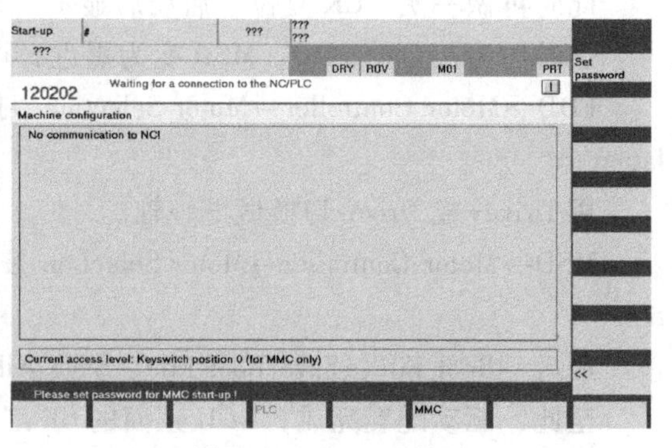

图 7-4　Password 界面

3）单击<Set Password>，进入图 7-5 所示画面。

4）输入密码“EVENING”或“SUNRISE”后，单击<OK>进入图 7-6 所示画面，提示“无法和 NC 通信”。

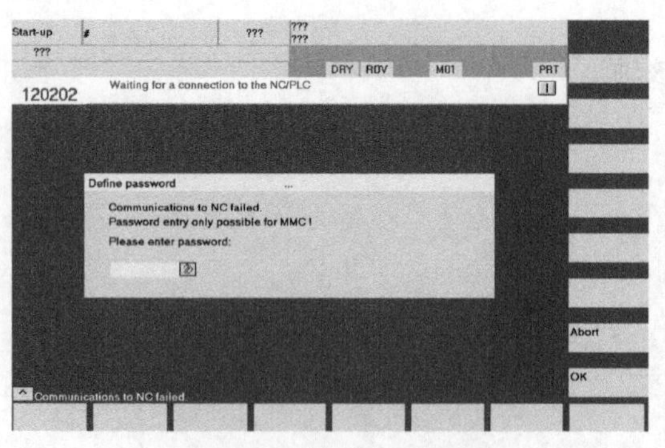

图 7-5　Set Password 界面

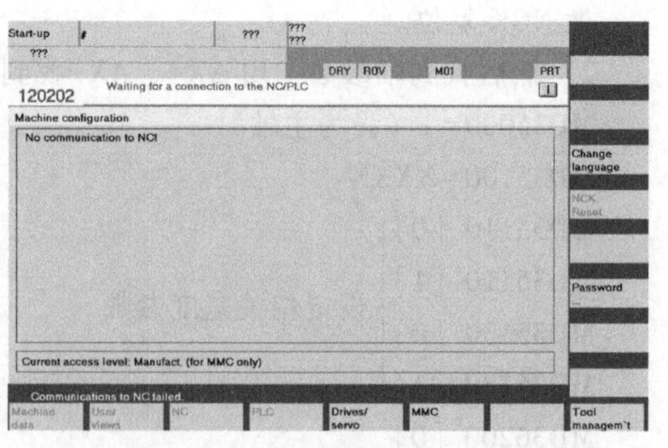

图 7-6　“无法和 NC 通信”界面

5）单击<MMC>，进入图7-7所示画面。

6）单击<Operator panel>，选择840D总线系统，进入图7-8所示画面。

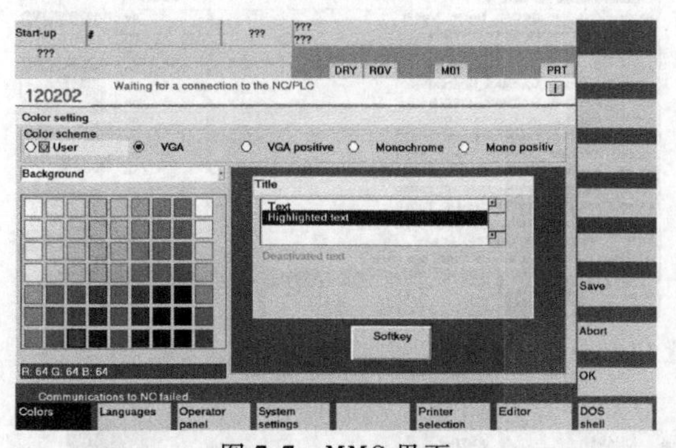

图7-7　MMC界面

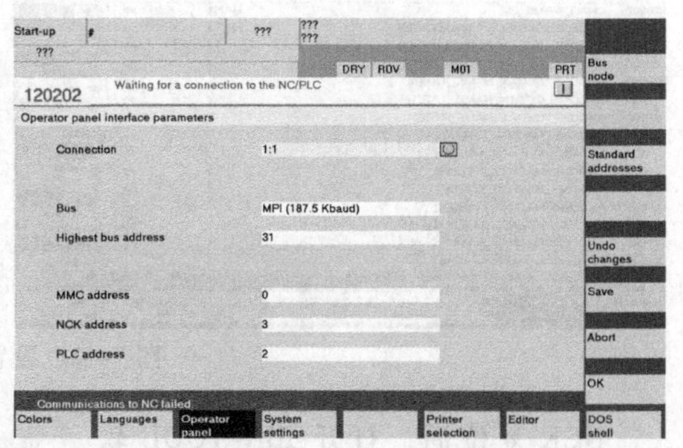

图7-8　Operator panel界面

7）单击<OK>，单击键盘上的<F10>后，再单击图7-9中的<EXIT>，退出IBN-TOOL。

8）重新启动IBN-TOOL软件，进入图7-10所示画面。

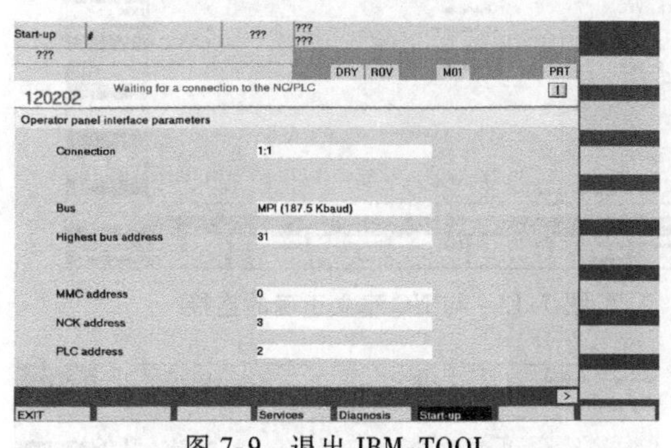

图7-9　退出IBM-TOOL

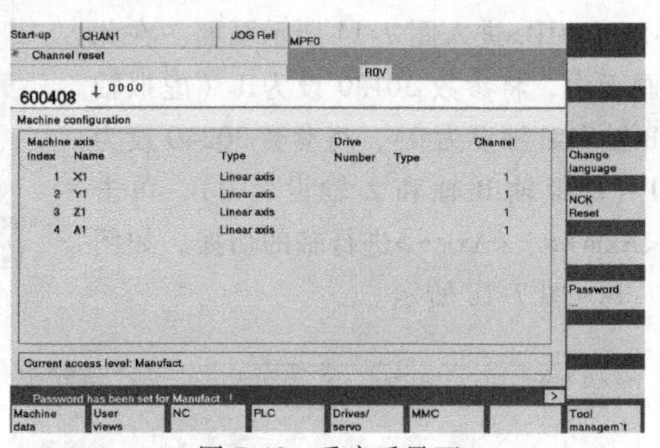

图7-10　重启后界面

二、基于IBN-TOOL软件的参数设定与驱动配置

下面以4个进给轴（X、Y、Z、B）和1个主轴（SP）为例介绍如何进行840D数控系统参数设定和驱动配置，具体步骤如下。

1）打开IBN-TOOL软件，并与NC建立正确的连接，出现初始画面后，单击<Machine data>，显示参数10000的数据，参数10000为几何轴名，在此分别设为X1、Y1、Z1、B1、SP1，如图7-11所示。

2）单击<Channel MD>进入设置画面，将参数20050分别设置为1、2、3，参数20060分别设置为X、Y、Z，参数20070分别设置为1、2、3、4、5，参数20080分别设置为X、Y、Z、B、SP，如图7-12所示。以上参数设定后，做一次NCK复位（即单击<NCK Reset>）。

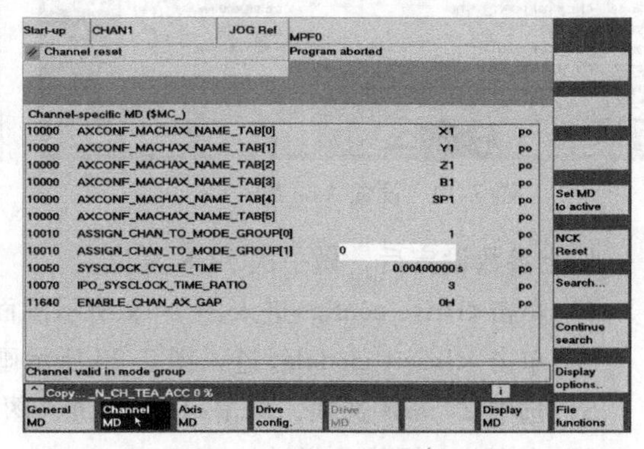

图7-11　设定几何轴界面

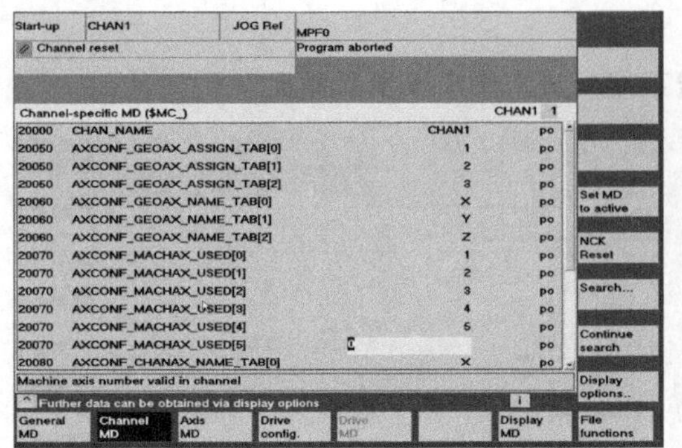

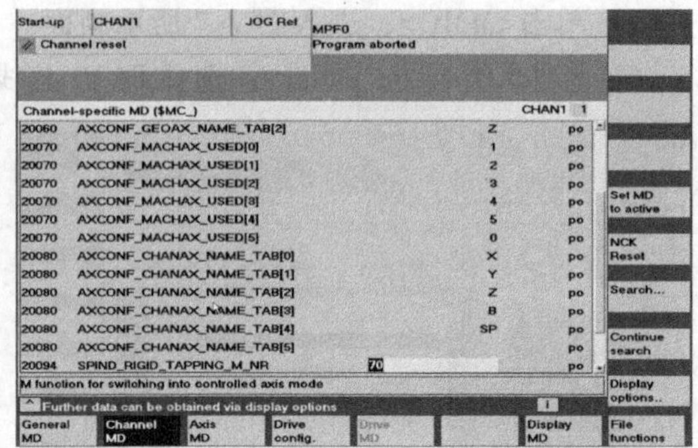

图 7-12 设置 Channel MD

NCK 复位后，打开 IBN-TOOL 软件，并与 NC 建立正确的连接，出现的画面如图 7-13 所示。

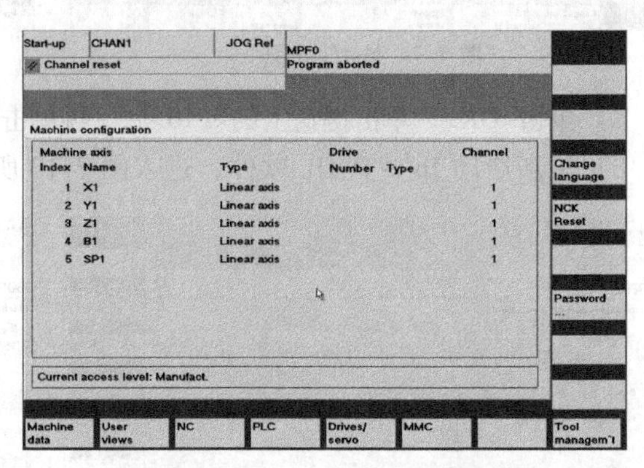

图 7-13 与 NC 建立正确的连接

3）单击<Machine data>后，再单击<Axis MD>进入图 7-14 所示画面。在此画面中，将参数 30130 设为 1（虚拟轴 B 轴和 Z 轴设为 0），将参数 30240 设为 1（虚拟轴 B 轴和 Z 轴设为 0），单击<Axis+>、<Axis->进行轴的切换，如图 7-14～图 7-18 所示。

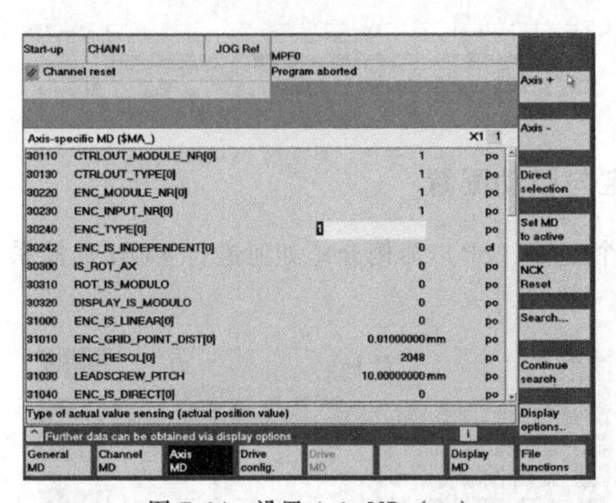

图 7-14 设置 Axis MD（一）

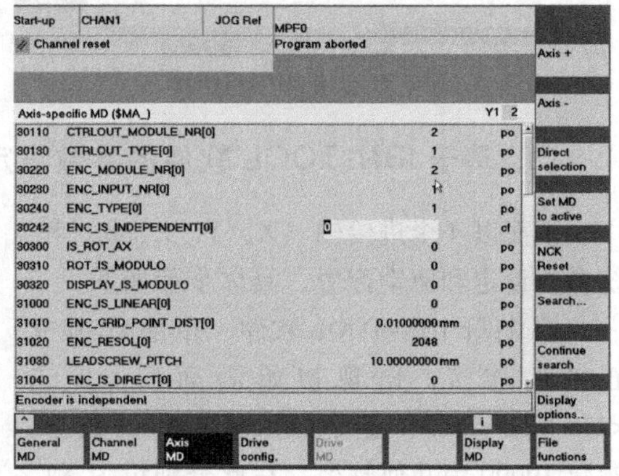

图 7-15 设置 Axis MD（二）

以上参数设定后，做一次 NCK 复位。

4）单击<Drive config>进入图 7-19 所示画面，可以看到驱动配置是空的。

5）单击 <Insert module>进入图 7-20 所示画面。

6）选中 2 axis 选项，单击<OK>，进入图 7-21 所示画面。

7）在 Slot 1 插槽中单击<select power sec>，根据功率单元的实际型号进行选择，如图 7-22所示。

8）单击<OK>，进入图 7-23 所示画面。

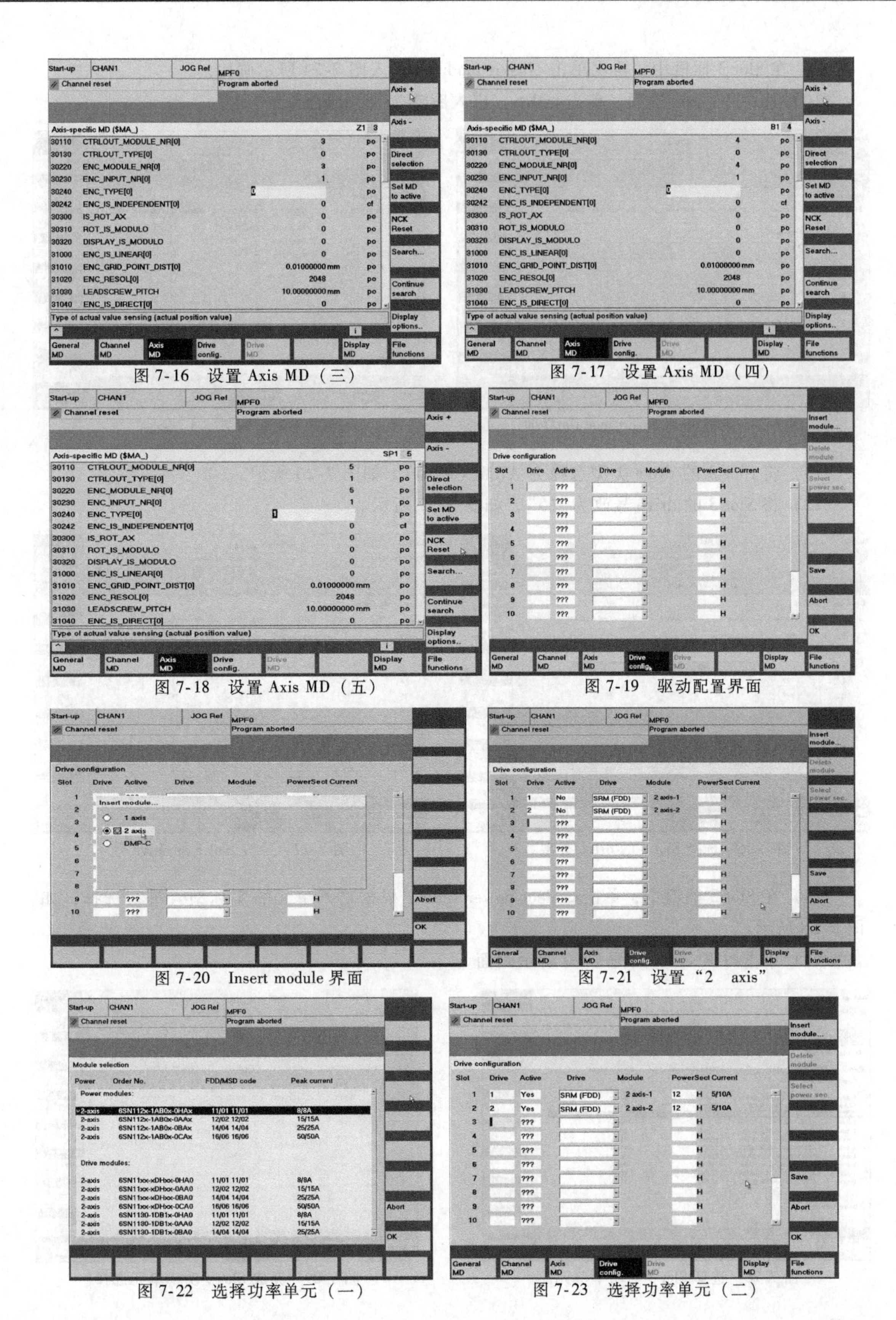

图 7-16　设置 Axis MD（三）

图 7-17　设置 Axis MD（四）

图 7-18　设置 Axis MD（五）

图 7-19　驱动配置界面

图 7-20　Insert module 界面

图 7-21　设置“2　axis”

图 7-22　选择功率单元（一）

图 7-23　选择功率单元（二）

9）在 Slot 3 插槽中，再次单击<Insert module>进入图 7-24 所示画面。

10）选中 1　axis 选项，单击<OK>，进入图 7-25 所示画面。

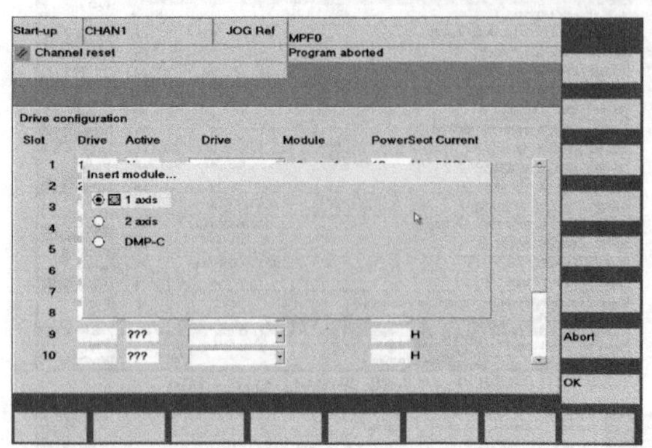

图 7-24　再次进入 Insert module 界面

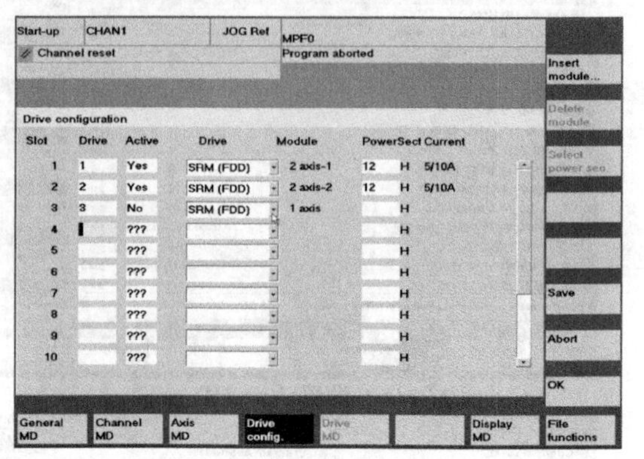

图 7-25　设置“1　axis”

11）将 Slot 3 的 drive 类型选择为 ARM（MSD），如图 7-26 所示。

12）将 Slot 3 的 drive 号改为“5”，如图 7-27 所示。

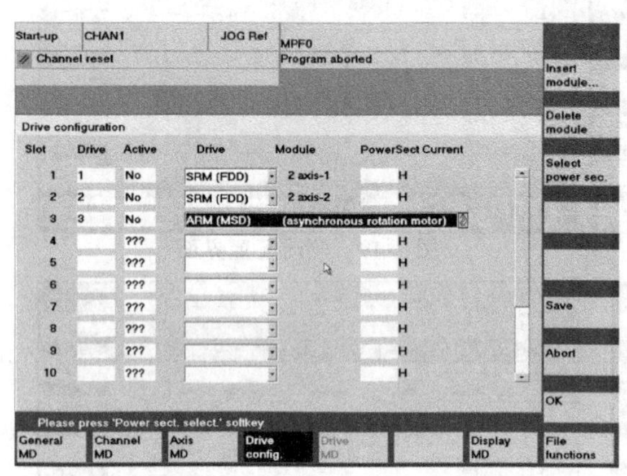

图 7-26　选择 Slot 3 的 drive 类型

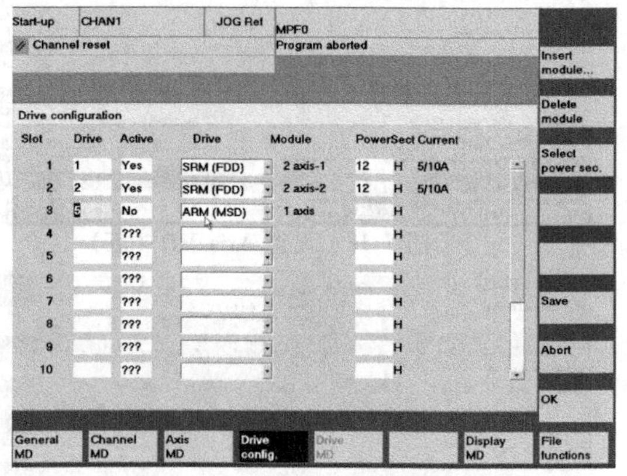

图 7-27　更改 Slot 3 的 drive 号

13）在 Slot 3 插槽中，单击<select power sec>，根据功率单元的实际型号进行选择，如图 7-28 所示。

14）单击<OK>，进入图 7-29 所示画面。

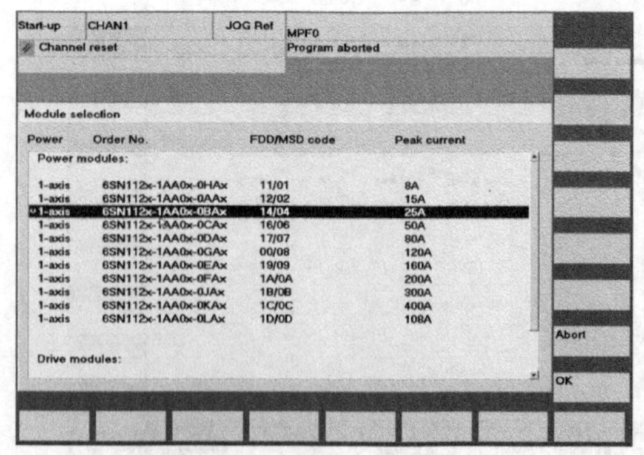

图 7-28　选择 Slot 3 的功率单元

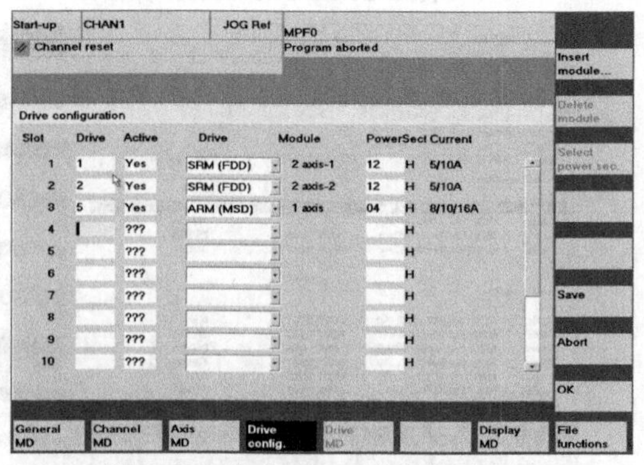

图 7-29　完成 Slot 3 功率单元选择

15）配置完成后，单击<Save>，然后单击<OK>，如图7-30所示。此时再做一次NCK复位。

16）重新启动NC后，打开IBN-TOOL软件，并与NC建立正确的连接，如图7-31所示。

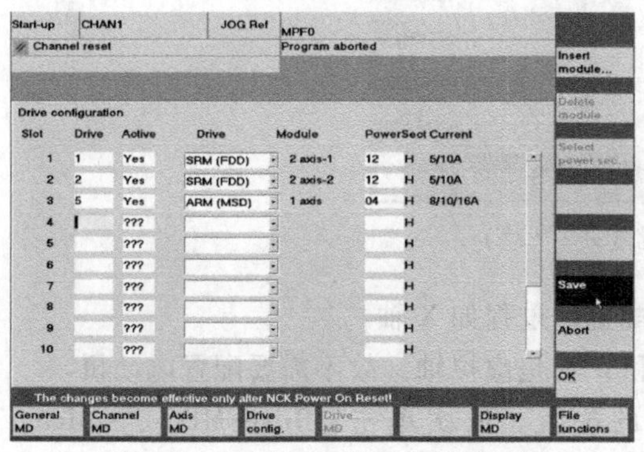

图7-30 对Slot 3进行NCK复位

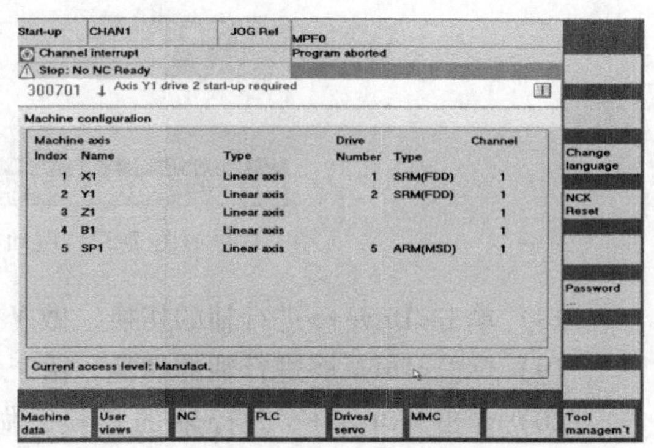

图7-31 与NC建立连接

17）此时单击<Machine data>，会发现原来的<Drive MD>由原来的灰色变为黑色，这表明可以选电动机。依次单击<Drive MD>、<Motor selection>，按X轴电动机铭牌选择相应电动机，如图7-32所示。

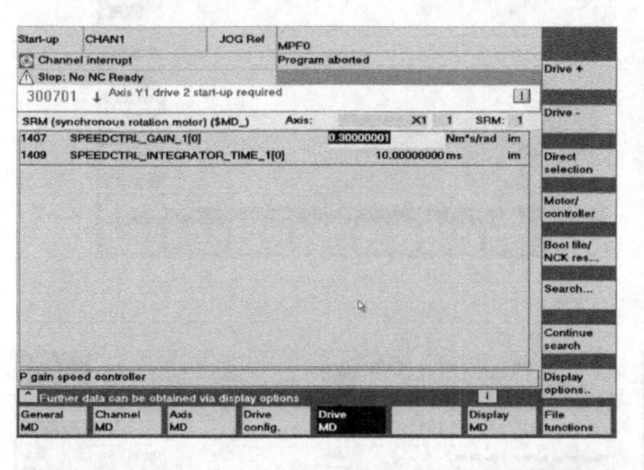

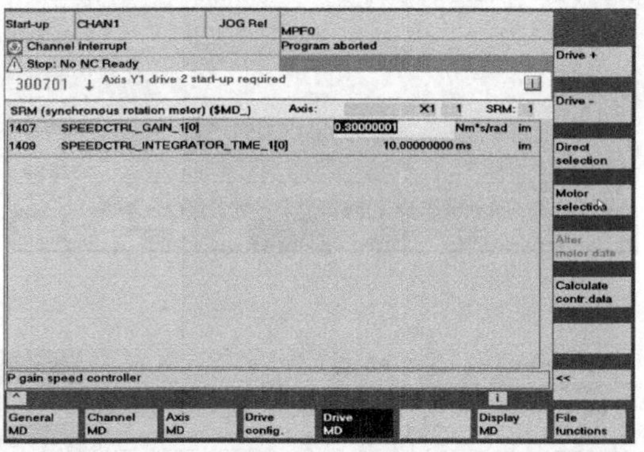

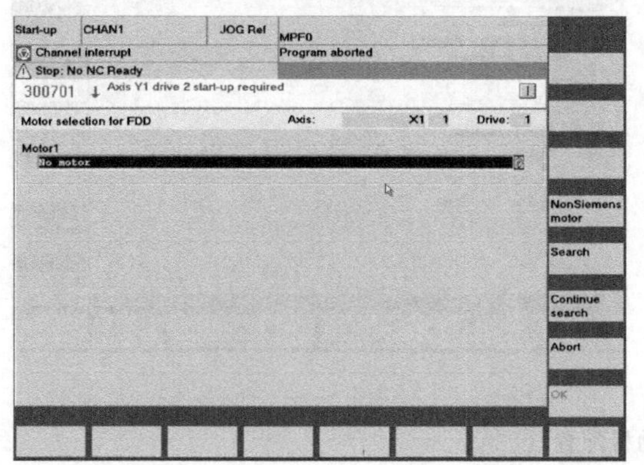

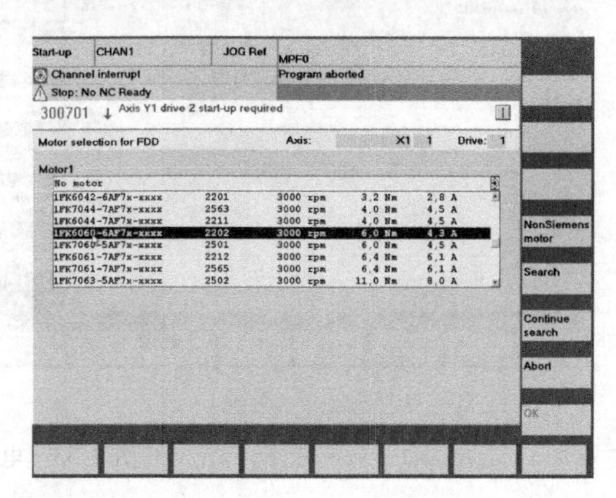

图7-32 电动机配置（一）

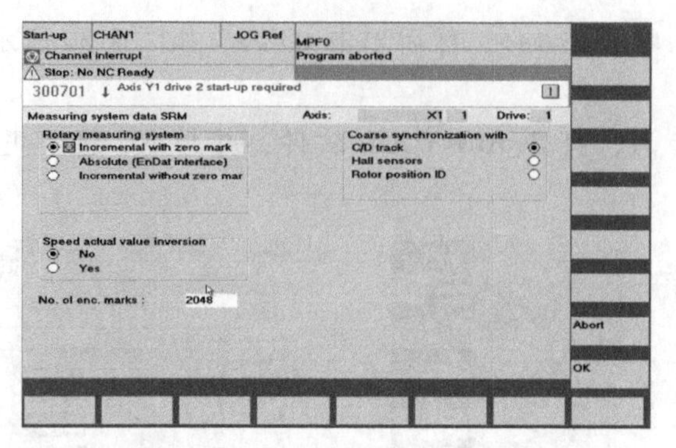

图 7-32 电动机配置（一）（续）

18）单击<Drive+>进行轴的切换，做 Y 轴的配置，过程如 X 轴。

19）单击<Drive+>进行轴的切换，由于 Z 轴和 B 轴是虚拟轴，故不需要配置电动机。

20）单击<Drive+>进行轴的切换，做 SP 的配置。依次单击<Drive MD>、<Motor selection>，按 SP 轴电动机铭牌选择相应电动机，如图 7-33 所示。

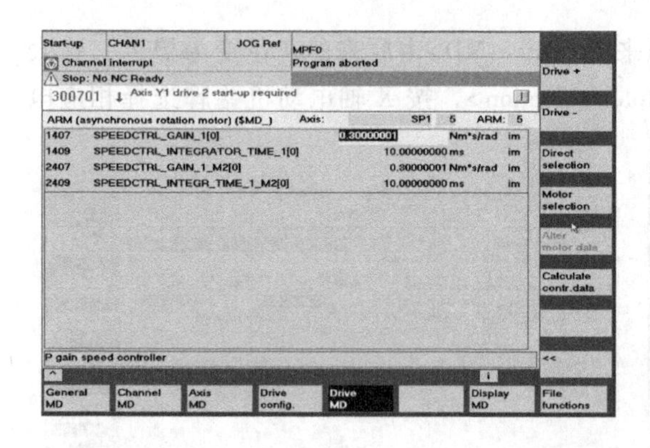

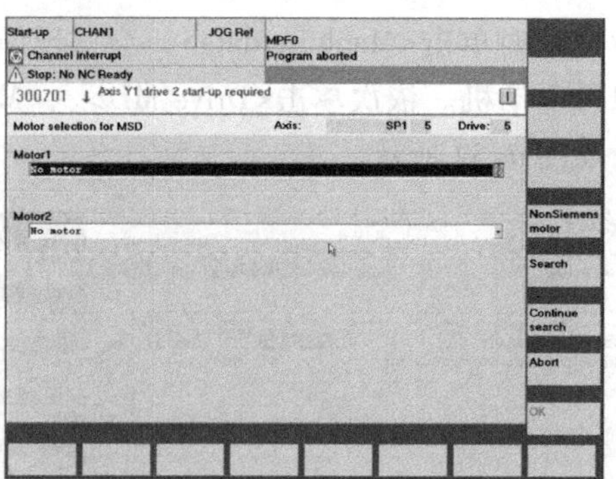

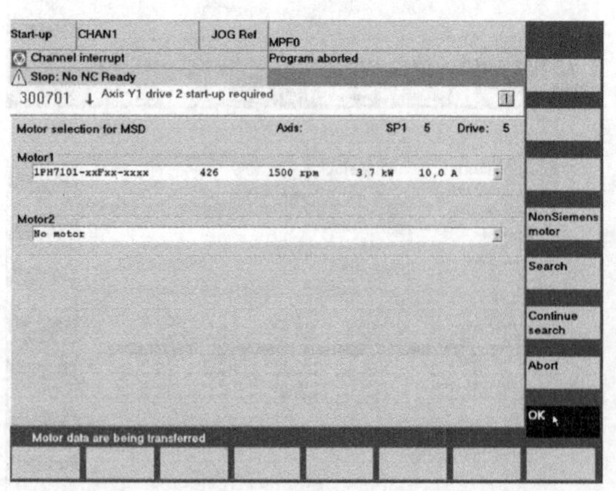

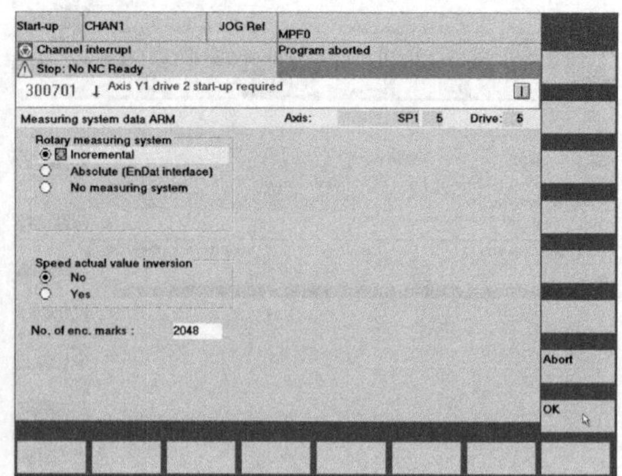

图 7-33 电动机配置（二）

21）最后依次单击<Boot file>、<Save boot file>、<Save all>，再做一次 NCK 复位。至此 NCU 的正面 SF 红灯应灭掉。这时，各轴电动机可以转动。

任务三 数控机床参考点调整

任务目标

1. 了解机床回参考点的工作原理及常用方法。
2. 掌握机床回参考点的参数配置。

任务引入

在西门子 840D 数控系统中，回参考点的方式可以有通道回参考点，即通道内的轴以规定的次序依次执行回参考点动作；也可以轴回参考点，即每个轴独立回参考点。执行回参考点操作时，可以带有参考点挡块，也可以没有参考点挡块。执行回参考点操作过程中，可以是点动方式，也可以是连续方式。

一、参考点用机床数据

840D 中与参考点有关的机床数据及其含义如下。

MD11300：按<+/->键回参考点的模式。

MD20700：不回参考点禁止启动 NC 加工程序。

MD34000：回参考点有/无减速开关选择。

MD34010：用正/负方向运行键回参考点。

MD34020：寻找减速开关的速度。

MD34030：寻找减速开关的最大距离（与机床的行程有关）。

MD34040：寻找零脉冲的速度。

MD34050：减速开关信号正逻辑/负逻辑。

MD34060：寻找零脉冲的最大距离（一般要大于一个丝杠螺距）。

MD34070：回参考点时的定位速度（指系统比较完零脉冲的上升、下降沿后，奔向参考点的速度）。

MD34080：参考点零脉冲位置的偏移。

MD34090：参考点的偏移量（指将零脉冲定位的参考点偏移一个位置）。

MD34100：参考点的位置值（指参考点在机床坐标系中的位置，回参后此值被显示在屏幕上）。

二、增量式回参考点

通常由于价格成本的原因，大多数数控机床都采用带增量型编码器的伺服电动机。编码器采用光电原理将角位置进行编码，在编码器输出的位置编码信息中，还有一个零脉冲信号，编码器每转产生一个零脉冲。采用增量式编码器时，必须进行返回参考点的操作，数控系统才能找到参考点，从而确定机床各轴的原点。

(1) 有挡块回参考点 通常机床回参考点使用的是增量有挡块回参考点方式，有挡块回参考点过程分为寻找减速挡块（阶段 1）、与零脉冲同步（阶段 2）和寻找参考点（阶段

3）三个阶段，如图 7-34 所示。若不带减速挡块时，阶段 1 省略。

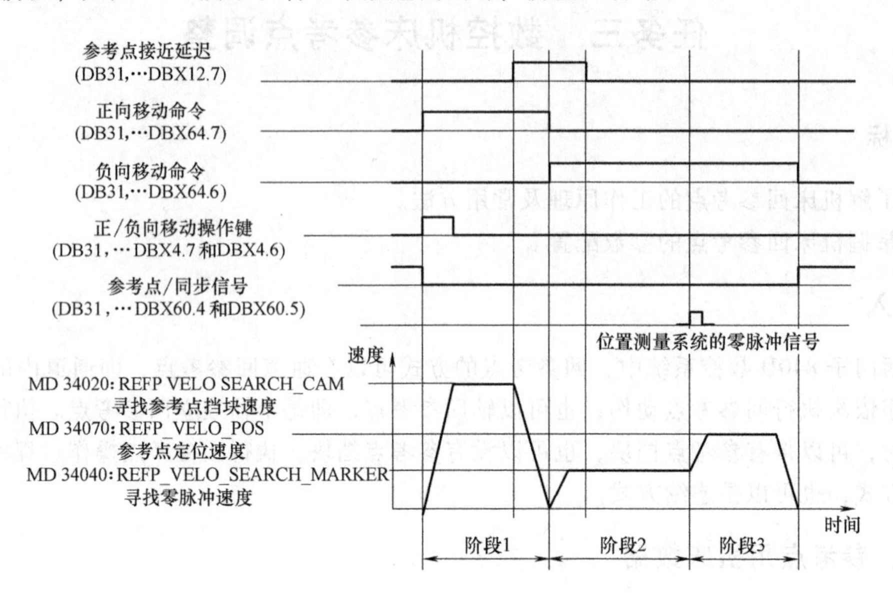

图 7-34　有挡块回参考点过程

1）阶段 1。寻找减速挡块。在回参考点方式 REF 下，按下轴移动键，如果坐标轴位于参考点挡块的前面，则坐标轴自动地按 MD34020 设定的回参考点速度，向 MD34010 设定方向移动（通常为坐标轴的正方向），寻找参考点挡块。如果坐标轴位于挡块之上，将不需要执行寻找参考点挡块的过程。当找到参考点减速挡块后，一方面坐标轴在减速信号控制下减速，并移动一段距离后停止，这段距离与设置的回参考点速度和最大加速度有关；另一方面通过“参考点接近延迟”接口信号 DB31 ~ DB61. DBX12. 7 通知系统已经找到参考点挡块，阶段 1 工作结束，进入阶段 2。

2）阶段 2。与零脉冲同步。该阶段的任务为寻找零脉冲信号，依据参数 MD34050 的设置将其控制方式分为两类。

① MD34050 = “0” 以参考点挡块信号的下降沿为基准。坐标轴从静止状态加速到机床数据 MD34040 设定的寻找零脉冲速度，向 MD34010 规定的相反方向移动，寻找零脉冲信号。当离开参考点挡块时，即参考点挡块信号的下降沿出现，“参考点接近延迟”接口信号复位，系统与脉冲编码器的第一个零脉冲信号同步，如图 7-35 所示。

② MD34050 = “1” 以参考点挡块信号的上升沿为基准。坐标轴会从静止状态加速到机床数据 MD34020 设定的寻找参考点挡块速度，向 MD34010 规定的相反方向移动。当离开参考点挡块时，“参考点接近延迟”接口信号复位，坐标轴减速停止，然后再加速到寻找零脉冲 MD 34040 的速度，向相反方向移动；当再次接触到参考点挡块时，即参考点挡块信号的上升沿出现，“参考点接近延迟”接口信号使能，系统与脉冲编码器的第一个零脉冲信号同步，如图 7-36 所示。无论哪一种情况，只要找到了第一个零脉冲信号，阶段 2 即结束。

3）阶段 3。寻找参考点。在找到零脉冲信号并且无报警发生时，进入阶段 3。由于在寻找到零脉冲后，坐标轴加速到机床数据 MD34070 设定的回参考点定位速度，移动到参考点停止。从零脉冲上升沿或下降沿到参考点的移动距离，由机床数据 MD34080 和 MD34090 决

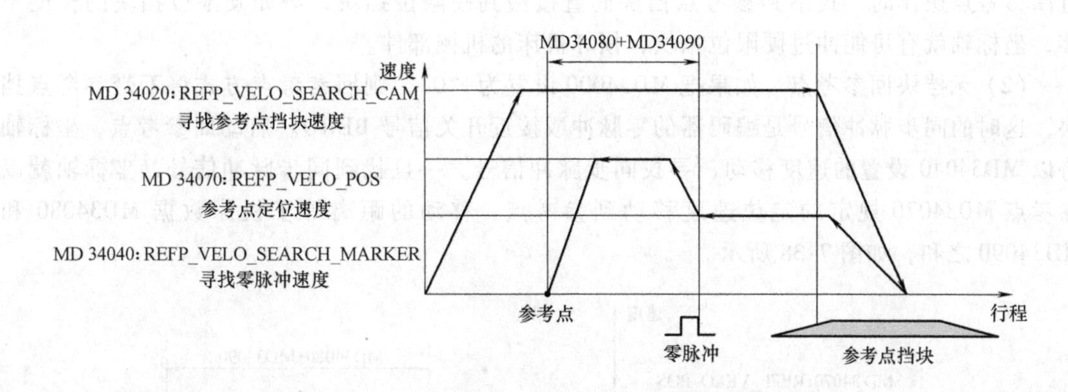

图 7-35　参考点挡块信号的下降沿为基准回参考点过程

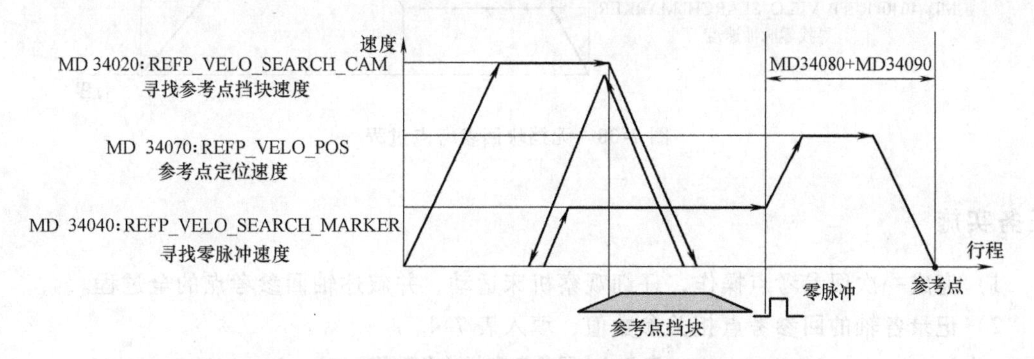

图 7-36　参考点挡块信号的上升沿为基准回参考点过程

定，这段距离就是两数据之和，如图 7-35 和图 7-36 所示。在坐标轴到达参考点之后，通过“参考点值”接口信号 DB31～DB61. DBX2. 4～DBX2. 7 的选择，把机床数据 MD34100 中的设定值赋给参考点，此时，参考点/同步接口信号 DB31～DB61. DBX60. 4～DBX60. 5 使能，位置测量系统与控制系统同步有效，整个回参考点过程结束。

在实际应用中，参考点挡块通常设置在轴的一端，为了设计方便，一般在靠近坐标轴硬限位挡块的位置，这时要求参考点挡块与硬限位挡块之间的轴向距离应该小于或等于零，如图 7-37 所示，其目的是保证任何时候机床的坐标轴都不能停留在参考点挡块和硬限位挡块之间。否则数控机床通电后，由于坐标轴的当前位置已经超过了参考点挡块，数控系统在执

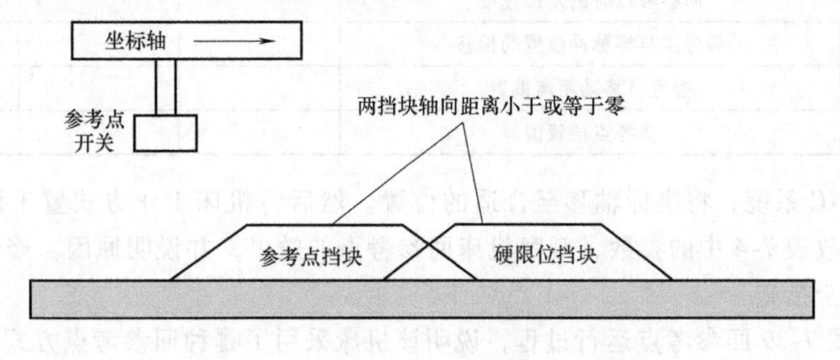

图 7-37　参考点挡块与硬限位挡块的关系

行回参考点操作时，找不到参考点挡块而直接碰到硬限位挡块，假如硬限位挡块的长度不够，坐标轴就有可能冲过硬限位挡块，损坏机床的机械部件。

（2）无挡块回参考点　如果把MD34000设置为“0”，则回参考点方式将不带参考点挡块，这时的同步脉冲信号是编码器的零脉冲或接近开关信号BERO。启动回参考点，坐标轴将以MD34040设置的速度移动，寻找同步脉冲信号。一旦找到同步脉冲信号，坐标轴就以参考点MD34070规定的定位速度移动到参考点，移动的距离等于机床数据MD34080和MD34090之和，如图7-38所示。

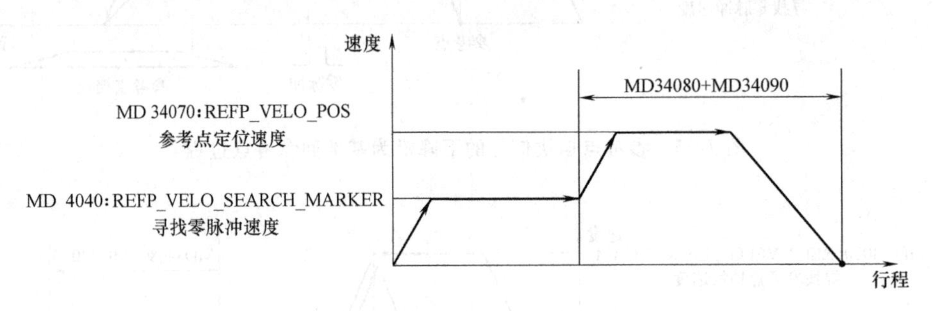

图7-38　无挡块回参考点过程

任务实施

1）完成一次回参考点操作，仔细观察机床运动，并叙述轴回参考点的全过程。

2）记录各轴的回参考点相关参数值，填入表7-4。

表7-4　回参考点相关参数值

参数号	参数说明	X轴	Y轴	Z轴
MD11300	按<+/->键回参考点的模式			
MD34000	回参减速开关生效			
MD34010	寻找减速开关方向			
MD34020	寻找减速开关的速度			
MD34030	寻找减速开关的最大距离			
MD34040	寻找零脉冲的速度			
MD34050	反向寻找零脉冲			
MD34060	寻找零脉冲的最大距离			
MD34070	回参考点时的定位速度			
MD34080	参考点与零脉冲位置的偏移			
MD34090	参考点移动距离偏置			
MD34100	参考点位置值			

3）启动NC系统，将坐标轴移至合适的位置。然后将机床工作方式置于回参考点REF方式，逐一修改表7-4中的参数，观察机床回参考点的效果，并说明原因。修改参数过程中一定要注意安全措施。

4）观察图7-39回参考点运行过程，说明该机床采用了哪种回参考点方式。

5）请仔细考虑，改变哪些参数使轴回参考点的运行过程如图7-40所示。

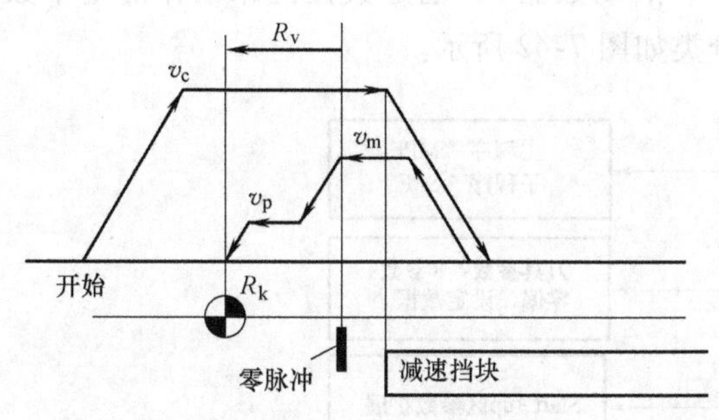

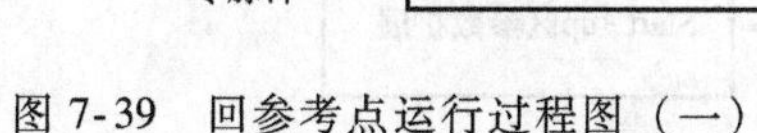

图 7-39　回参考点运行过程图（一）

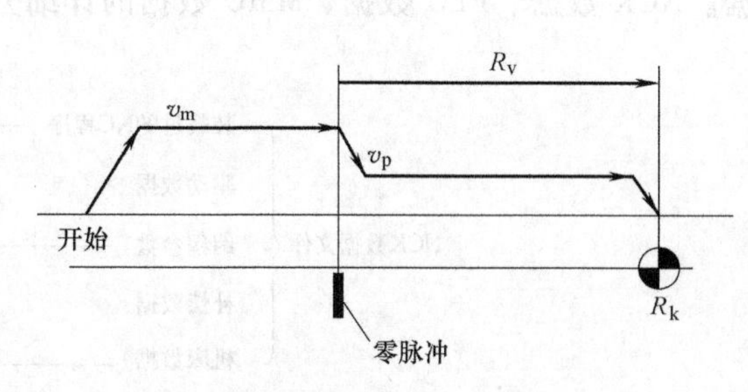

图 7-40　回参考点运行过程图（二）

任务四　数控机床参数备份

任务目标

1. 掌握利用 WINPCIN 软件进行数据备份的方法。
2. 掌握 PCU50 的数据备份方法。

任务引入

在进行机床调试工作时，为了提高效率不做重复性工作，需要对所调试数据适时地做备份。在机床出厂前，为该机床所有数据留档，也需对数据进行备份。

SINUMERIK 840D 的数据分为三种：NCK 数据、PLC 数据、MMC 数据。其中 NCK 和 PLC 的数据是靠电池来保持的，它的丢失直接影响到 NC 的正常运行，而 MMC 数据是存放在 MMC 的硬盘（MMC103）里，它的丢失在一般情况下仅能影响 NC 数据的显示和输入。

840D 系统有两种数据备份的方法。

一、系列备份

系列备份特点如下。

1）用于回装和启动同 SW 版本的系统。

2）包括数据全面，文件个数少（＊.arc）。

3）数据不允许修改，文件都用二进制格式（也称计算机格式）。

在不同系统上需要的系列备份文件如图 7-41 所示。

MMC100/MMC100.2/PCU20 { NCK 数据文件；PLC 数据文件 } 应用于 810D 系统

MMC102/MMC103/PCU50 { NCK 数据文件；PLC 数据文件；MMC 数据文件 } 应用于 840D 系统

图 7-41　系列备份文件

NCK 数据、PLC 数据、MMC 数据是系统的“启动数据”，也是数控机床工作的基本数据。NCK 数据、PLC 数据、MMC 数据的详细分类如图 7-42 所示。

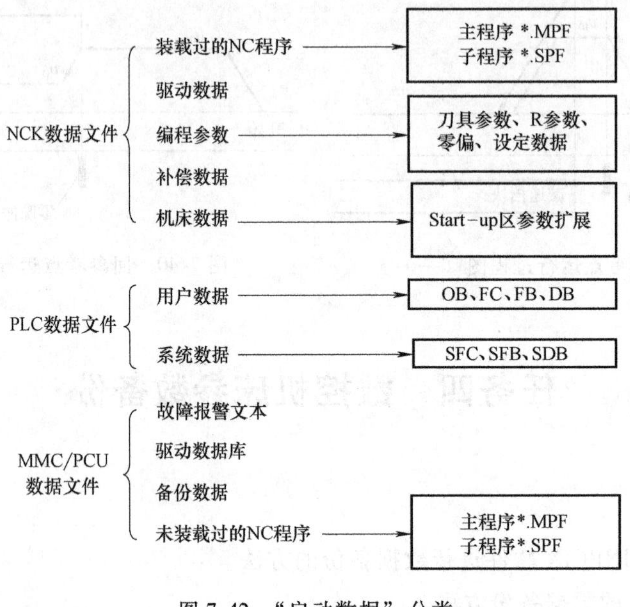

图 7-42 “启动数据”分类

二、分区备份

分区备份主要是指 NCK 中各区域的数据，如零件程序、R 参数、补偿参数等，传递数据时只能一个一个传送。特点如下。

1）用于回装不同 SW 版本的系统。

2）文件个数多（一类数据一个文件）。

3）可以修改，大多数文件用“纸带格式，即文本格式”。

810D/840D 系统做数据备份需要以下辅助工具。

1）WINPCIN 软件。

2）RS232C 串行通信电缆。

3）PG 740（或更高型号）或计算机。

任务实施

一、利用 WINPCIN 软件进行数据备份

1. WINPCIN 软件的安装

WINPCIN 通信软件，用于西门子数控系统与计算机之间数据文件的传输。西门子自带的通信软件有 PCIN 和 WINPCIN 两种，PCIN 是 MS DOS 版本软件，而 WINPCIN 是 Windows 版本软件。

在 WINPCIN 安装盘中，直接双击安装文件“setup. exe”进行安装，按照安装提示即可完成安装。启动 WINPCIN 后出现软件主画面，如图 7-43 所示，其各项显示菜单说明如下。

【RS232 Config】：通信接口参数设置。

【Receive Data】：接收数据，即数控系统向计算机传输数据。

【Send Data】：发送数据，即计算机向数控系统传输数据。

【Abort Transfer】：结束传输或中断传输。

【Edit File】：编辑数据文件。

【About】：有关 WINPCIN 的信息。

【Binary Format】：二进制格式。

【Text Format】：文本格式。

【Show V24 Status】：显示接口状态。

【Edit Single ArchiveFile】：编辑单个档案文件。

【Split Archiv】：分离档案文件。

【USER1，USER2】：用户 1 和用户 2 的接口参数。

【SINUMERIK 840D】：840D 下的数据传输。

WINPCIN 的设置主要是通信参数的设置。单击【RS232 Config】进入通信设置画面，如图 7-44 所示。主要设置的参数包括如下。

图 7-43　WINPCIN 软件主画面

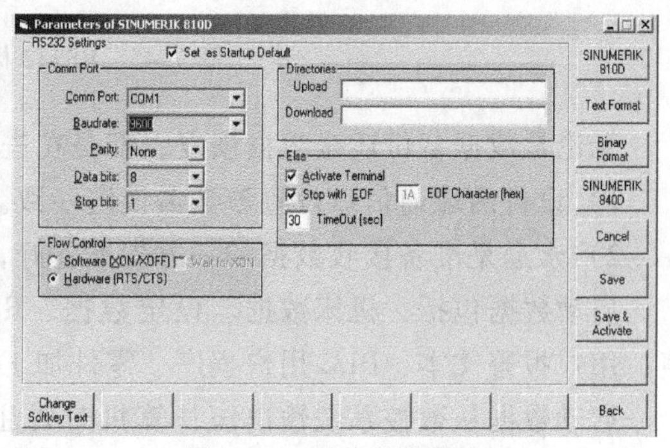

图 7-44　通信设置画面

【Comm Port】通信口号：选择 RS232C 通信接口 COM1 或 COM2，通常 COM1。

【Baudrate】波特率：数据传输的速率，采用的波特率取决于传输设备、通信电缆及工作环境等因素。建议波特率不要选择太高，通常“9600”即可。

【Parity】校验选择：用于检测传输错误，可以选择无奇偶校验、奇校验和偶校验，通常无奇偶校验。

【Data bits】数据位：用于异步传输的数据位数，可以选择的数据位数有 7 位或 8 位，系统默认为 8 位。

【Stop bits】停止位：用于异步传输的停止位数，可以选择的停止位有 1 位或 2 位，系统默认为 1 位。

【Flow Control】传输流控制：其中【software（XON/XOFF）】指的是软件传输控制。XON/XOFF 为接口设置的两种传输方式，数据接收等待 XON 字符和数据传输发送 XOFF 字符，如果选中【wait for XON】则传输等待 XON 字符开始。其中【hardware（RTS/CTS）】指的是硬件传输控制。RTS 信号为请求发送信号，控制数据传输设备的发送方式。主动时，数据可以传输；被动时，CTS 信号（清除发送）为 RTS 的确认信号，确认传输设备准备发送数据。

【Upload】：设置输入文件的存放目录，默认为当前目录。

【Download】：为输出文件所在目录。

【else】：选项保持默认即可。

完成参数设置后，要单击【Save】或【Save&Activate】，否则新设置的参数不会生效。

2. 基于 WINPCIN 软件的数据备份

840D 数控系统上有一 RS232 口，可与外部设备（如计算机）进行数据通信。例如用计算机进行数据通信时计算机侧应安装 SIEMENS 公司的专用通信软件 PCIN 或 WINPCIN。RS232 标准通信电缆接线如图 7-45 所示。线长度应控制在 10m 以内。

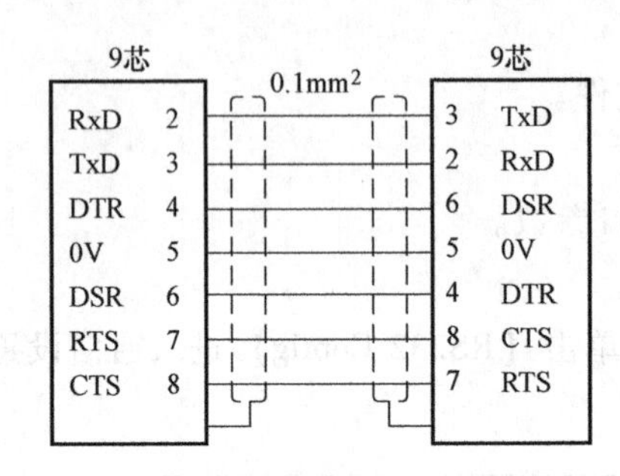

图 7-45 RS232 标准通信电缆接线

无论是数据备份还是数据恢复，都是在进行数据的传送。传送的原则如下。

1）设备两端通信口设置参数需设定一致。

2）永远是准备接收数据的一方先准备好，处于接收状态。

启动数据包括：机床数据、设定数据、R 参数、刀具参数、零点偏移、螺距误差补偿值、用户报警文本、PLC 用户程序、零件加工程序、固定循环等。

启动数据从数控系统输出至计算机时要注意：计算机侧，打开 WINPCIN，设置好接口数据（与 840D 系统侧相对应），在 Receive Data 菜单下选择好数据要传至的目的地，按<Enter>键输入开始，等待 840D 的数据。840D 系统侧，打开制造商口令（缺省值：EVENING）。在主菜单下选择［通信］操作区域，设置好接口数据（与计算机侧 WINPCIN 相对应），选择要输出的数据（启动数据），按<数据输出>菜单键后，试车数据从 840D 系统传输至计算机，做外部数据保存。步骤如下。

步骤一　连接 RS232 标准通信电缆。

警告！

连接 RS232 电缆时严禁带电插拔！计算机与数控设备需同时将插头取下！

步骤二　按[菜单选择]键，进入系统操作区域。

步骤三　选择<服务>功能软菜单键。

步骤四　按<RS232 PG/PC>垂直软菜单键。

步骤五　进入通信接口参数设置画面，用▲光标向上键或▼光标向下键进行参数选择，通过<选择/转换>键改变参数设定值，按<存储>软菜单键（此步设置 840D 系统通信口参数）。

步骤六　计算机上启动 WINPCIN 软件，单击 Binary Format 按钮选择二进制格式，单击 RS232 Config 按钮设置接口参数，如图 7-46 所示。将接口参数设定为计算机格式（非文本二进制格式），单击 Save & Activate 按钮保存并激活设定的通信接口参数，单击 Back 按钮返回接口配置设定功能（此步设置计算机通信口参数）。

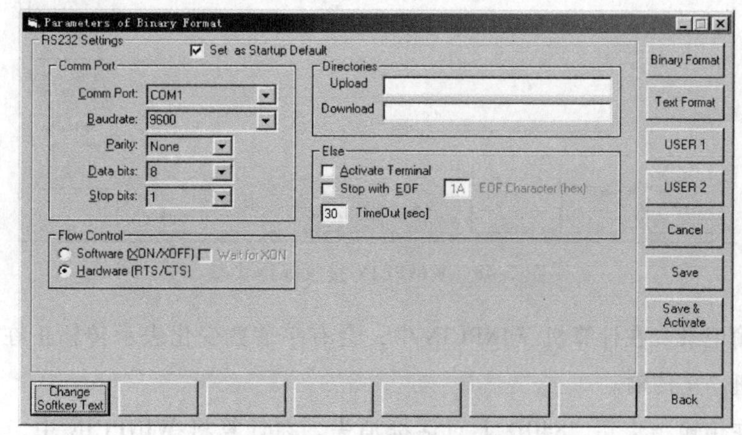

图 7-46　设置接口参数

步骤七　在 WINPCIN 软件中单击 Receive Data 按钮，出现选择接收文件名对话框，要求给文件起名同时确定目录，如图 7-47 所示。输入文件名按<Enter>键后使计算机处于等待状态，如图 7-48 所示。

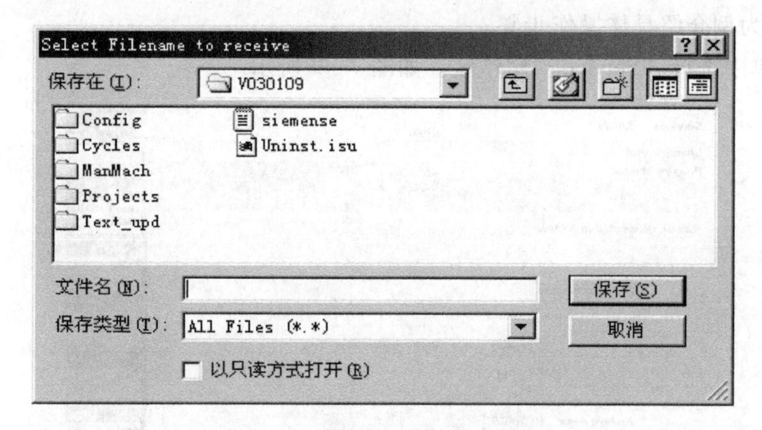

图 7-47　选择接收文件名对话框

步骤八　在 840D 系统上<服务>功能中通过上下光标移动键选择至启动数据一行，选择<数据输出>后按<启动>软菜单键。

注意！

试车数据备份需要在有口令状态下进行。

步骤九　传输时在 840D 上会有一数据输出在进行中对话框弹出，并有传输字节数变化以表示正在传输进行中，可以用<停止>软菜单键停止传输。传输完成后可用<错误登记>软

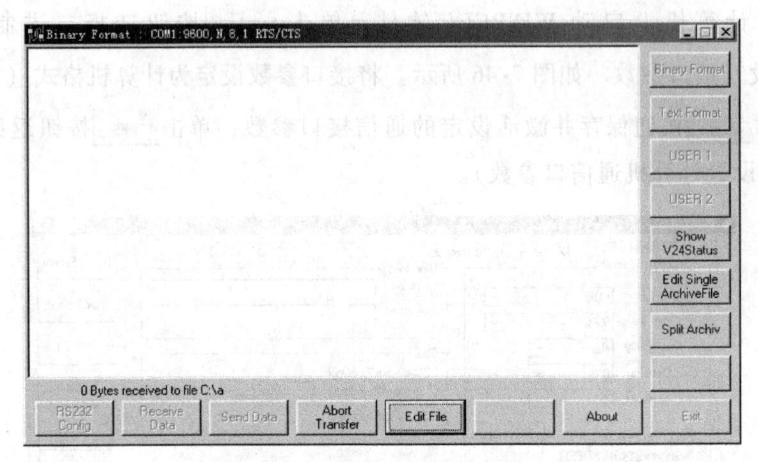

图 7-48　WINPCIN 接收等待状态

菜单键查看传输记录。在计算机 WINPCIN 中，会有字节数变化表示传输正在进行中，可以单击 Abort Transfer 按钮停止传输。

步骤十　在传输结束后，840D 上对话框消失。在计算机 WINPCIN 中，有时会自动停止，有时需单击 Abort Transfer 按钮停止传输。

二、PCU50 的数据备份

由于 MMC103 可带软驱、硬盘、NC 卡等，故其数据备份更加灵活，可选择不同的存储目标。现以其为例介绍具体操作步骤。

1）主菜单中选择“Service”操作区，如图 7-49 所示。

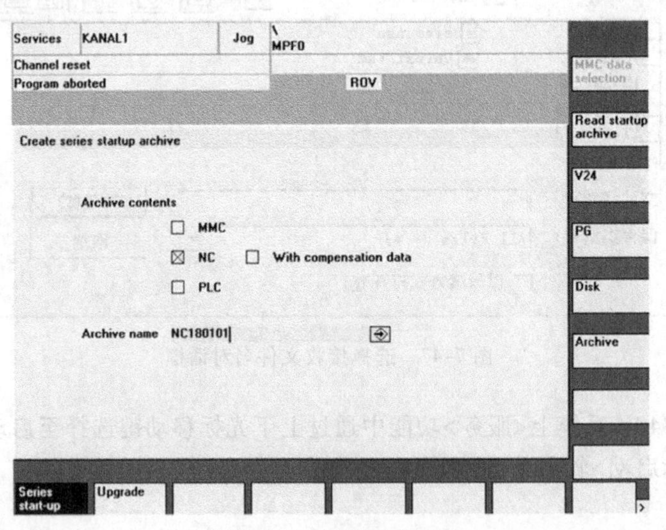

图 7-49　系列备份画面

2）按扩展键<〉. >→<Series Start-up>选择存档内容 NC、PLC、MMC 并定义存档文件名，建议最好 MMC、NCK 和 PLC 的数据分开备份，文件名最好用系统默认的文件名加上日期。

3）从垂直菜单中，选择一个作为存储目标。

V.24→数据的备份通过 MMC 上的串口 COM1 和 COM2 实现端口设置。

PG→编程器（PG）。

Disk→MMC 所带软驱中的软盘。

Archive→向 PCU50 硬盘中 Archive 文件夹保存数据。

NC Card →将文件备份到 NCU 单元上的 NC 卡上（SW5.2 以上）。

选择 V.24 和 PG 时，应按<Interface>软键设定接口 V.24 参数。

4）选择备份数据到硬盘，则“Archive”（垂直菜单）→“Start”。

任务五　数控机床参数恢复与总清

任务目标

1. 掌握 NC 总清与 PLC 总清的方法。
2. 掌握数据的恢复方法。

任务引入

恢复数据是把备份数据通过计算机或磁盘等再装入系统。在数据恢复前，要进行 NC 或 PLC 总清，一般先进行 NC 总清，再进行 PLC 总清。恢复数据时先恢复 NC 数据，然后再恢复 PLC 数据和 MMC 数据。

任务实施

一、NC 总清与 PLC 总清

1. NC 总清

NC 总清操作步骤如下。

1）将 NC 启动开关 S3 置“1”位置。

2）重新启动 NC，如 NC 已启动，可按一下复位按钮 S1。

3）待 NC 启动成功，七端显示器显示“6”，将 S3 置“0”位置。NC 总清执行完成。

NC 总清后，SRAM 内存中的内容被全部清掉，所有机器数据（Machine Data）被预置为缺省值。

2. PLC 总清

PLC 总清操作步骤如下。

1）将 PLC 启动开关 S4 置“2”位置，PS 灯会亮。

2）将 S4 置“3”位置，并保持 3s 等到 PS 灯再次亮，PS 灯灭了又再亮。

3）在 3s 之内快速地执行下述操作 S4：“2”→“3”→“2”。PS 灯先闪，后又亮，PF 灯亮（有时 PF 灯不亮）。

4）等 PS 和 PF 灯亮，S4 置“0”位置，PS 和 PF 灯灭，而 PR 灯亮。PLC 总清执行完成。

PLC 总清后，PLC 程序可通过 STEP7 软件传至系统，如 PLC 总清后屏幕上有报警可做一次 NCK 复位（热启动）。

二、数据恢复

恢复数据是指系统内的数据需要用存档的数据通过计算机或软驱等传入系统。它与数据备份是相反的操作。

1. PCU20（MMC100.2）的操作步骤

1）在 PCU 上做。

① 连接 PG／PC 到系统 PCU20。

②“Service”。

③“Data In”。

④“V24 PG／PC”（垂直菜单）。

⑤“Settings”设定 V24 参数，完成后返回。

⑥“Start”（垂直菜单）。

2）在 PC 上做。

① PC 上启动 PCIN 软件。

②“Data Out”→选中存档文件并按<Enter>键。

2. PCU50 的操作步骤（从硬盘上恢复数据）

1）“Service”。

2）扩展键<〉>。

3）“Series Start-up”。

4）“Read Start-up Archive”（垂直菜单）。

5）找到存档文件，并选中“OK”。

6）“Start”（垂直菜单）。

无论是数据备份还是数据恢复，都是在进行数据的传送，传送的原则：永远是准备接收数据的一方先准备好，处于接受状态；两端参数设定一致。

项目八　数控系统 PLC 装调

项目概述

基于西门子 840D 数控系统的机床 PLC 程序的结构与一般 PLC 程序结构相比有它的特殊性，主要表现在西门子为数控系统提供了基本程序块和应用于程序的数据接口，在很大程度上减少了用户的编程量。本项目主要讲述 STEP 7 软件安装与使用、SINUMERIK 840D Toolbox 介绍、数控机床 PLC 的启动等内容。

任务一　STEP 7 软件安装与使用

任务目标

1. 掌握 STEP 7 软件安装、授权及通信接口设置方法。
2. 掌握 STEP 7 项目创建过程及硬件组态方法。

任务引入

PLC 用于通用设备的自动控制，称为可编程序控制器。PLC 用于数控机床的外围辅助电气的控制，称为可编程序机床控制器。因此，在很多数控系统中将其称为 PMC（Programmable Machine Tool Controller）。机床辅助设备的控制是由 PLC 来完成的，它是在数控机床运行过程中，根据 CNC 内部标志以及机床的各控制开关、检测元件、运行部件的状态，按照程序设定的控制逻辑对刀库运动、换刀机构、切削液等的运行进行控制。

SINUMERIK 840D 系统内置 S7-300 CPU 系列的 PLC，支持 STEP7 编程语言。S7-300 是模块化的中小型 PLC，简单、实用的分布式结构，丰富的指令系统，强大的通信能力，使其应用十分灵活，完全能够满足机床控制的需要。

SINUMERIK 840D 系统仅集成了 PLC 中央处理单元模块，即 CPU 模块，数字 I/O 模块必须外挂。840D 数控系统多采用 CPU 315。SINUMERIK 840D 系统集成的 PLC 与一般 PLC 原理基本相同，不同之处是数控系统内置 PLC 中增加了信息交换数据区，这个数据区称为内部数据接口。由图 8-1 可以看到，PLC 与数控核心软件 NCK 之间，以及 PLC 与机床操作面板之间，就是通过内部数据接口交换控制信息的，其中 PLC 与 NCK 之间的信息交换是核心。PLC 与机床操作面板之间的信息交换是通过功能接口进行的。PLC 与机床电气部件之间的信息交换是通过 I/O 模块进行的。

SINUMERIK 840D 系统在出厂时，为用户提供了基本 PLC 程序块和一个 PLC 开发平台。数控机床制造商利用西门子公司提供的 STEP 7 软件，在机床 PLC 开发平台的基础上，根据机床的控制功能，设计机床 PLC 控制应用程序。PLC 应用程序又称 PLC 用户程序，它是整个数控机床调试的基础，只有在 PLC 应用程序设计完成后，才能进行机床的调试工作。

数控系统与PLC相结合，并通过信号接口进行信息交换，才能完成各种控制动作。数字I/O接口模块是系统与机床电气之间联系的桥梁，用于机床控制信号或状态信号的输入、输出。系统控制信号经由I/O模块控制机床的外部开关动作，动作的结果或其他外部开关量信息，又通过I/O模块输入到系统PLC中。SINUMERIK 840D系统主要使用S7-300系列的数字量输入模块SM321和数字量输出模块SM322，有时也用到既有数字输入又有数字输出的I/O模块SM323。

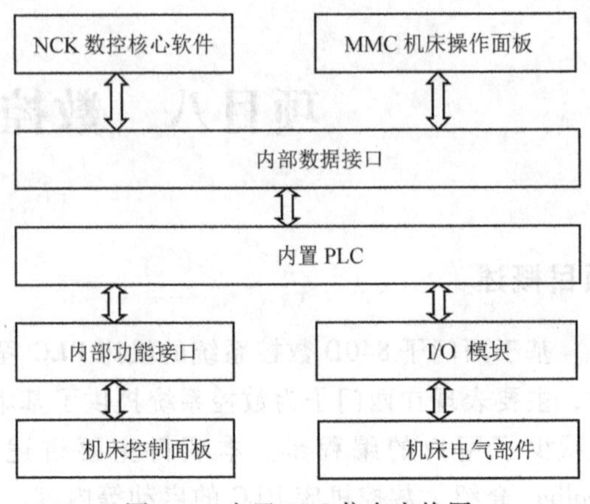

图8-1　内置PLC信息交换图

任务实施

一、安装STEP 7软件

1）在Windows 2000/XP操作系统中必须具有管理员（Administrator）权限才能进行STEP 7的安装。运行STEP 7安装光盘上的Setup. exe开始安装。STEP 7 V5. 3的安装界面同大多数Windows应用程序相似。在整个安装过程中，安装程序一步一步地指导用户如何进行。安装过程中，有一些选项需要用户选择。安装语言选择英语，如图8-2所示。

2）选择需要安装的程序，如图8-2所示。

- 【Acrobat Reader 5. 0】：PDF文件阅读器，如果用户的计算机上已经安装了该软件，可不必选择。

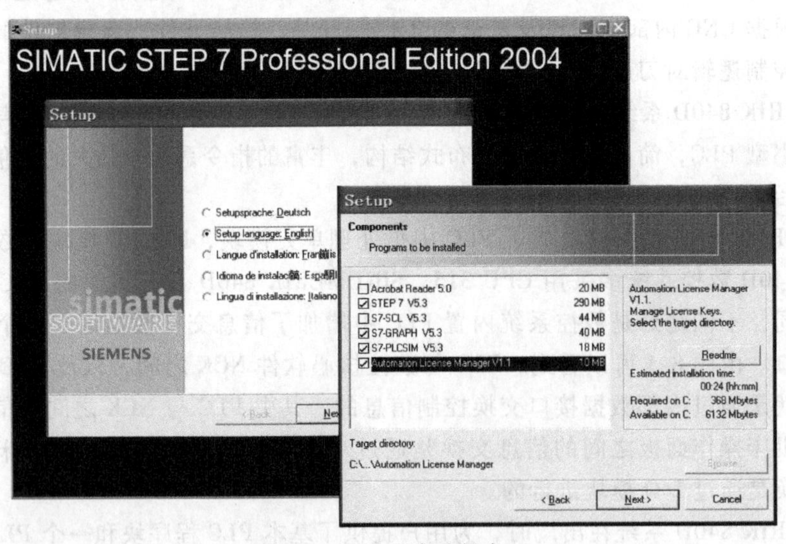

图8-2　安装程序选择窗口

- 【STEP 7 V5. 3】：STEP 7 V5. 3集成软件包。
- 【S7-SCL V5. 3】：西门子S7-300/400系列PLC结构化编程语言编辑器。

- 【S7-GRAPH V5.3】：西门子 S7-300/400 系列 PLC 顺序控制图形编程语言编辑器。
- 【S7-PLCSIM V5.3】：西门子 S7-300/400 系列 PLC 仿真调试软件。
- 【Automation License Manager V1.1】：西门子公司自动化软件产品的授权管理工具。

3）如图 8-3 所示，在 STEP 7 的安装过程中，有如下三种安装方式可选。

- 典型安装【Typical】：安装所有语言、所有应用程序、项目示例和文档。对于初学者建议采用该安装方式。
- 最小安装【Minimal】：只安装一种语言和 STEP 7 程序，不安装项目示例和文档。
- 自定义安装【Custom】：用户可选择希望安装的程序、语言、项目示例和文档。

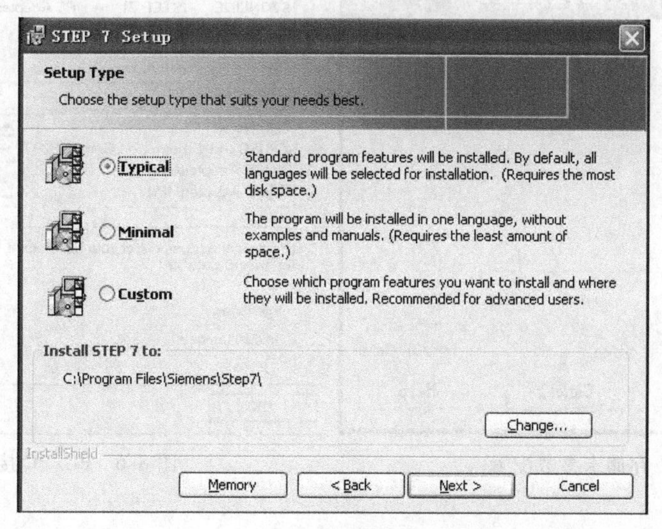

图 8-3 安装方式

4）在安装过程中，安装程序将检查硬盘上是否有授权（License Key）。如果没有发现授权，会提示用户安装授权。可以选择在安装程序的过程中就安装授权，如图 8-4 所示，或者稍后再执行授权程序。在前一种情况下，应插入授权软盘。

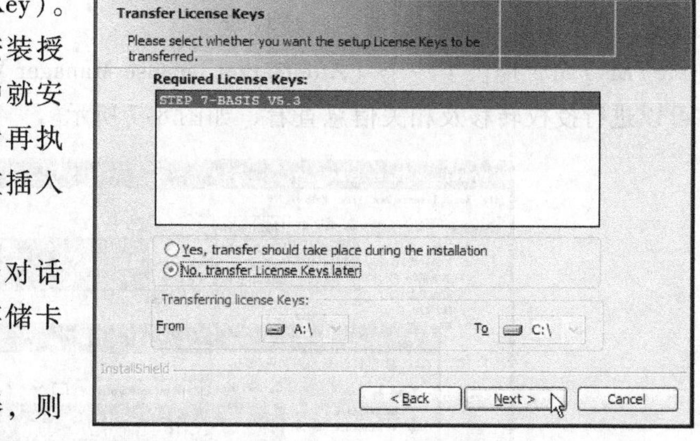

图 8-4 安装授权

5）安装结束后，会出现一个对话框，如图 8-5 所示，提示用户为存储卡配置参数。

- 如果用户没有存储卡读卡器，则选择【None】。
- 如果使用内置读卡器，请选择【Internal programming device int】。该选项仅针对 PG，对于计算机来说是不可选的。
- 如果用户使用的是计算机，则可选择用于外部读卡器【External prommer】。这里，用户必须定义哪个接口用于连接读卡器（如 LPT1）。

在安装完成之后，用户可通过 STEP 7 程序组或控制面板中的【Memory Card Parameter

Assignment】（存储卡参数赋值），修改这些设置参数。

6）安装过程中，会提示用户设置【PG/PC 接口】（Set PG/PC Interface），如图 8-6 所示。PG/PC 接口是 PG/PC 和 PLC 之间进行通信连接的接口。安装完成后，通过 SIMATIC 程序组或控制面板中的【Set PG/PC Interface】随时可以更改 PG/PC 接口的设置。在安装过程中可以单击 Cancel 忽略这一步骤。

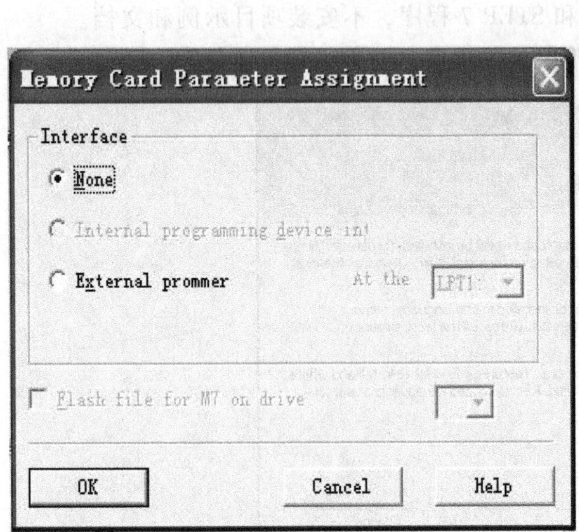

图 8-5　存储卡参数配置

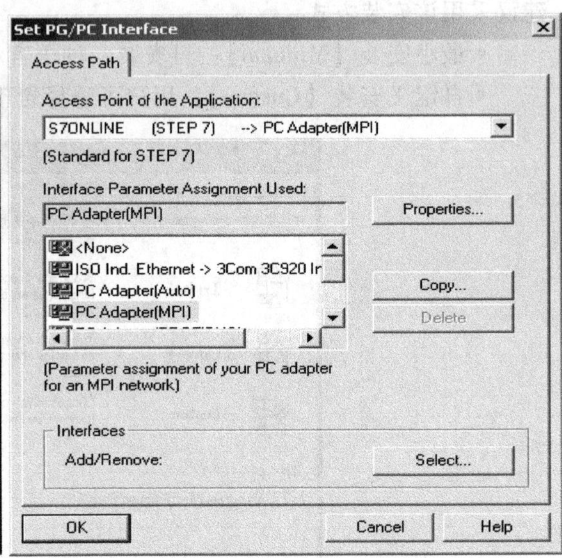

图 8-6　PG/PC 接口设置

二、安装 STEP 7 授权管理软件

只有在硬盘上找到相应的授权，STEP 7 才可以正常使用，否则会提示用户安装授权。在购买 STEP 7 软件时会附带一张授权盘。

STEP 7 5.3 提供了一个（Automation License Manager V1.1）授权管理器软件，利用该软件可以进行授权转移及相关信息查看，如图 8-7 所示。

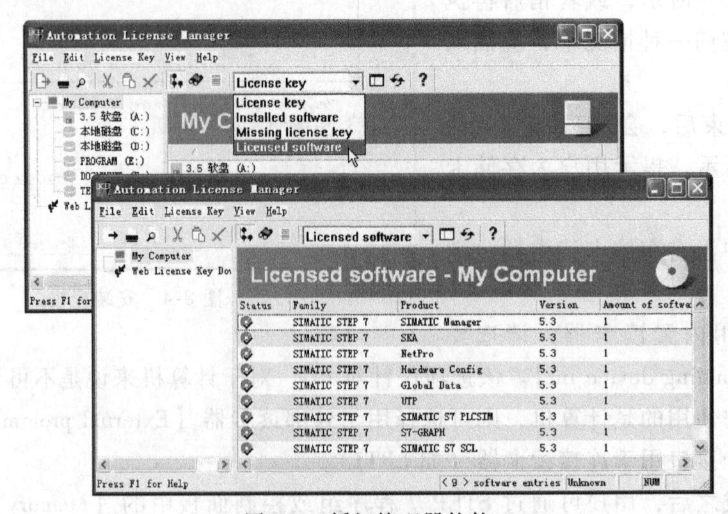

图 8-7　授权管理器软件

三、SET PG/PC Interface 通信接口设置界面

PG/PC 接口是 PG/PC 和 PLC 之间进行通信连接的接口。PG/PC 支持多种类型的接口，每种接口都需要进行相应的参数设置（如通信波特率）。因此，要实现 PG/PC 和 PLC 设备之间的通信连接，必须正确地设置 PG/PC 接口。

STEP 7 安装过程中，会提示用户设置 PG/PC 接口的参数。在安装完成之后，可以通过以下几种方式打开 PG/PC 接口设置对话框。

- Windows 的【控制面板】→【Set PG/PC Interface】。
- 在【SIMATIC Manager】中，通过菜单项【Options】→【Set PG/PC Interface】。

设置 PG/PC 接口的对话框如图 8-8 所示。在【Interface Parameter Assignment 】（接口参数集）的列表中显示了所有已经安装的接口，选择所需的接口类型，单击【Properties】（属性）按钮，弹出的对话框中对该接口的参数进行设置。不同的接口有各自的属性对话框，以 PC Adapter（MPI）接口为例，其属性对话框如图 8-9 所示。

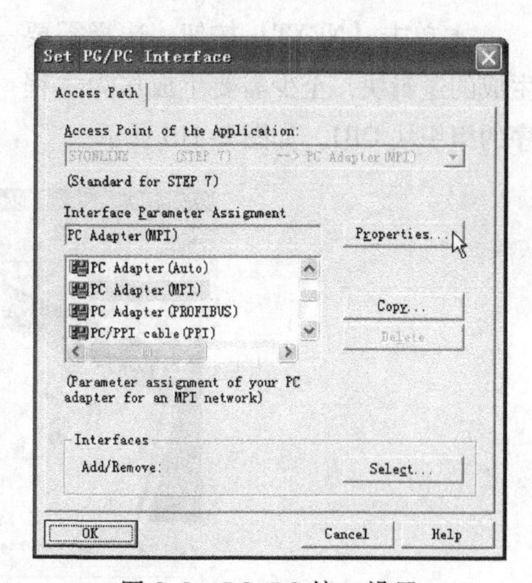

图 8-8 PG/PC 接口设置

在【Interface Parameter Assignment 】的列表中如果没有所需的类型，可以通过单击【Select】按钮，在图 8-10 所示的对话框内单击【Install】安装相应的模块或协议；也可以单击【Uninstall】按钮卸载不需要的协议和模块。

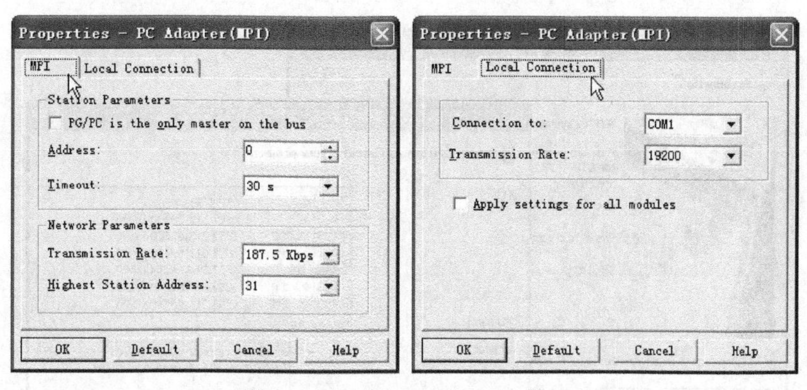

图 8-9 PC Adapter（MPI）接口

四、STEP 7 项目创建

在 STEP 7 中，用项目来管理一个自动化系统的硬件和软件。STEP 7 用 SIMATIC 管理器对项目进行集中管理。因此，掌握项目创建的方法就非常重要。

1. 使用向导创建项目

首先双击桌面上的 STEP 7 图标，进入 SIMATIC Manager 窗口，进入主菜单【File】，选择【New Project Wizard...】，弹出标题为“STEP 7 Wizard：New Project”（新项目向导）的小窗口，如图 8-11a所示。

• 单击【NEXT】按钮，在新项目中选择 CPU 模块的型号，如 CPU 314，如图 8-11b 所示。

• 单击【NEXT】按钮，选择需要生成的逻辑块，至少需要生成作为主程序的组织块 OB1，如图 8-11b 所示。

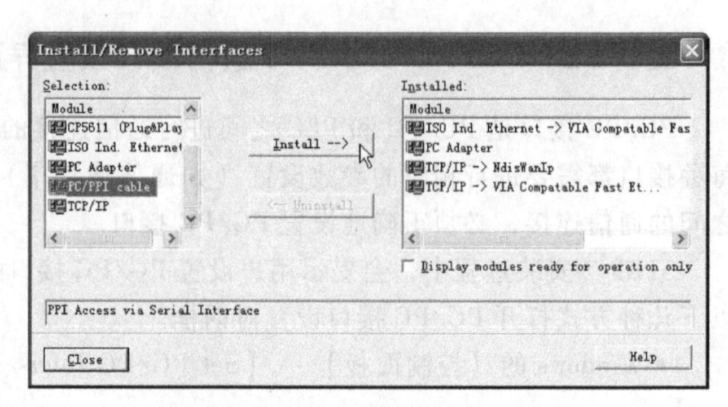

图 8-10　协议和模块的安装和卸载

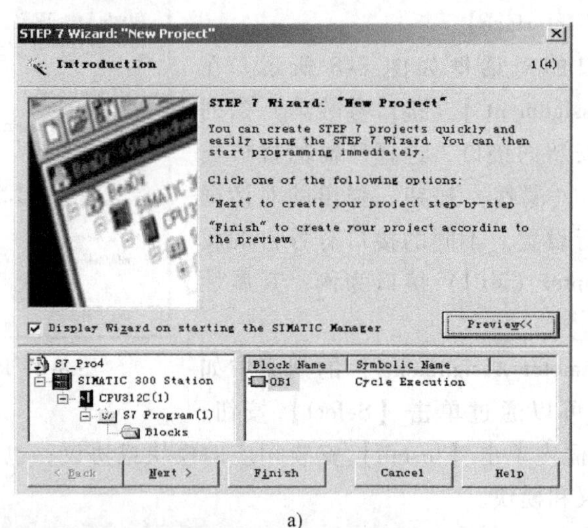

a)

b)

图 8-11　使用向导创建项目

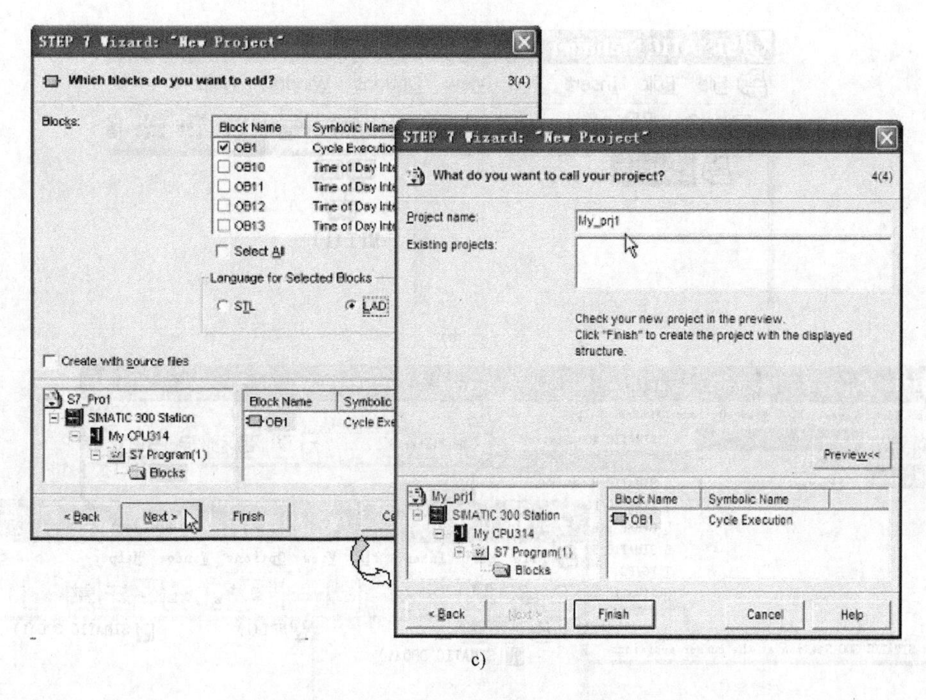

c)

图 8-11　使用向导创建项目（续）

• 单击【NEXT】按钮，输入项目的名称，按【Finish】生成项目，如图 8-11c 所示。

生成项目后，可以先组态硬件，然后生成软件程序。也可以在没有组态硬件的情况下首先生成软件。

2. 直接创建项目

进入主菜单【File】,【选择 New...】, 将出现图 8-12a 所示的对话框，在该对话框中分别输入“文件名”“目录路径”等内容并确定，完成一个空项目的创建工作，如图 8-12b 所

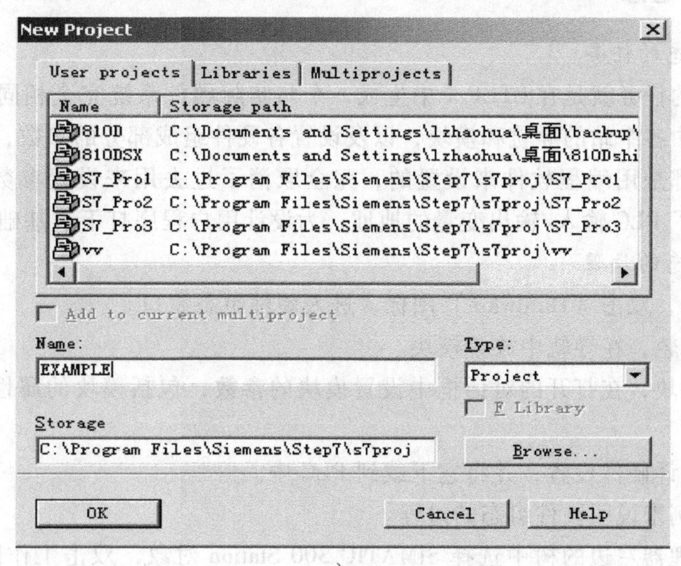

a)

图 8-12　直接创建项目

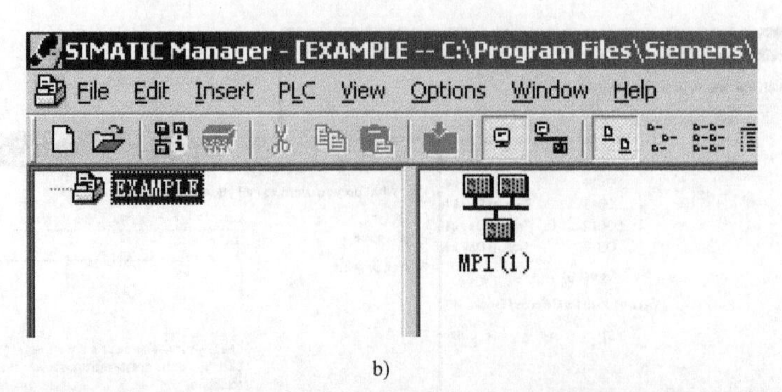

b)

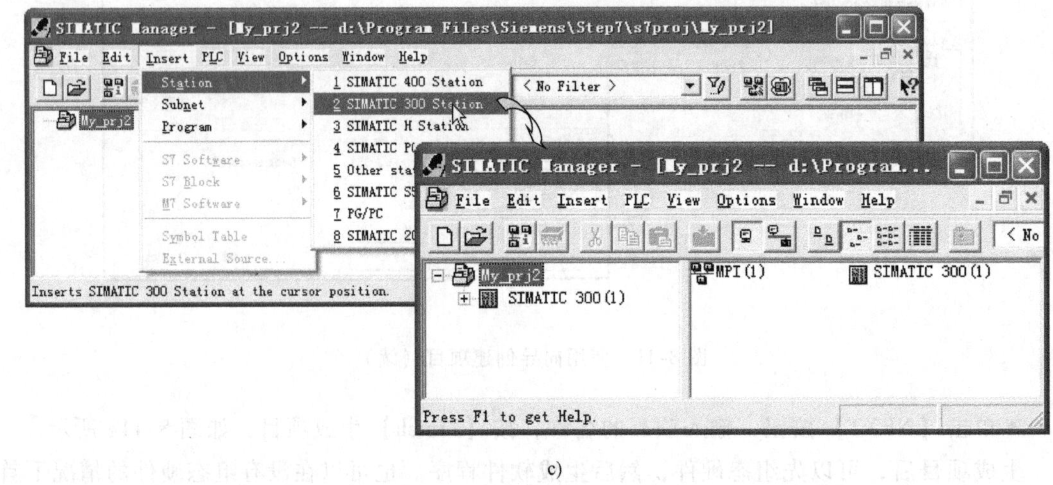

c)

图 8-12　直接创建项目（续）

示。但这个时候没有站也没有 CPU，需要手动插入站进行组态操作，如图 8-12c 所示。

五、硬件组态

1. 硬件组态的任务

硬件组态的任务就是在 STEP 7 中生成一个与实际硬件系统完全相同的系统。例如要生成网络、网络中各个站的导轨和模块，以及设置各硬件组成部分的参数，即给参数赋值。所有模块的参数都是用编程软件来设置的，完全取消了过去用来设置参数的硬件 DIP 开关。硬件组态确定了 PLC 输入/输出变量的地址，为设计用户程序打下了基础。

2. 硬件组态的步骤

1）生成站，双击［Hardware］图标，进入硬件组态窗口。

2）生成导轨，在导轨中放置模块。

3）双击模块，在打开的对话框中设置模块的参数，包括模块的属性和 DP 主站、从站的参数。

4）保存编译硬件设置，并将它下载到 PLC 中。

下面用实例来说明硬件组态的过程。

在项目管理器左边的树中选择 SIMATIC 300 Station 对象，双击工作区中的［Hardware］图标，如图 8-13 所示，进入“HW Config”窗口。

单击硬件目录工具按钮，显现硬件目录。单击 SIMATIC 300 左侧的【+】符号展开目录，双击【Rack】图标插入一个 S7-300 的机架，如图 8-14、图 8-15 所示。右边是硬件目录窗口，可以用菜单命令【View】→【Catalog】打开或关闭。通常 1 号槽放电源模块，2 号槽放 CPU，3 号槽放接口模块（使用多机架安装，单机架安装则保留），从 4 号槽～11 号槽则安放信号模块（SM、FM、CP）。

图 8-13　选择 Hardware 窗口

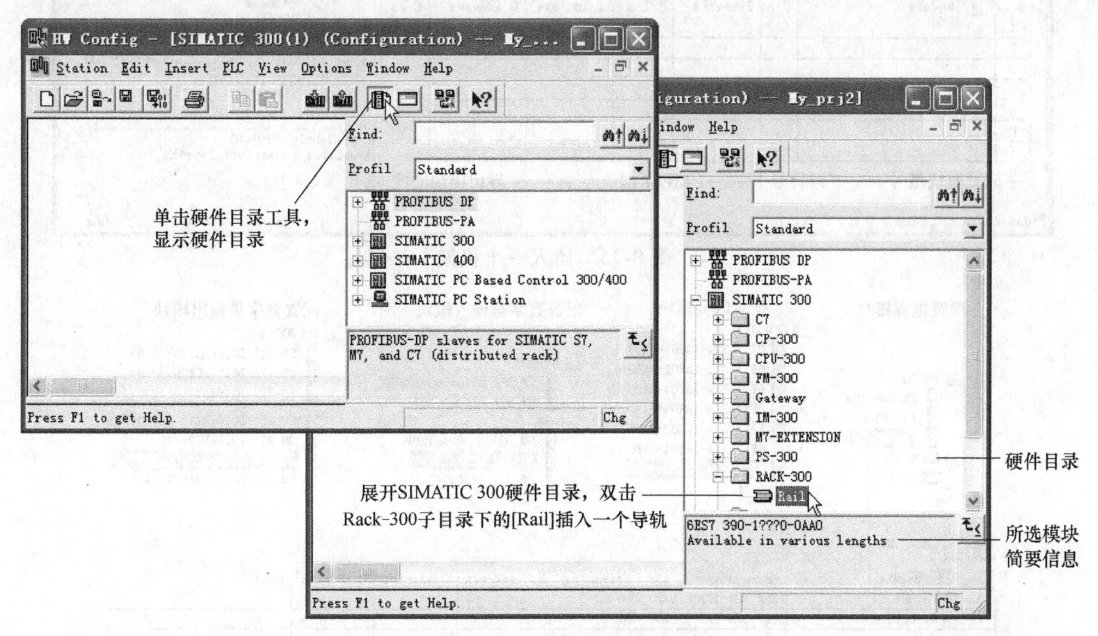

图 8-14　硬件配置环境

（1）配置电源模块　如图 8-16 所示，选择 PS 307 5A 电源模块，将其拖入插槽 1 中。

（2）配置 CPU 模块　如图 8-16 所示，选择 CPU 314 中的 CPU 模块，将其拖入插槽 2 中。

（3）配置数字量输入模块　如图 8-16 所示，选择 DI-300 中的 SM321 模块，将其拖入插槽 4 中。

（4）配置数字量输出模块　如图 8-16 所示，选择 DO-300 中的 SM322 模块，将其拖入插槽 5 中。

（5）编译硬件组态　硬件配置完成后，在硬件环境下使用菜单命令【Station】→【Consistency Check】可以检查硬件配置是否存在组态错误。若没有出现组态错误，可以单击工具保存并编译硬件配置结果。如果编译能够通过，系统会在当前 SIMATIC 300（1）上插入一个名称为 S7 Program（1）的程序文件夹，如图 8-17 所示。

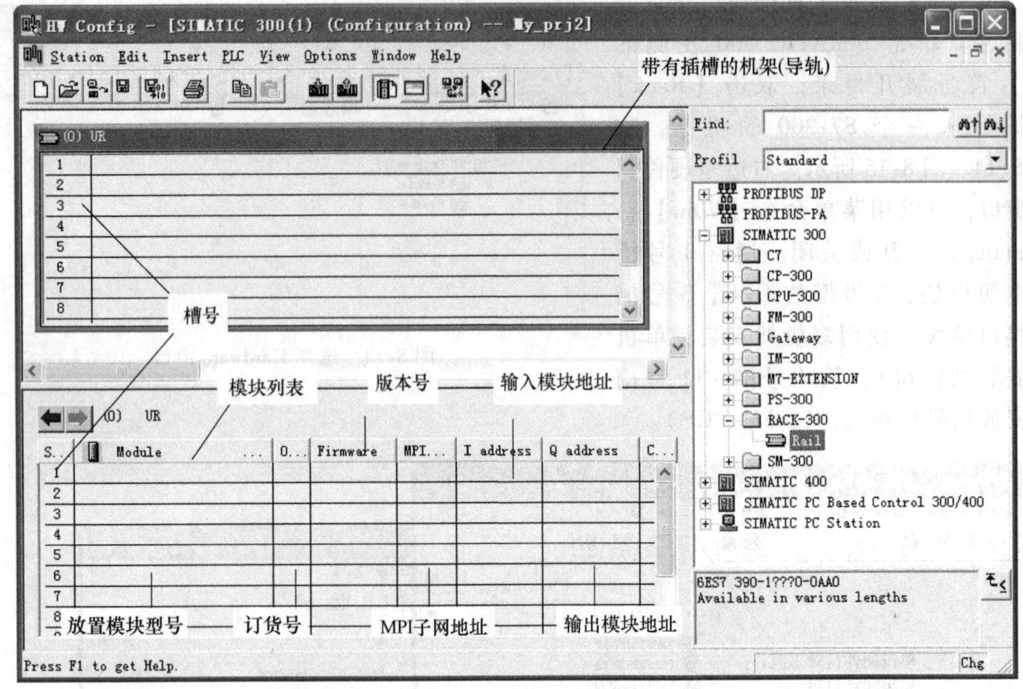

图 8-15 插入一个机架

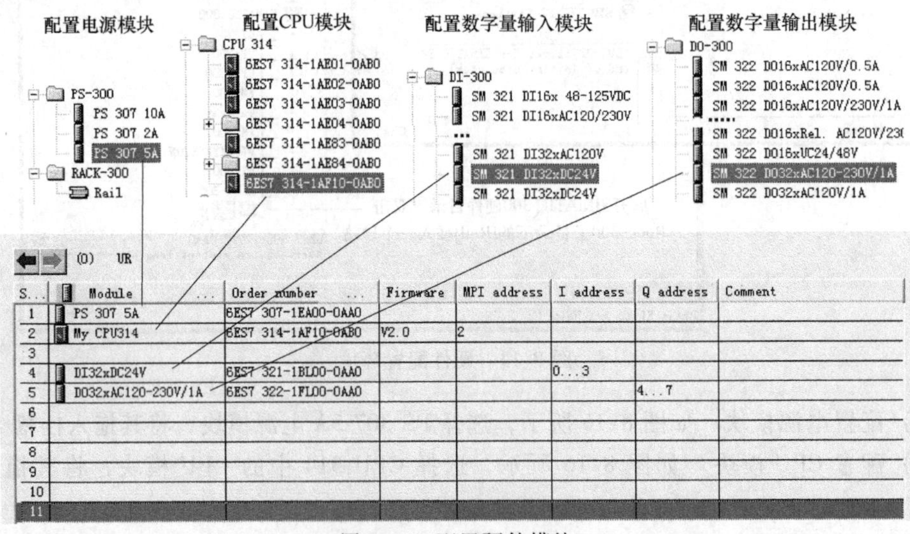

图 8-16 配置硬件模块

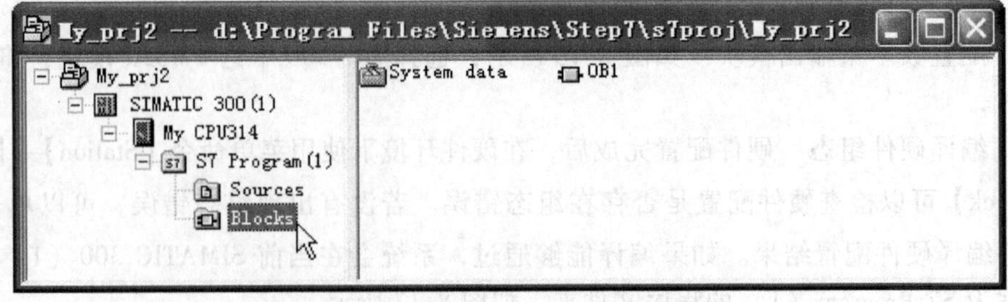

图 8-17 S7 Program (1) 程序文件夹

任务二　SINUMERIK 840D Toolbox 介绍

任务目标

1. 了解 Toolbox 文件夹结构及相关内容。
2. 掌握 Toolbox 的安装方法。

任务引入

如果要调试西门子 SINUMERIK 840D 的 PLC，必须使用西门子提供的 Toolbox。

图 8-18 所示为 Toolbox 文件夹结构。其中 810D 目录中存放的是 810D 早期数控系统软件使用的 Toolbox；840D 目录中存放的是 840D 早期数控系统软件使用的 Toolbox（子目录的序号对应 CCU/NCU 系统软件版本）。从 CCU/NCU 系统软件版本 V4.3 以后，Toolbox 不再区分 810D 和 840D，统一为 8X0D。

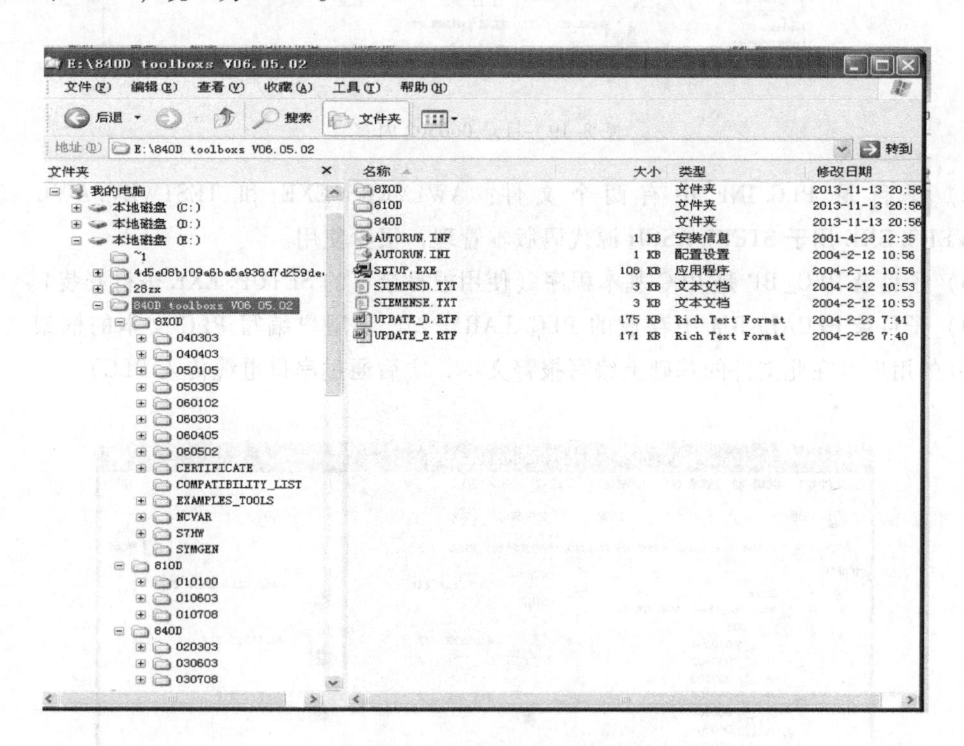

图 8-18　Toolbox 文件夹结构

下面对 8X0D 目录所包含的内容进行详述。

一、目录 060502

目录 060502 中包含了 CCU/NCU 系统软件版本 V6.5.2 的内容，如图 8-19 所示。

目录 060502 中包含了以下几个子目录。

1）子目录 BSP_PROG 中存放的是一些 PLC 例程，如图 8-20 所示。

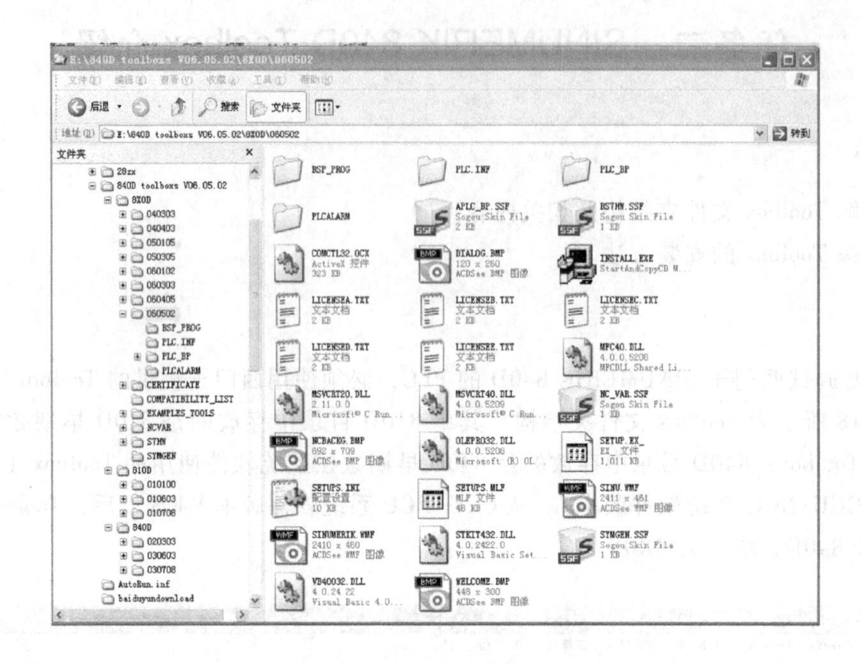

图 8-19 目录 060502 内容

2）子目录 PLC. INF 中有两个文件：AWLVERS. EXE 和 TESTWZV. AWL，其中 AWLVERS. EXE 用于 STEP7 ASCII 源代码版本管理，很少使用。

3）子目录 PLC_BP 是 PLC 基本程序（使用根目录下的 SETUP. EXE 进行安装）。

4）子目录 PLCALARM 中存放的 PLCALARM. ZIP 是用户编写 PLC 文本的框架（使用 PCU20 的用户可在此文件的基础上编写报警文本，之后通过串口电缆传入 PLC）。

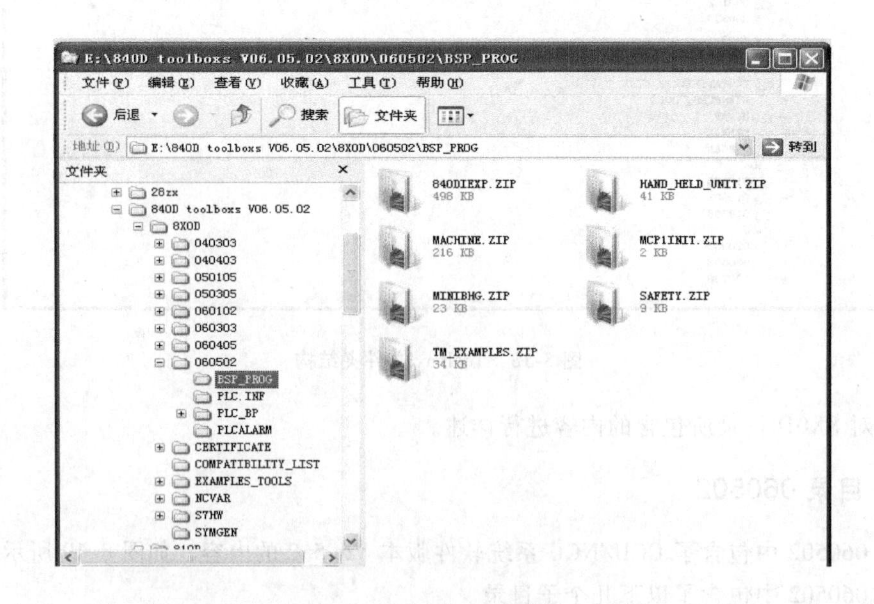

图 8-20 子目录 BSP_PROG 内容

二、目录 CERTIFICATE

目录 CERTIFICATE 下存放的是安全集成功能认证的文本及样例。

三、目录 COMPATIBILITY_LIST

目录 COMPATIBILITY_LIST 下存放的 Excel 文件 COMPATIBILITY_LIST_10_02_2004 是关于 810D/840D/HMI 硬件/软件兼容性表格。请在订货前仔细阅读。

四、目录 EXAMPLES_TOOLS

（1）COMPA 子目录 低版本系统升级，修改备份数据用的工具。

（2）OP17 子目录 使用 OP17 面板时可用的 OP17 组态文件。

（3）QFK. MPF 子目录 过象限补偿用程序。

（4）WIZARD. BSP 扩展用户接口（Expanding the Operator Interface）功能实例（包括 HMI Advancedh 和 HMI Embedded 的实例）。

五、目录 NCVAR

NC 变量选择器软件。

六、目录 S7HW

目录 S7HW 为 SINUMERIK 810D/840Di/840D Add-on for STEP 7 程序，其作用为增加 STEP7 硬件列表中 SINUMERIK 840D/810D 的硬件器件。在安装过程中，硬件列表中的 TYPE、GSD 和 Meta 文件将被升级。从 Toolbox6. 3. 3 和 STEP 7 版本 5. 1 开始，可以在 SIMATIC Manager 中直接创建 PLC 系列文档（series archive）。

七、目录 SYMGEN

PLC Symbols Generator—PLC 符号生成器（具体内容参看 symbol_ generator. doc），可不装。

任务实施

在安装 Toolbox 之前必须先安装 STEP7 PLC 开发软件，否则系统提示无法安装 Toolbox。

图 8-21 所示为 Toolbox 安装提示画面，在安装的时有两项内容可选择安装。

1）PLC Basic Program for 8X0D V6. 5 为 PLC 基本程序，必须安装。

2）SINUMERIK Add-on for STEP7 V5. 2. 1. 0 为硬件信息，必须安装。

3）NCVar Selector 为 NC 变量选择器，如果用到 PLC 读写 NC 变量的功能（FB2/FB3）需要安装；否则，可不安装。

4）PLC Symbols Generator 为 PLC 符号生成器，可不装。

选择完成后，按照提示即可将 Toolbox 安装完成。

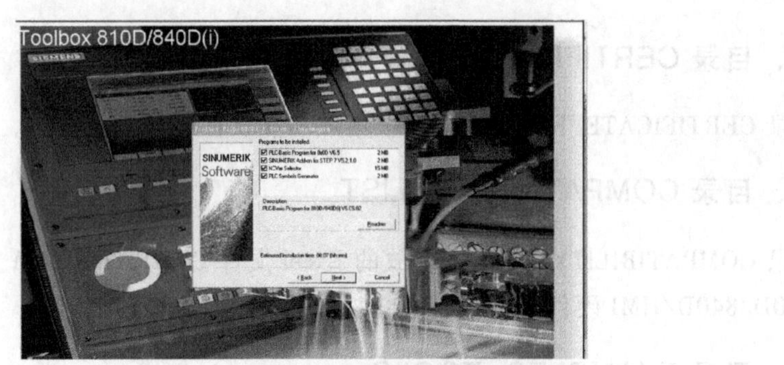

图 8-21　Toolbox 安装提示画面

任务三　数控机床 PLC 的启动

任务目标

1. 了解 PLC 程序块结构。
2. 熟悉基本的组织块、功能、数据块的功能。
3. 掌握数控系统 PLC 基本启动的配置过程。
4. 掌握数控系统 PLC 基本程序的编写方法。

任务引入

在 840D 数控系统中，通常有 OB1、OB40、OB100 这 3 个组织块，和普通的 PLC 300 一样，操作系统根据不同的触发事件主动到内存中寻找相应的 OB 块执行，而不需要用户调用。所有的用户程序 FC/FB 都在组织块中调用，CPU 在执行 OB 块的过程中按照调用的顺序执行 FB/FC。PLC 程序的结构决定于 OB1 和 OB100，在 OB1、OB100 中必须调用基本的 PLC 程序，用于 MCP 控制、刀具管理及机床辅助功能等。

OB1 循环地执行，在执行 OB1 的过程中，有其他事件触发中断 OB1，则保护断点、执行 OB40，OB40 执行一次，然后返回断点，执行 OB1。

OB1 扫描循环开始，基本的 PLC 程序必须在用户程序之前执行，先要与 NCK 进行数据交换、通信。所有的 NCK/PLC 接口信号在循环程序 OB1 中执行，为了减小循环时间，仅把控制和状态相关的接口信号传输到循环程序中，其他的辅助功能、G 功能仅在需要的时候由 NCK 触发。

OB40 是触发事件的组织块，有中断事件发生，则立即执行 OB40。

OB100 是暖启动模式上电时执行一次的组织块，在 NC 中由于有 DB 块的数据需要保存，所以只能是执行 OB100 暖启动，而不可能执行冷启动，否则 DB 数据无法保存。例如刀库换刀之后，刀库映像保存在 DB 块中，执行换刀指令后要刷新 DB 块，使其与实际刀库一致，断电之后刀库数据不能丢失，否则无法正确换刀。在 OB100 中可以实现系统初始化及 NC/PLC 同步等功能。例如，在 OB100 中调用 FB1（对应的背景 DB7）用于系统通信的 NC/PLC 同步初始化动作。

SINUMERIK 840D 的 PLC 为 SIMATIC S7-300，基本模块有 64KB 内存配置，并可扩展至

96KB，PLC 程序又可划分为基本程序和用户程序，其组成结构如图 8-22 所示。基本程序是西门子公司设计的数控机床专用的程序块，机床制造商设计的 PLC 用户程序调用这些基本程序块，从而大大简化了机床的 PLC 设计。PLC 程序块分配见表 8-1～表 8-4，用户在编写程序时可以使用。

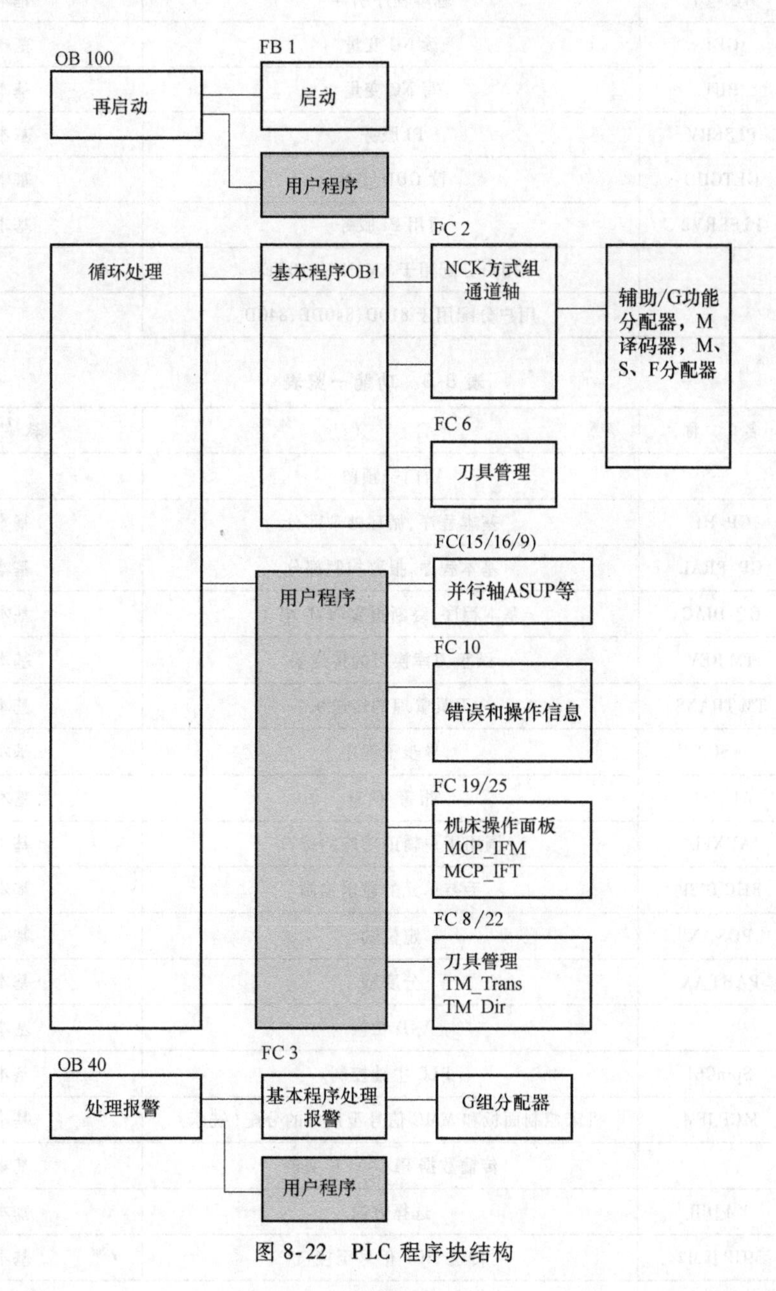

图 8-22　PLC 程序块结构

表 8-1　组织块一览表

OB 号	名　　称	含　义	软件组织
1	ZYKLUS	循环处理	基本程序
40	ALARM	处理报警	基本程序
100	NEUSTART	重新启动开始	基本程序

表 8-2　功能块一览表

FB 号	名　称	含　义	软件组织
0~29		西门子预留	
1	RUN_UP	基本程序引导	基本程序
2	GET	读 NC 变量	基本程序
3	PUT	写 NC 变量	基本程序
4	PI_SERV	PI 服务	基本程序
5	GETGUD	读 GUD 变量	基本程序
7	PI_SERV2	通用 PI 服务	基本程序
36~127		用户分配用于 FM-NC,810DE	
36~255		用户分配用于 810D、840DE、840D	

表 8-3　功能一览表

FC 号	名　称	含　义	软件组织
0	—	西门子预留	
2	GP-HP	基本程序,循环处理部分	基本程序
3	GP-PRAL	基本程序,报警控制部分	基本程序
5	GP-DIAG	基本程序,终断报警(FM-NC)	基本程序
7	TM_REV	圆盘刀库换刀的传送块	基本程序
8	TM_TRANS	刀具管理的传送块	基本程序
9	ASUP	异步子程序	基本程序
10	AL_MSG	报警/信息	基本程序
12	AUXFU	调用用户辅助功能的接口	基本程序
13	BHG_DISP	手持单元的显示控制	基本程序
15	POS_AX	定位轴	基本程序
16	PART_AX	分度轴	基本程序
17		Y-D 切换	基本程序
18	SpinCtrl	PLC 主轴控制	基本程序
19	MCP_IFM	机床控制面板和 MMC 信号至接口的分配(铣床)	基本程序
21		传输数据 PLC-NCK 交流	基本程序
22	TM_DIR	选择方向	基本程序
24	MCP_IFM2	传送 MCP 信号至接口	基本程序
25	MCP_IFT	机床控制面板和 MMC 信号至接口的分配	基本程序
30~35		如 Manual Turn 或 ShopMill 已安装,则用这些 FC	基本程序
36~127		用户分配用于 FM-NC,810DE 基本程序	
36~255		用户分配用于 810D、840DE、840D 基本程序	

表 8-4　数据块一览表

DB 号	名　　称	含　　义	软件组织
1		西门子预留	基本程序
2~4	PLC-MSG	PLC 信息	基本程序
5~8		基本程序	
9	NC-COMPILE	NC 编译循环接口	基本程序
10	NC INTERFACE	中央 NC 接口	基本程序
11	BAG1	方式组接口	基本程序
12		计算机连接和传输系统	
13~14		预留	
15		基本程序	
16		PI 服务定义	
17		版本码	
18		SPL 接口(安全集成)	
19		MMC 接口	
20		PLC 机床数据	
21~30	CHANNEL 1	NC 通道接口	基本程序
31~61	AXLS 1,…	轴/主轴号 1 到 31 预留接口	基本程序
62~70		用户可分配	
71~74		用户刀具管理	基本程序
75~76		M 组译码	基本程序
77		刀具管理缓存器	
78~80		西门子预留	
81~89		如 ShopMill 或 ManualTurn 已安装,则分配这些程序块	
(81)90~127		用户可分配用于 FM-NC,810DE	
(81)90~399		用户可分配用于 810D、840DE、840D	

任务实施

一、硬件组态

1）运行 SIMATIC Manager 建立新项目，如图 8-23 所示。

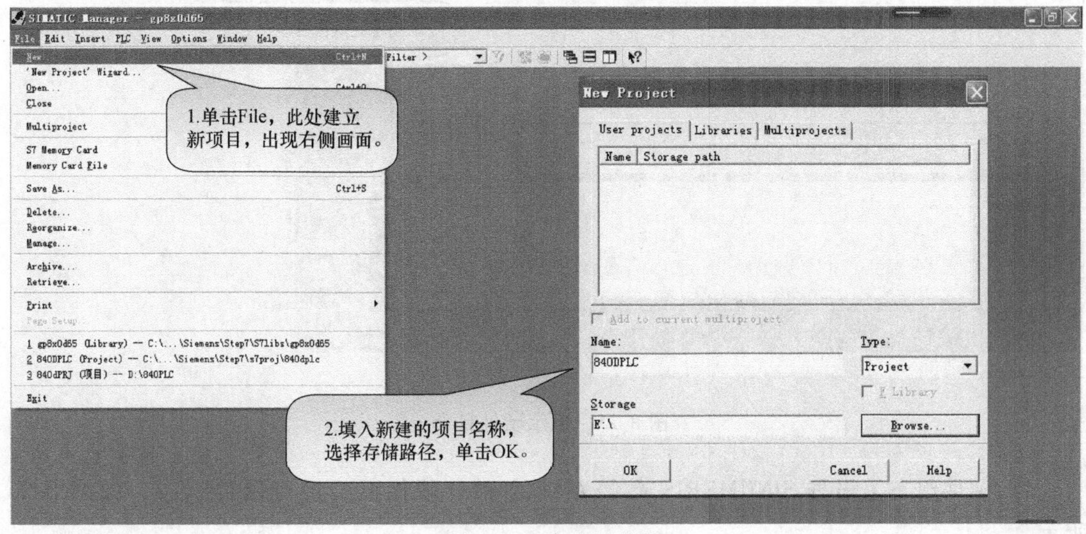

图 8-23　建立新项目

2）由于西门子840D数控系统采用的是S7-300的CPU，所以在组态上建立的站需要选择插入SIMATIC 300 Station，如图8-24所示。

图8-24　插入S7-300站

3）显示硬件目录，如图8-25所示。

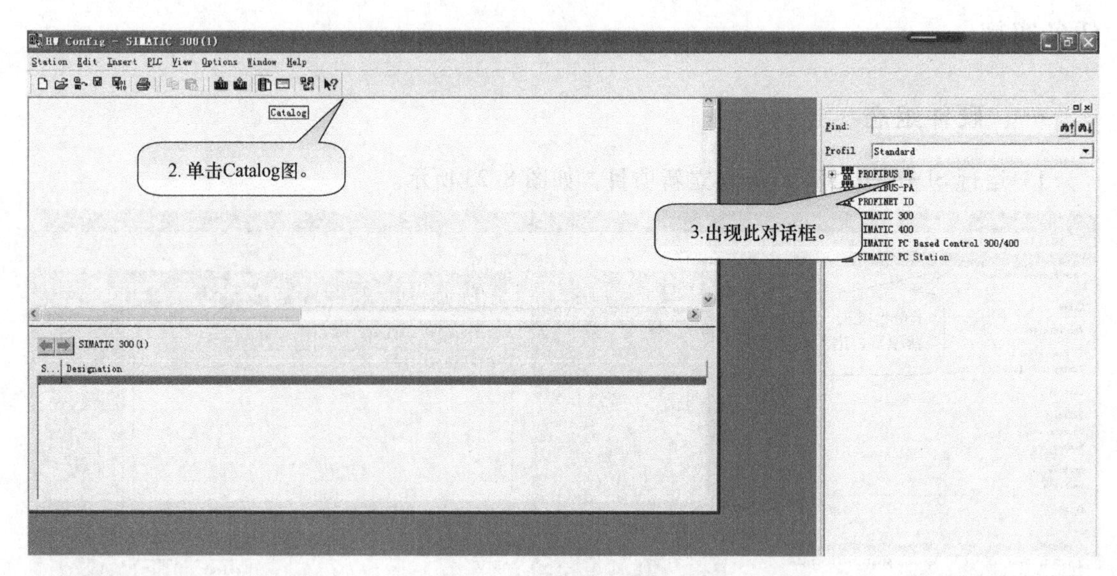

图8-25　显示硬件目录

4）硬件组态。根据SINUMERIK数控系统的PLC硬件型号进行硬件组态，如图8-26所示。

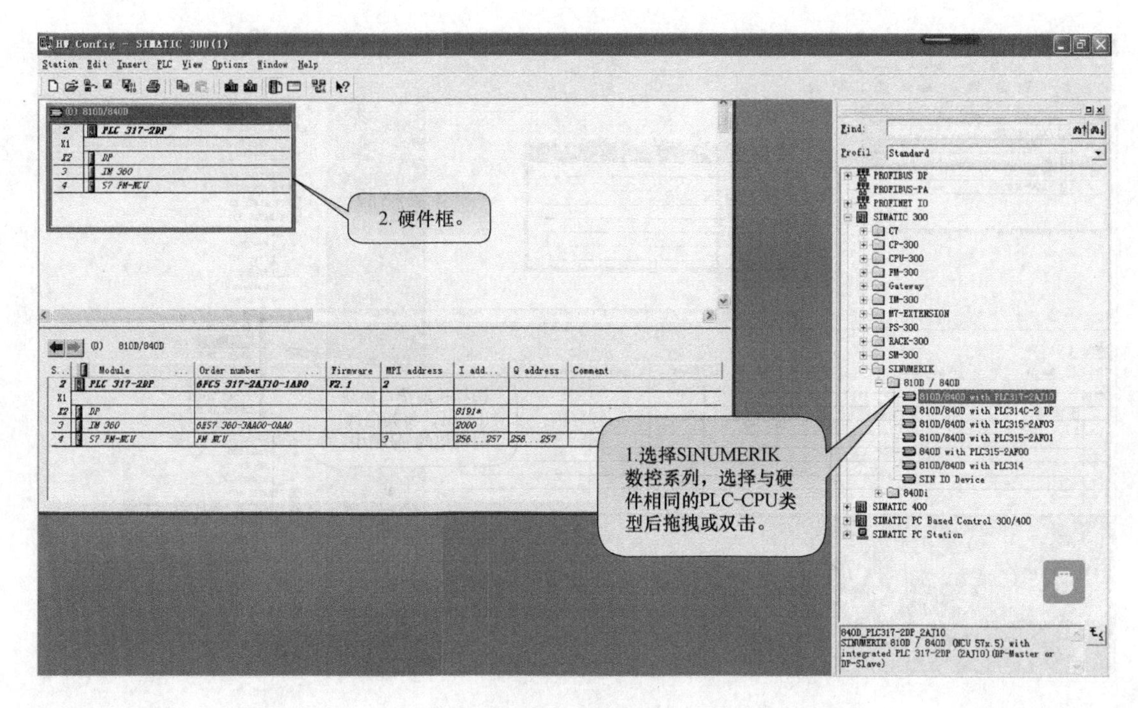

图 8-26　硬件组态

5）扩展机架，如图 8-27 所示。

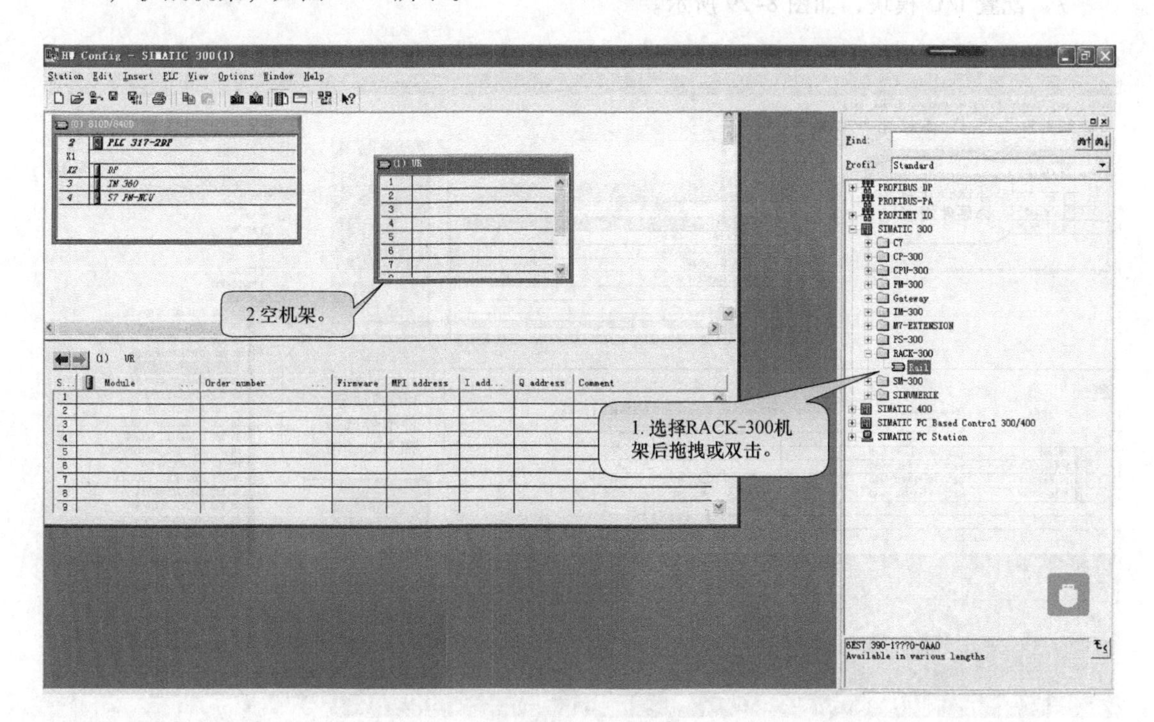

图 8-27　扩展机架

6）插入接口扩展模块，如图 8-28 所示。

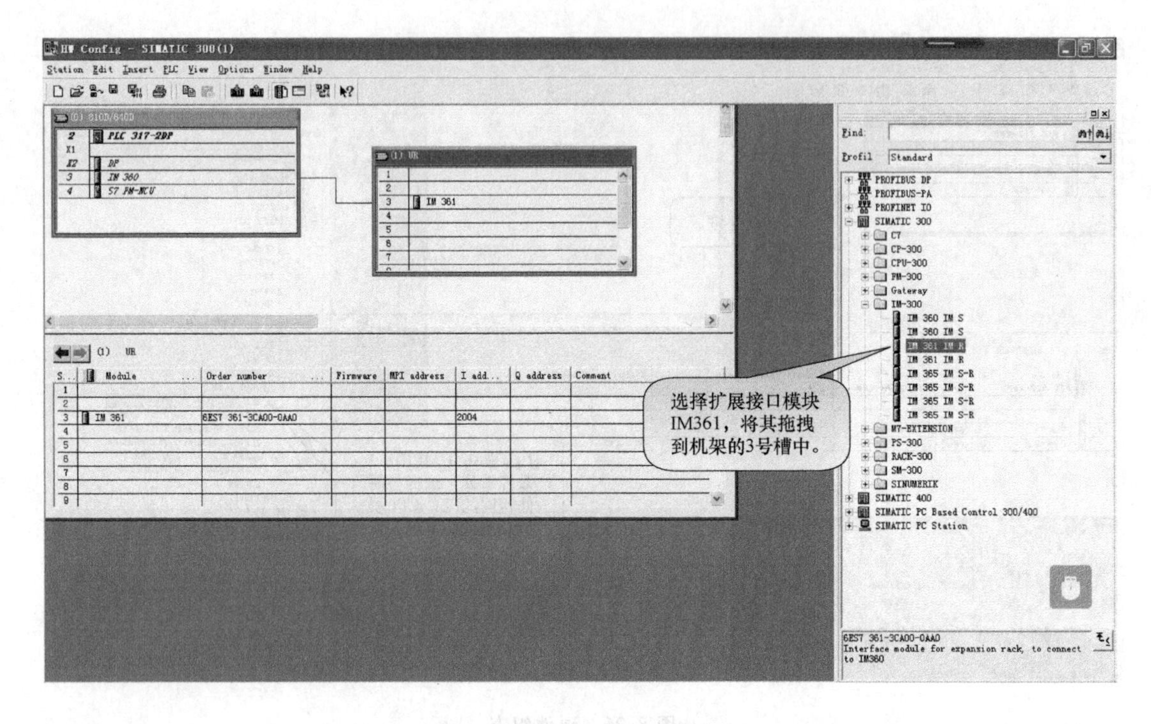

图 8-28　插入接口扩展模块

7）配置 I/O 模块，如图 8-29 所示。

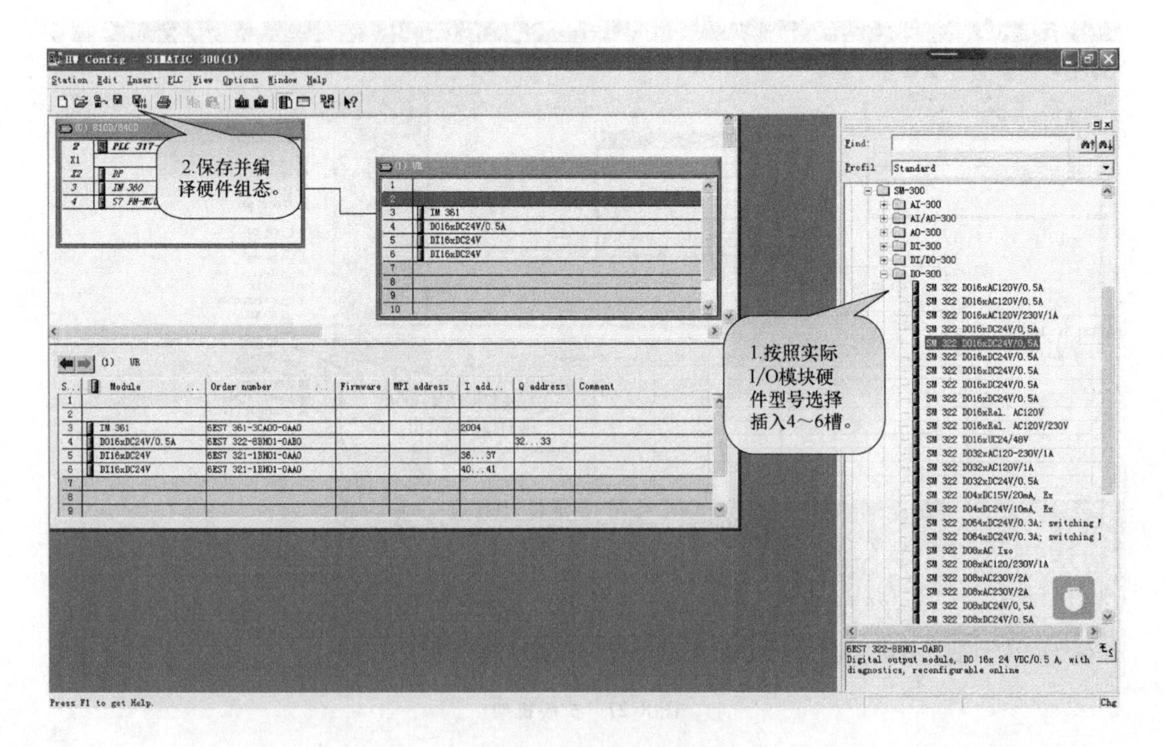

图 8-29　配置 I/O 模块

8）打开基本程序库，如图 8-30 所示。

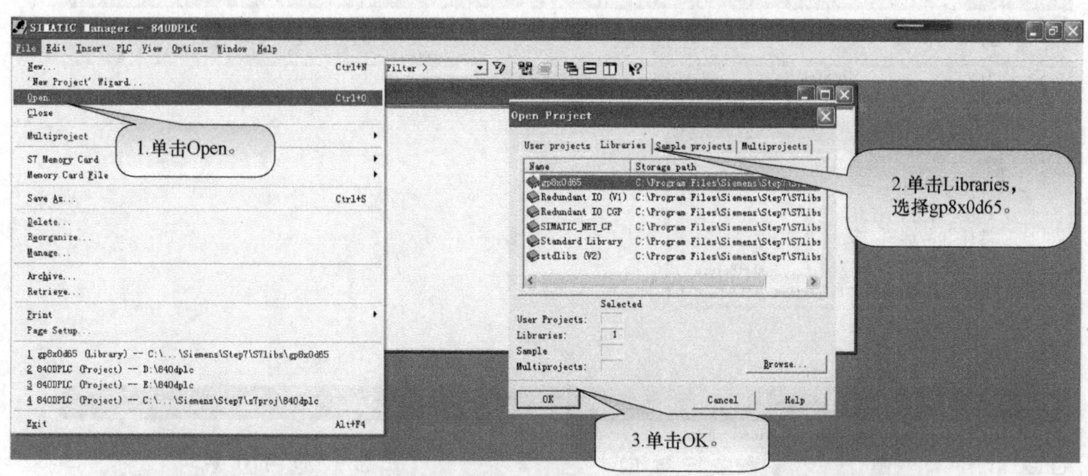

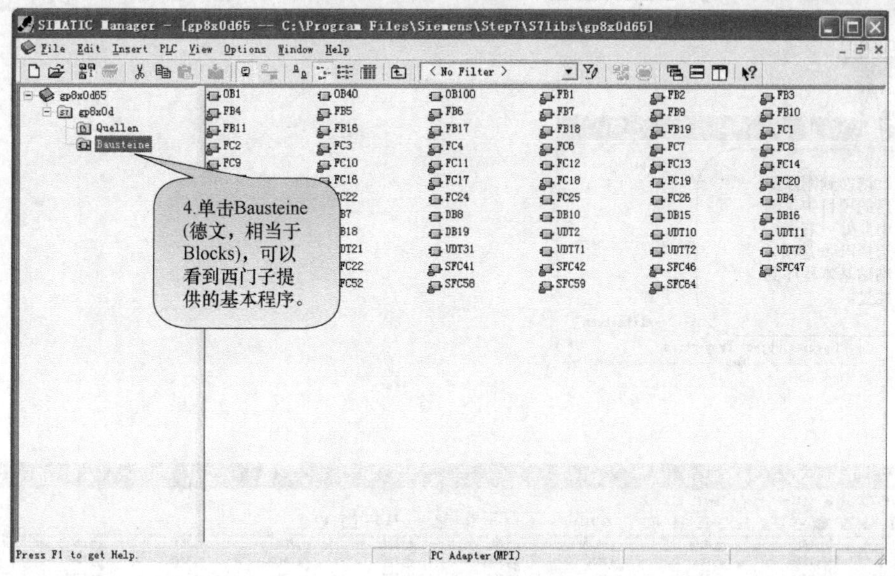

图 8-30　打开基本程序库

9）基本程序的复制与粘贴，如图 8-31 所示。

10）下载 PLC 程序，如图 8-32 所示，建议下载之前将 PLC 设置为 STOP。

二、PLC 程序编写

下载成功后，将 PLC 设置为 RUN，MCP 上 LED 不再闪烁。此时，虽然 PLC 项目启动起来，但是机床控制面板还不能够操作，这是由于 PLC 项目并没有处理机床控制面板。

根据实际情况启动机床控制面板，在这里以标准铣床控制面板为例。

打开 OB1，在 CALL FC2 指令下面新建一个 Network，键入以下程序。

```
CALL FC19
BAGNo：= B#16#1                //模式组 in
CHANNo：= B#16#1               //通道数 in
```

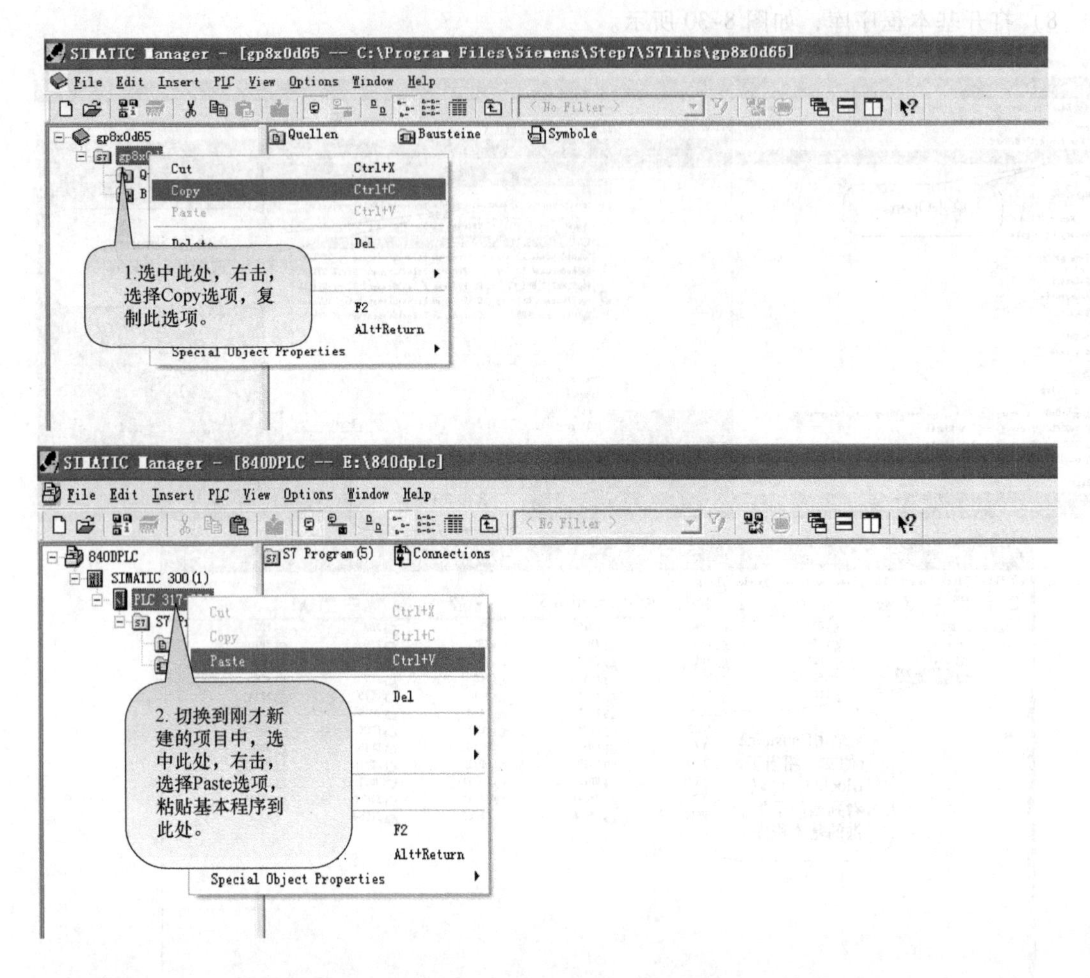

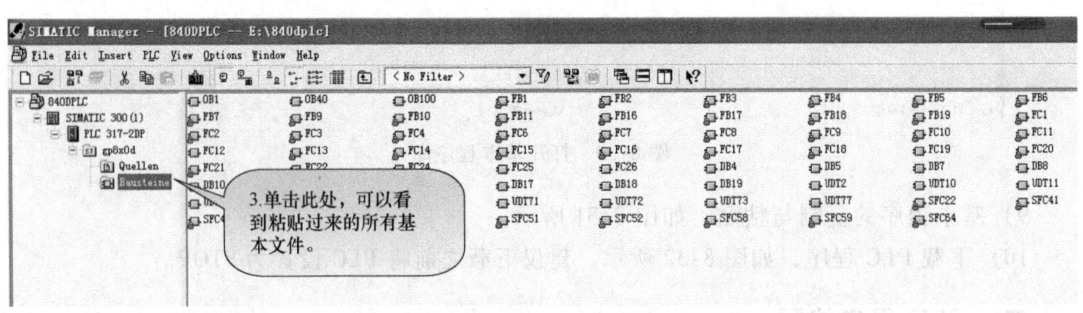

图 8-31　基本程序的复制与粘贴

SpindleIFNo:=B#16#3　　　　//主轴轴号,把哪个轴作为主轴 in

FeedHold:=DB21.DBX6.0　　　//禁止进给的接口信号 out

SpindleHold:=DB33.DBX4.3　//主轴停止进给的接口信号 out

保存 OB1，然后把 OB1 下载到 PLC，此时机床控制面板上有 LED 亮（如 JOG、Ref、Feed_OFF、SP_OFF)，代表机床控制面板启动正常。

但是到目前为止，运行轴就会有一个轴使能丢失的提示信息，只要把轴的 PLC 使能加

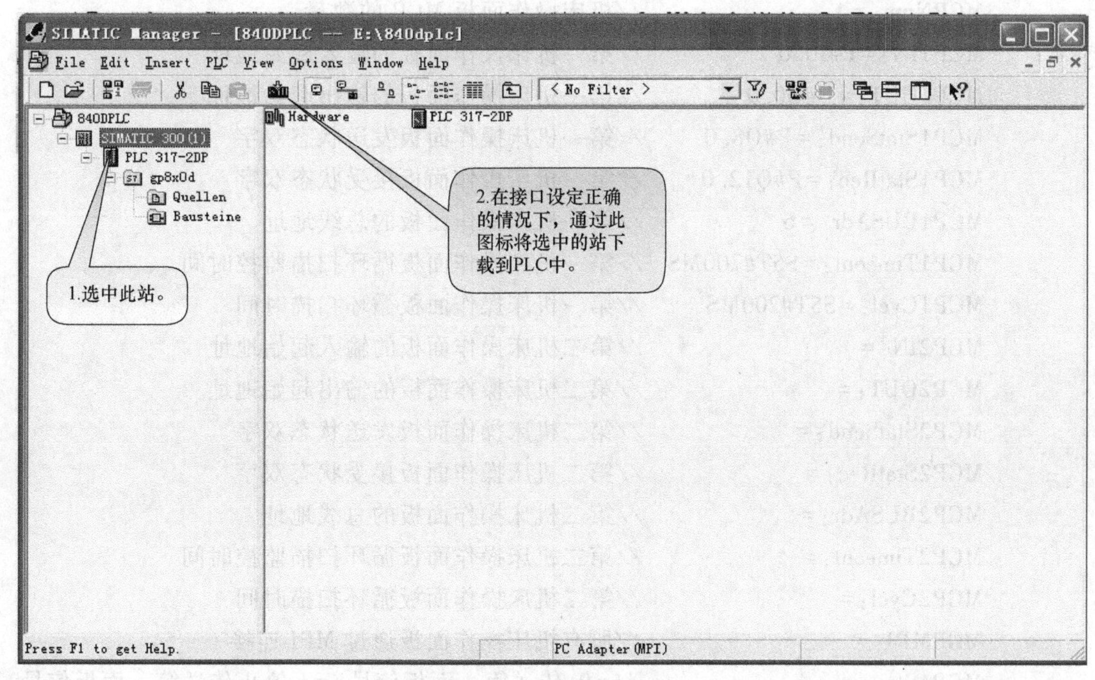

图 8-32　下载 PLC 程序

上去即可。这里在 CALL FC19 后面再插入一个新的 Network 并编程。

SET

=DB31. DBX1. 5　//测量系统，每个轴最多有两个位置测量系统，编码器或光栅，用 DB31. DBX1. 5/6 指定，NC 在同一时刻只能选择一个测量系统，因此必须通过 NC 判断来选择、切换反馈测量系统。

=DB31. DBX2. 1　//Control enable 控制使能信号

=DB31. DBX21. 7 //脉冲使能信号，可以在 service 中查看 service drive 信号，让 NC 获知 PLC 的控制，就是通过接口信号 DB31. DBX21. 7。

复制 2 份并修改为（根据用户自己需要，这里启动 3 根轴）如下。

=DB32. DBX1. 5

=DB32. DBX2. 1

=DB32. DBX21. 7

=DB33. DBX1. 5

=DB33. DBX2. 1

=DB33. DBX21. 7

保存之后，把程序块下载到 PLC 中，电动机轴可以运转。

在启动组织块 OB100 中，默认调用了 FB1，FB1 用于实现 PLC/NCK 在启动过程中的同步，也正是由于在启动过程中 PLC/NCK 之间同步，整个系统才能够正常工作运行。FB1 是一个非常关键的基本程序，用户必须要理解其各个参数的含义及用途。

基本程序 OB100 里主要调用了功能块 FB1，其主要参数注释如下。

CALL FB1，DB7

```
MCPNum:=1                    //机床操作面板 MCP 的数量
MCP1IN:=P#I0.0               //第一机床操作面板的输入起始地址
MCP1OUT:=P#Q0.0              //第一机床操作面板的输出起始地址
MCP1StatSend:=P#Q8.0         //第一机床操作面板发送状态双字
MCP1StatRec:=P#Q12.0         //第一机床操作面板接受状态双字
MCP1BUSAdr:=6                //第一机床操作面板的总线地址
MCP1Timeout:=S5T#700MS       //第一机床操作面板循环扫描监控时间
MCP1Cycl:=S5T#200MS          //第一机床操作面板循环扫描时间
MCP2IN:=                     //第二机床操作面板的输入起始地址
MCP2OUT:=                    //第二机床操作面板的输出起始地址
MCP2StatSend:=               //第二机床操作面板发送状态双字
MCP2StatRec:=                //第二机床操作面板接受状态双字
MCP2BUSAdr:=                 //第二机床操作面板的总线地址
MCP2Timeout:=                //第二机床操作面板循环扫描监控时间
MCP2Cycl:=                   //第二机床操作面板循环扫描时间
MCPMPI:=                     //所有机床操作面板通过 MPI 连接
MCP1Stop:=                   //=0:传送第一面板信号;=1 停止传送第一面板信号
MCP2Stop:=                   //=0:传送第二面板信号;=1:停止传送第二面板信号
MCP1NotSend:=                //=0:发送,接收第一面板信号;=1:只接受,不发送
                               信号
BHG:=                        //=0:没有手持单元;=1:手持单元通过 MPI 连接
                               (SDB210)
BHGIn:=                      //手持单元输入起始地址
BHGOut:=                     //手持单元输出起始地址
BHGStatSend:=                //手持单元发送状态双字
BHGStatRec:=                 //手持单元接收状态双字
BHGInLen:=                   //手持单元接收的数据长度
BHGOutLen:=                  //手持单元接收的数据长度
BHGCycl:=                    //手持单元循环扫描时间
BHGRecGDNo:=
BHGRecGBZNo:=
BHGRecObjNo:=
BHGSendGDNo:=
BHGSendGBZNo:=
BHGSendObjNo:=
BHGMPI:=                     //=1:手持单元通过 MPI 连接
BHGStop:=
BHGNotSend:=
NCCyclTimeout:=S5T#200MS
```

```
NCRunupTimeout:=S5T#50S
ListMDecGrp:=                //扩展 M 译码的数量
NCKomm:=                     //允许 NC 和 PLC 之间交换数据
MMCToIF:=                    //传送 MMC 信号到接口
HWheelMMC:=                  //=1,通过 MMC 选择手轮
MsgUser:=                    //用户信息区的数量 UserIR:=
IRAuxfuT:=
IRAuxfuH:=
IRAuxfuE:=
UserVersion:=
MaxBAG:=                     //方式组数
MaxChan:=                    //通道数
MaxAxis:=                    //轴数
ActivChan:=                  //当前生效的通道
ActivAxis:=                  //当前生效的轴
UDInt:=                      //PLC 机床数据,整数格式
UDHex:=                      //PLC 机床数据,十六进制格式
UDReal:=                     //PLC 机床数据,实数格式
```

项目九　数控机床整体联调与验收

项目概述

数控机床在组装完毕后，首先要进行整体联调。能否正确、安全地开机调试对数控机床的生产商和用户都是需要重点关注的内容。数控机床检验的主要目的是判别机床是否符合其技术指标以及机床能否按照预定的目标精密地加工零件。本项目从数控机床初步通电调试、数控机床空运行及功能检验、数控机床几何精度检验、数控机床位置精度检验、数控机床工作精度检验等方面对数控机床整体联调与验收进行详细描述。

任务一　数控机床初步通电调试

任务目标

1. 掌握机床通电前外观检查的项目与内容。
2. 掌握机床电压接通与初步调试的项目与内容。

任务引入

数控机床是一种技术含量很高的机电一体化设备，在组装完毕后，能否正确、安全地开机调试是很关键的一步。这一步的正确与否在很大程度上决定了数控机床能否发挥正常的工作效率，也决定了这台机床的使用寿命，这对数控机床的生产商和用户都是需要重点关注的内容。

数控机床初步通电调试，要先进行机床的外观检查，按数控机床说明书要求给机床加注规定的润滑油液和油脂，清洗液压油箱和过滤器，加注规定标号的液压油，接通气动系统的输入气源。通常在各部件分别通电试验后再进行全面通电试验。通电后，应先检查数控机床有无报警故障，然后验证其功能，最后验证机床能否达到工作指标和精度要求。

任务实施

一、通电前的外观检查（表 9-1）

表 9-1　通电前的外观检查

检查项目	检查内容	检查状态	问题描述	检查人
机床电器检查	打开机床电控箱，检查继电器、接触器、熔断器、伺服电动机控制单元插座、主轴电动机控制单元插座等有无松动，如有松动应恢复正常状态，有锁紧机构的接插件一定要锁紧，有转接盒的机床一定要检查转接盒上的插座接线有无松动，有锁紧机构的一定要锁紧	（　　）良好 （　　）不良		

（续）

检查项目	检查内容	检查状态	问题描述	检查人
CNC 电箱检查	打开 CNC 电箱门，检查各类接口插座，如伺服电动机反馈线插座、主轴脉冲发生器插座、手摇脉冲发生器插座、CRT 插座等，如有松动要重新插好，有锁紧机构的一定要锁紧。按照说明书检查各个印制电路板上短路端子的设置情况，其一定要符合机床生产厂设定的状态，确实有误的应重新设置，一般情况下无需重新设置，但用户一定要对短路端子的设置状态做好原始记录	（ ）良好 （ ）不良		
接线质量检查	检查所有的接线端子。包括强、弱电部分在装配时的端子及各电动机电源线的接线端子，每个端子都要用螺钉旋具紧固一次，直到用螺钉旋具拧不动为止，各电动机插座一定要拧紧	（ ）良好 （ ）不良		
电磁阀检查	所有电磁阀都要用手推动数次，以防止长时间不通电造成的动作不良，如发现异常，应做好记录，以备通电后确认修理或更换	（ ）良好 （ ）不良		
限位开关检查	检查所有限位开关动作的灵活及固定性，发现动作不良或固定不牢的应立即处理	（ ）良好 （ ）不良		
操作面板上按钮及开关检查	检查操作面板上所有按钮、开关、指示灯的接线，发现有误应立即处理，检查 CRT 单元上的插座及接线	（ ）良好 （ ）不良		
地线检查	要求有良好的地线，测量机床地线，接地电阻不能大于 1Ω	（ ）良好 （ ）不良		
电源相序检查	用相序表检查输入电源的相序，确认输入电源的相序与机床上各处标定的电源相序应绝对一致。有二次接线的设备，如电源变压器等，必须确认二次接线相序的一致性。要保证各处相序的绝对正确。此时应测量电源电压，做好记录	（ ）良好 （ ）不良		

二、机床电压接通与初步调试（表 9-2）

表 9-2 机床电压接通与初步调试

工作项目	工作内容	完成情况	问题描述	完成人
伺服电动机脱机	将各个轴的伺服电动机与丝杠脱离，保证电动机单独运行	（ ）完成 （ ）未完		
主电源接通	检查 380V（±10%）主电源进线，若符合要求则接入电柜	（ ）完成 （ ）未完		
CNC 通电	按 CNC 电源通电按钮，接通 CNC 电源，观察 CRT 显示，直到出现正常画面为止。如果出现 ALARM 显示，应该寻找并排除故障，此时应重新送电检查。如无异常，电动机可与机械执行部件连接	（ ）完成 （ ）未完		

（续）

工作项目	工作内容	完成情况	问题描述	完成人
端子测量	根据相关资料上给出的测试端子的位置测量各级电压，有偏差的应调整到给定值，并做好记录	（ ）完成 （ ）未完		
超行程验证	将状态选择开关放置在JOG位置，将点动速度放在最低档，分别进行各坐标正反方向的点动操作，同时用手按与点动方向相对应的超程保护开关，验证其保护作用的可靠性，然后进行慢速的超程试验，验证超程撞块安装的正确性	（ ）完成 （ ）未完		
回零检查	将状态开关置于回零位置，完成回零操作，不完成参考点返回的动作就不能进行其他操作。因此遇此情况应首先进行本项操作	（ ）完成 （ ）未完		
主轴检查	将状态开关置于JOG位置或MDI位置，验证主轴调速，进行主轴正反转试验，观察主轴运转的情况和速度显示的正确性、主轴运转的稳定性	（ ）完成 （ ）未完		
导轨润滑	进行手动导轨润滑试验，使导轨有良好的润滑	（ ）完成 （ ）未完		
漏油检查	观察有无漏油，特别是转塔转位、夹紧，主轴换档以及卡盘夹紧等处的液压缸和电磁阀，如有漏油应立即停电修理或更换	（ ）完成 （ ）未完		

任务二　数控机床空运行及功能检验

任务目标

1. 掌握数控机床空运行检验方法。
2. 掌握数控机床手动功能检验方法。
3. 掌握用数控程序操作机床各部件进行数控功能检验的方法。
4. 掌握数控机床连续空运行检验方法。

任务引入

在机床完成安装与通电的相关工作及相关验收工作后，机床可以进行功能验收和调试，为后续的几何精度和工作精度的验收和调试进行前期的准备工作。通常而言，只有完成了功能验收和空运转后，才能进行几何精度和工作精度的验收和调试工作。

任务实施

一、机床的空运行检验

1）机床主运动机构应从最低转速起依次运转，每级速度的运转时间不得少于2min。无级变速的机床，可做低、中、高速运转。在最高速度运转时，时间不得少于1h，使主轴轴

承达到稳定温度，并在靠近主轴定心轴承处测量温度和温升，其温度不应超过60℃，温升不应超过30℃。在各级速度运转时应平稳，工作机构应正常、可靠。

2）对直线坐标、回转坐标上的运动部件，分别用低、中、高进给速度进行空运转，检验其运动的平衡、可靠性。要做到高速无振动，低速无明显爬行现象。

3）在空运转条件下，有级传动的各级主轴转速和进给量的实际偏差，不应超过标牌指示值-2%～6%；无级变速传动的主轴转速和进给量的实际偏差，不应超过标牌指示值的±10%。

4）机床主传动系统的空运转功率（不包括主电动机空载功率）不应超过设计文件的规定。

二、手动功能检验

用手动方式操作机床各部件进行试验。

1）对主轴连续进行不少于5次的锁刀、松刀和吹气的动作试验，动作应灵活、可靠、准确。

2）用中速连续对主轴进行10次的正、反转的起动，停止（包括制动）和定向操作试验，动作应灵活、可靠。

3）无级变速的主轴至少应在低、中、高的转速范围内，有级变速的主轴应在各级转速进行变速操作试验，动作应灵活、可靠。

4）对各直线坐标、回转坐标上的运动部件，用中等进给速度连续进行各10次的正向、负向的起动与停止的操作试验，并选择适当的增量进给进行正向、负向的操作试验，动作应灵活、可靠、准确。

5）对进给系统在低、中、高进给速度和快速范围内，进行不少于10种的变速操作试验，动作应灵活、可靠。

6）对分度回转工作台或数控回转工作台连续进行10次的分度、定位试验，动作应灵活、可靠、准确。

7）对托板连续进行3次的交换试验，动作应灵活、可靠。

8）对刀库、机械手以任选方式进行换刀试验。刀库上的刀具配置应包括设计规定的最大重量、最大长度和最大直径的刀具；换刀动作应灵活、可靠、准确；机械手的承载重量和换刀时间应符合设计规定。

9）对机床数字控制的各种指示灯、控制按钮、数据输出输入设备和风扇等进行空运转试验，动作应灵活、可靠。

10）对机床的安全、保险、防护装置进行必要的试验，功能必须可靠，动作应灵活、准确。

11）对机床的液压、润滑、冷却系统进行试验，应密封可靠，冷却充分，润滑良好，动作灵活、可靠；各系统不得渗漏。

12）对机床的各附属装置进行试验，工作应灵活、可靠。

三、数控功能检验

用数控程序操作机床各部件进行试验。

1）用中速连续对主轴进行10次的正、反转起动，停止（包括制动）和定向的操作试验，动作应灵活、可靠。

2）无级变速的主轴至少在低、中、高转速范围内，有级变速的主轴在各级转速进行变速操作试验，动作应灵活、可靠。

3）对各直线坐标、回转坐标上的运动部件，用中等进给速度连续进行正、负向的起动、停止和增量进给方式的操作试验，动作应灵活、可靠、准确。

4）对进给系统至少进行低、中、高进给速度和快速的变速操作试验，动作应灵活、可靠。

5）对分度回转工作台或数控回转工作台连续进行10次的分度、定位试验，动作应灵活，运转应平稳、可靠、准确。

6）对各种托板进行5次交换试验，动作应灵活、可靠。

7）对刀库总容量中包括最大重量刀具在内的每把刀具，以任选方式进行不少于3次的自动换刀试验，动作应灵活、可靠。

8）对机床所具备的坐标联动、坐标选择、机械锁定、定位、直线及圆弧等各种插补，螺距、间隙、刀具等各种补偿，程序的暂停、急停等各种指令，有关部件、刀具的夹紧、松开以及液压、冷却、气动润滑系统的起动、停止等数控功能逐一进行试验，其功能应可靠，动作应灵活、准确。

四、机床的连续空运行试验

1）连续空运转试验应在完成手动功能检验和数控功能检验之后，精度检验之前进行。

2）连续空运转试验应用包含机床各种主要功能在内的数控程序，操作机床各部件进行连续空运转。其时间应不少于48h。

3）连续空运转的整个过程中，机床运转应正常、平稳、可靠，不应发生故障，否则必须重新进行运转。

4）连续空运转程序中应包括下列内容。

① 主轴转速应包括低、中、高在内的5种以上正转、反转、停止和定位。其中高速运转时间一般不少于每个循环程序所用时间的10%。

② 进给速度应把各坐标上的运动部件包括低、中、高速度和快速的正向、负向组合在一起，在接近全程范围内运行，并可选任意点进行定位。运行中不允许使用倍率开关，高速进给和快速运行时间不少于每个循环程序所用时间的10%。

③ 刀库中各刀位上的刀具不少于2次的自动交换。

④ 分度回转工作台或数控回转工作台的自动分度、定位不少于2个循环。

⑤ 各种托板不少于5次的自动交换。

⑥ 各联动坐标的联动运行。

⑦ 各循环程序间的暂停时间不应超过0.5min。

任务三　数控机床几何精度检验

任务目标

1. 了解数控机床几何精度检验的量具及检验前的具体要求。
2. 掌握普通立式加工中心的几何精度检验方法。

任务引入

机床的几何精度检验也称为静态精度检验，它能综合反映出该机床的关键零部件和其组装后的几何误差。机床的几何精度检验必须在地基和地脚螺栓的固定混凝土完全固化后才能进行，新灌注的水泥地基要经过半年左右的时间才能达到稳定状态，因此机床的几何精度在机床使用半年后要复校一次。

机床的几何精度处在冷、热不同状态时是不同的。按照国家标准的规定，检验之前要使机床预热，机床通电后移动各坐标轴在全行程内往复运动几次，主轴按中等的转速运转十几分钟后进行几何精度检验。具体要求如下。

1）必须在地基及地脚螺栓固定在混凝土上完全固化后才能进行。

2）应在精调后一气呵成地完成检测。

3）应尽可能地消除检测器具和检测方法的误差。

4）应在机床稍有预热的状态下进行。

检验机床几何精度的常用检验工具有精密水平仪、直角尺、精密方箱、平尺、平行光管、千分表或千分尺、高精度主轴检验棒及一些刚性较好的杠杆千分表等。检验工具的精度必须比所检测的机床几何精度高出一个数量等级。

任务实施

以一台普通立式加工中心的几何精度检验内容为例，按照 JB/T 8771.2—1998《加工中心检验条件 第 2 部分 立式加工中心几何精度检验》对其进行检测，具体内容及方法如下。

一、线性运动的直线度（表 9-3）

表 9-3　线性运动的直线度

序号	简　图	检验项目	公　差	检验工具	检验方法（参照 GB/T 17421.1 的有关条文）
G1	Z X X′ Z′ a) Y X X′ Y′ b)	X 轴轴线运动的直线度如下 a）在 ZX 垂直平面内 b）在 XY 水平面内	a）和 b） X≤0.010mm 为 500mm X>0.015mm 为 500~800mm X>0.020mm 为 800~1250mm X>0.025mm 为 1250~2000mm 局部公差如下 在任意 300mm 测量长度上为 0.007mm	a） 平尺和指示器或光学仪器 b） 平尺和指示器或钢丝和显微镜或光学仪器	对所有结构形式的机床，平尺和钢丝或反射器都应置于工作台上。如主轴能紧锁，则指示器或显微镜或干涉仪可装在主轴上，否则检验工具应装在机床的主轴箱上 测量位置应尽量靠近工作台中央

（续）

序号	简图	检验项目	公差	检验工具	检验方法(参照 GB/T 17421.1 的有关条文)
G2	a) b)	Y 轴轴线运动的直线度如下 a) 在 YZ 垂直平面内 b) 在 XY 水平面内	a)和 b) X≤0.010mm 为 500mm X>0.015mm 为 500~800mm X>0.020mm 为 800~1250mm X>0.025mm 为 1250~2000mm 局部公差如下 在任意 300mm 测量长度上为 0.007mm	a) 平尺和指示器或光学仪器 b) 平尺和指示器或钢丝和显微镜或光学仪器	对所有结构形式的机床，平尺和钢丝或反射器都应置于工作台上。如主轴能紧锁，则指示器或显微镜或干涉仪可装在主轴上，否则检验工具应装在机床的主轴箱上 测量位置应尽量靠近工作台中央
G3	a) b)	Z 轴轴线运动的直线度如下 a) 在平行于 X 轴轴线的 ZX 垂直平面内 b) 在平行于 Y 轴轴线的 YZ 垂直平面内	X≤0.010mm 为 500mm X>0.015mm 为 500~800mm X>0.020mm 为 800~1250mm X>0.025mm 为 1250~2000mm 局部公差如下 在任意 300mm 测量长度上为 0.007mm	a)和 b) 精密水平仪或角尺和指示器或钢丝和显微镜或光学仪器	对所有结构形式的机床，平尺和钢丝或反射器都应置于工作台上。如主轴能紧锁，则指示器或显微镜或干涉仪可装在主轴上，否则检验工具应装在机床的主轴箱上

二、线性运动的角度偏差（表 9-4）

表 9-4　线性运动的角度偏差

序号	简　　图	检验项目	公　　差	检验工具	检验方法(参照 GB/T 17421.1 的有关条文)
G4	a) b) c)	X 轴轴线运动的角度偏差如下 a）在平行于移动方向的 ZX 垂直平面内（俯仰） b）在 XY 水平面内（偏摆） c）在垂直于移动方向的 YZ 垂直平面内（倾斜）	a)、b)和 c) 0.060mm/1000mm （或 60μrad 或 12″） 局部公差如下 在任意 500mm 测量长度上为 0.030mm/1000mm （或 30μrad 或 6″）	a) 精密水平仪或光学角度偏差测量工具 b) 光学角度偏差测量工具 c) 精密水平仪	检验工具应置于运动部件上 a)(俯仰)纵向 b)(偏摆)水平 c)(倾斜)横向 沿行程在等距离的五个位置上检验 应在每个位置的两个运动方向测取读数。最大与最小读数的差值应不超过公差 当 X 轴轴线运动引起主轴箱和工件夹持工作台同时产生角运动时，这两种角运动应同时测量并用代数式处理
G5	a) b) c)	Y 轴轴线运动的角度偏差如下 a）在平行于移动方向的 YZ 垂直平面内（俯仰） b）在 XY 水平面内（偏摆） c）在垂直于移动方向的 ZX 垂直平面内（倾斜）	a)、b)和 c) 0.060mm/1000mm （或 60μrad 或 12″） 局部公差如下 在任意 500mm 测量长度上为 0.030mm/1000mm （或 30μrad 或 6″）	a) 精密水平仪或光学角度偏差测量工具 b) 光学角度偏差测量工具 c) 精密水平仪	检验工具应置于运动部件上 a)(俯仰)纵向 b)(偏摆)水平 c)(倾斜)横向 沿行程在等距离的五个位置上检验 应在每个位置的两个运动方向测取读数。最大与最小读数的差值应不超过公差 当 Y 轴轴线运动引起主轴箱和工件夹持工作台同时产生角运动时，这两种角运动应同时测量并用代数式处理

（续）

序号	简图	检验项目	公差	检验工具	检验方法(参照 GB/T 17421.1 的有关条文)
G6	Z Y Y' Z' a) Z X X' Z' b)	Z 轴轴线运动的角度偏差如下 a) 在平行于 Y 轴轴线的 YZ 垂直平面内 b) 在平行于 X 轴轴线的 ZX 垂直平面内	a) 和 b) 0.060mm/1000mm (或 60μrad 或 12″) 局部公差如下 在任意 500mm 测量长度上为 0.030mm/1000mm (或 30μrad 或 6″)	a) 和 b) 精密水平仪或光学角度偏差测量工具	应沿行程在等距离的五个位置上检验，在每个位置的两个运动方向测取读数。最大与最小读数的差值应不超过公差 对于 a) 和 b)，当 Z 轴轴线运动引起主轴箱和工件夹持工作台同时产生角运动时，这两种角运动应同时测量并用代数式处理

三、线性运动间的垂直度（表 9-5）

表 9-5　线性运动间的垂直度

序号	简图	检验项目	公差	检验工具	检验方法(参照 GB/T 17421.1 的有关条文)
G7	Z α X X' α Z'	Z 轴轴线运动和 X 轴轴线运动的垂直度	0.020mm/500mm	平尺或平板角尺和指示器	a) 平尺或平板应平行 X 轴轴线放置 b) 应通过直立在平尺或平板上的角尺检验 Z 轴轴线 如主轴能紧锁，则指示器可装在主轴上，否则指示器应装在机床的主轴箱上 为了参考和修正方便，应记录 α 值是小于、等于还是大于 90°
G8	Z α X X' α Z'	Z 轴轴线运动和 Y 轴轴线运动的垂直度	0.020mm/500mm	平尺或平板角尺和指示器	a) 平尺或平板应平行 Z 轴轴线放置 b) 应通过直立在平尺或平板上的角尺检验 Y 轴轴线 如主轴能紧锁，则指示器可装在主轴上，否则指示器应装在机床的主轴箱上 为了参考和修正方便，应记录 α 值是小于、等于还是大于 90°

（续）

序号	简　图	检验项目	公　差	检验工具	检验方法（参照 GB/T 17421.1 的有关条文）
G9	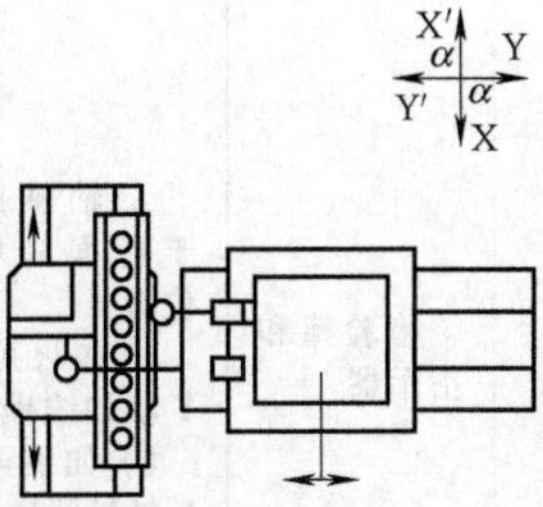 X′ α Y Y′ α X	Y 轴轴线运动和 X 轴轴线运动间的垂直度	0.020mm/500mm	平尺、角尺和指示器	a) 平尺应平行 X 轴轴线（或 Y 轴轴线）放置 b) 应通过放置在工作台上并一边紧靠平尺的角尺检验 Y 轴轴线（或 X 轴轴线） 本检验也可以不用平尺，而将角尺的一边对准一条轴线，在角尺的另一边上检验第二条轴线 如主轴能紧锁，则指示器可装在主轴上，否则指示器应装在机床的主轴箱上 为了参考和修正方便，应记录 α 值是小于、等于还是大于 90°

四、主轴（表 9-6）

表 9-6　主轴

序号	简　图	检验项目	公　差	检验工具	检验方法（参照 GB/T 17421.1 的有关条文）
G10	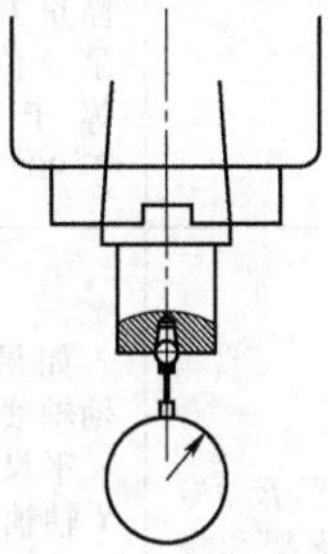	主轴的周期性轴向窜动	0.005mm	指示器	应在机床的所有工作主轴上进行检验
G11	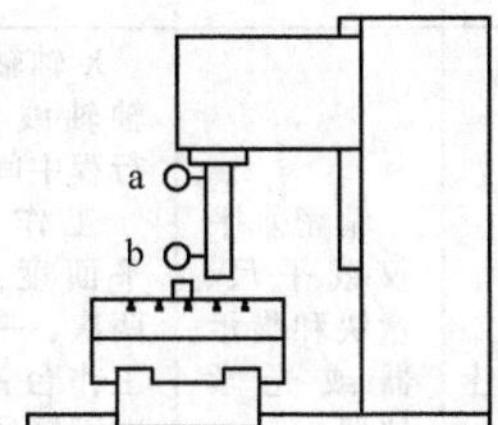 a b	主轴锥孔的径向圆跳动如下 a）靠近主轴端部 b）距主轴端部 300mm 处	a）0.007mm b）0.015mm	检验棒和指示器	应在机床的所有工作主轴上进行检验 应至少旋转两整圈进行检验

（续）

序号	简图	检验项目	公差	检验工具	检验方法（参照 GB/T 17421.1 的有关条文）
G12	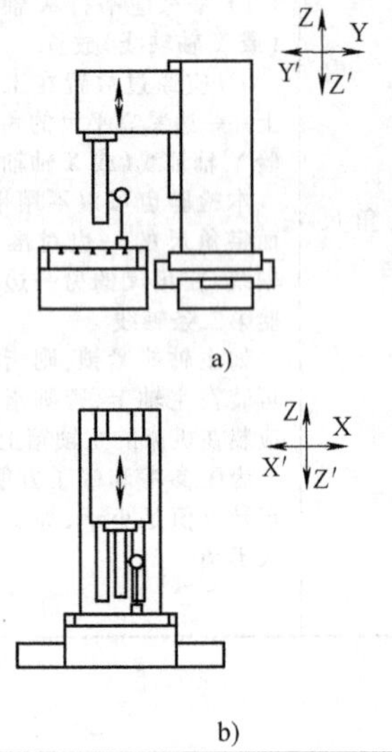 a) b)	主轴轴线和 Z 轴轴线运动间的平行度如下 a）在平行于 Y 轴轴线的 YZ 垂直平面内 b）在平行于 X 轴轴线的 ZX 垂直平面内	a）和 b） 在 300mm 测量长度上为 0.015mm	检验棒和指示器	X 轴轴线置于行程的中间位置 a）如果可能，Y 轴轴线锁紧 b）如果可能，X 轴轴线锁紧
G13	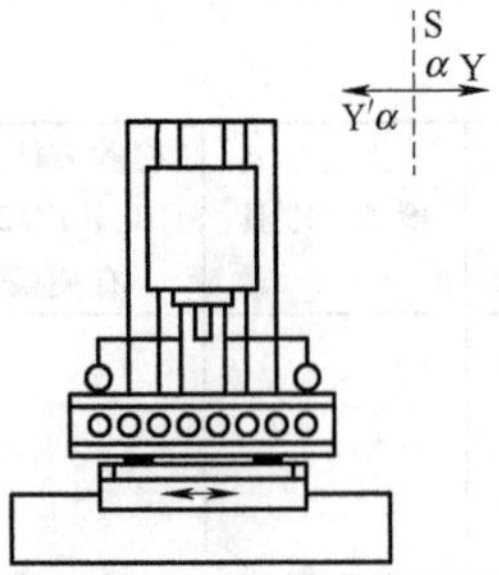	主轴轴线和 X 轴轴线运动间的垂直度	0.015mm/300mm	平尺、专用支架和指示器	如果可能，Y 轴轴线和 Z 轴轴线锁紧 平尺应平行于 X 轴轴线放置 为了参考和修正方便，应记录 α 值是小于、等于还是大于 90°
G14	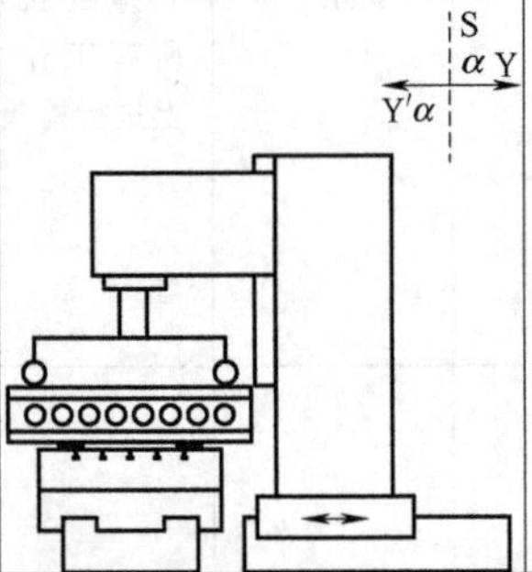	主轴轴线和 Y 轴轴线运动间的垂直度	0.015mm/300mm	平尺、专用支架和指示器	如果可能，Z 轴轴线锁紧 平尺应平行于 Y 轴轴线放置 为了参考和修正方便，应记录 α 值是小于、等于还是大于 90°
G15	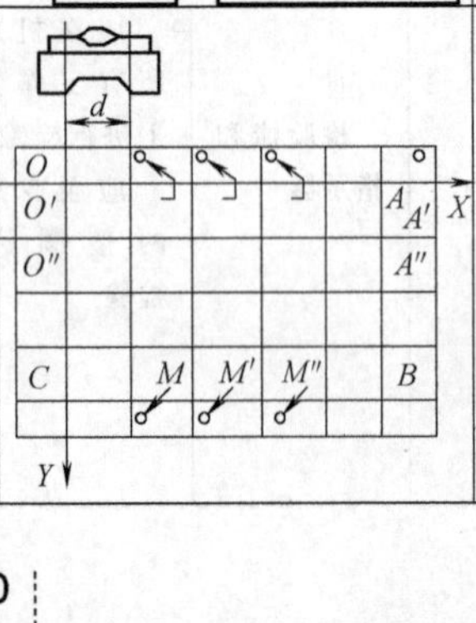	工作台面的平面度 固有的固定工作台或回转工作台或在工作位置锁紧的任意一个托板	$L \leqslant 0.020$mm 为 500mm $L > 0.025$mm 为 500~800mm $L > 0.030$mm 为 800~1250mm $L > 0.040$mm 为 1250~2000mm 局部公差如下 在任意 300 测量长度上为 0.012mm 注：L——工作台托板的较短边的长度	精密水平仪或平尺、量块和指示器或光学仪器	X 轴轴线和 Z 轴轴线置于其行程中间位置 工作台面的平面度应检验两次，一次回转工作台锁紧，一次不锁紧（如适用）。两次测定的偏差均应符合公差要求

（续）

序号	简　图	检验项目	公　差	检验工具	检验方法（参照GB/T 17421.1的有关条文）
G16	Z X X′ Z′	工作台面和X轴轴线运动间的平行度 固有的固定工作台或回转工作台或在工作位置锁紧的任意一个托板	X≤0.020mm为500mm X在0.025mm为500~800mm X在0.030mm为800~1250mm X在0.040mm为1250~2000mm	平尺、量块和指示器	如果可能，Z轴轴线锁紧 指示器测头近似地置于刀具的工作位置，可在平行于工作台面放置的平尺上进行测量 如主轴能锁紧，则指示器可装在主轴上，否则指示器应装在机床的主轴箱上 回转工作台应在互成90°的四个回转位置处测量
G17	Z Y Y′ Z′	工作台面和Y轴轴线运动间的平行度 固有的固定工作台或回转工作台或在工作位置锁紧的任意一个托板	L≤0.020mm为500mm L在0.025mm为500~800mm L在0.030mm为800~1250mm L在0.040mm为1250~2000mm	平尺、量块和指示器	如果可能，Z轴轴线锁紧 指示器测头近似地置于刀具的工作位置，可在平行于工作台面放置的平尺上进行测量 如主轴能锁紧，则指示器可装在主轴上，否则指示器应装在机床的主轴箱上 回转工作台应在互成90°的四个回转位置处测量
G18	Z X X′ Z′ a) Z Y Y′ Z′ b)	工作台面和Z轴轴线运动间的平行度如下 a）在平行于X轴轴线的ZX垂直平面内 b）在平行于Y轴轴线的YZ垂直平面内	a）和b） 在500mm测量长度上为0.025mm	平板、角尺或圆柱形角尺和指示器	a）如果可能，X轴轴线锁紧 b）如果可能，Y轴轴线锁紧 角尺或圆柱形角尺置于工作台中央 如主轴能紧锁，则指示器可装在主轴上，否则指示器应装在机床的主轴箱上 回转工作台应在互成90°的四个回转位置处测量

（续）

序号	简　图	检验项目	公　差	检验工具	检验方法（参照 GB/T 17421.1 的有关条文）
G19	X′ Y Y′ X a) X′ Y Y′ X b) X′ Y Y′ X c)	a）工作台纵向中央或基准 T 形槽和 X 轴轴线运动间的平行度 b）工作台纵向定位孔中心线（如果有）和 X 轴轴线运动间的平行度 c）工作台纵向侧面定向器和 X 轴轴线运动间的平行度	a）、b）和 c） 在 500mm 测量长度上为 0.025mm	平尺、指示器和标准销	如果可能，Y 轴轴线锁紧 如主轴能锁紧，则指示器可装在主轴上，否则指示器应装在机床的主轴箱上 当有定位孔时，应使用两个与该孔配合并具有相同直径凸出部分的标准销，平尺紧靠它们放置

任务四　数控机床位置精度检验

任务目标

1. 了解数控机床位置精度的相关标准和测量项目。
2. 掌握激光干涉仪测量位置精度的方法。

任务引入

数控机床位置精度，是表明所测量的机床各运动部件在数控机床的控制下所能达到的精度。根据实测的位置精度，可以判断出这台机床在以后的自动加工中能达到的最好的加工精度。位置精度一般由定位精度、重复定位精度及反向间隙三部分组成。

根据 GB/T 17421.2—2000《机床检验通则　第 2 部分：数控轴线的定位精度和重复定位精度的确定》的说明，对相关标准和测量项目进行阐述。

（1）轴线行程　在数字控制下运动部件沿轴线移动的最大直线行程或绕轴线回转的最大行程。

（2）测量行程　用于采集数据的部分轴线行程。选择测量行程时应保证可以双向趋近第一个和最后一个目标位置。图9-1所示为标准检验循环。

（3）目标位置　P_i（$i=1\sim m$）　运动部件编程要达到的位置。下标 i 表示沿轴线或绕轴线选择的目标位置中的特定位置。

（4）实际位置　P_{ij}（$i=1\sim m$；$j=1\sim n$）　运动部件第 j 次向第 i 个目标位置趋近时实际测得的到达位置。

（5）位置偏差 X_{ij}　运动部件到达的实际位置与目标位置之差

$$X_{ij}=P_{ij}-P_i$$

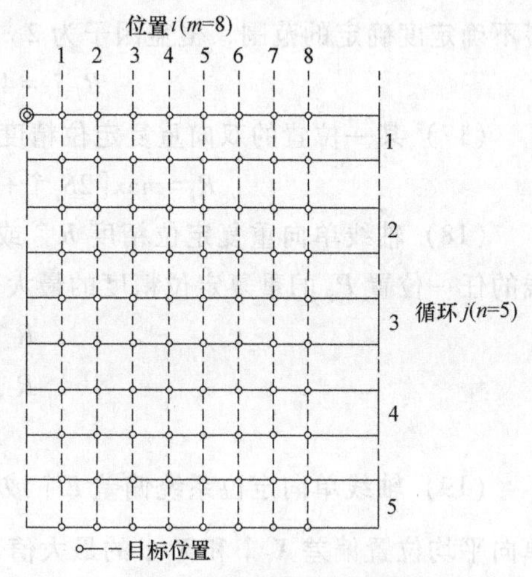

图9-1　标准检验循环

（6）单向　以相同的方向沿轴线或绕轴线趋近某目标位置的一系列测量。符号↑表示从正方向趋近所得的参数；符号↓表示从负方向趋近所得的参数，如 $X_{ij}\uparrow$ 或 $X_{ij}\downarrow$。

（7）双向　从两个方向沿轴线或绕轴线趋近某目标位置的一系列测量所测得的参数。

（8）扩展不确定度　定量地确定一个测量结果的区间，该区间期望包含大部分的数值分布。

（9）覆盖因子　为获得扩展不确定度而用作标准不确定度倍率的一个数值因子。

（10）某一位置的单向平均位置偏差 $\overline{X}_i\uparrow$ 或 $\overline{X}_i\downarrow$　由 n 次单向趋近某一位置 P_i 所得的位置偏差的算术平均值

$$\overline{X}_i\uparrow=\frac{1}{n}\sum_{j=1}^{n}\overline{X}_{ij}\uparrow \text{ 和 } \overline{X}_i\downarrow=\frac{1}{n}\sum_{j=1}^{n}\overline{X}_{ij}\downarrow$$

（11）某一位置的双向平均位置偏差 $\overline{X}_i$　从两个方向趋近某一位置 P_i 所得的单向平均位置偏差 $\overline{X}_i\uparrow$ 和 $\overline{X}_i\downarrow$ 的算术平均值

$$\overline{X}_i=\frac{\overline{X}_i\uparrow+\overline{X}_i\downarrow}{2}$$

（12）某一位置的反向差值 B_i　从两个方向趋近某一位置时两单向平均位置偏差之差

$$B_i=\overline{X}_i\uparrow-\overline{X}_i\downarrow$$

（13）轴线反向差值 B　沿轴线或绕轴线的各目标位置的反向差值的绝对值中的最大值

$$B=\max[|B_i|]$$

（14）轴线平均反向差值 $\overline{B}$　沿轴线或绕轴线的各个目标位置反向差值 B_i 的算术平均值

$$\overline{B}=\frac{1}{m}\sum_{i=1}^{m}B_i$$

（15）在某一位置的单向定位标准不确定度的估算值 $S_i\uparrow$ 或 $S_i\downarrow$　通过对某一位置 P_i

的 n 次单向趋近所获得的位置偏差标准不确定度的估算值

$$S_i\uparrow=\sqrt{\frac{1}{n-1}\sum_{j=1}^{n}(X_{ij}\uparrow-\overline{X}_i\uparrow)^2}\ \text{和}\ S_i\downarrow=\sqrt{\frac{1}{n-1}\sum_{j=1}^{n}(X_{ij}\downarrow-\overline{X}_i\downarrow)^2}$$

（16）某一位置的单向重复定位精度 $R_i\uparrow$ 或 $R_i\downarrow$　由某一位置 P_i 的单向位置偏差的扩展不确定度确定的范围，覆盖因子为 2

$$R_i\uparrow=4S_i\uparrow\ \text{和}\ R_i\downarrow=4S_i\downarrow$$

（17）某一位置的双向重复定位精度 R_i

$$R_i=\max[2S_i\uparrow+2S_i\downarrow+|B_i|;\ R_i\uparrow;\ R_i\downarrow]$$

（18）轴线单向重复定位精度 $R\uparrow$ 或 $R\downarrow$ 以及轴线双向重复定位精度 R　沿轴线或绕轴线的任一位置 P_i 的重复定位精度的最大值

$$R\uparrow=\max[R_i\uparrow]$$

$$R\downarrow=\max[R_i\downarrow]$$

$$R=\max[R_i]$$

（19）轴线单向定位系统偏差 $E\uparrow$ 或 $E\downarrow$　沿轴线或绕轴线的任一位置 P_i 上单向趋近的单向平均位置偏差 $\overline{X}_i\uparrow$ 和 $\overline{X}_i\downarrow$ 的最大值与最小值的代数差

$$E\uparrow=\max[\overline{X}_i\uparrow]-\min[\overline{X}_i\uparrow]\ \text{和}\ E\downarrow=\max[\overline{X}_i\downarrow]-\min[\overline{X}_i\downarrow]$$

（20）轴线双向定位系统偏差 E　沿轴线或绕轴线的任一位置 P_i 上双向趋近的单向平均位置偏差 $\overline{X}_i\uparrow$ 和 $\overline{X}_i\downarrow$ 的最大值与最小值的代数差

$$E=\max[\overline{X}_i\uparrow;\overline{X}_i\downarrow]-\min[\overline{X}_i\uparrow;\overline{X}_i\downarrow]$$

（21）轴线双向平均位置偏差 M　沿轴线或绕轴线的任一位置 P_i 的双向平均位置偏差 $\overline{X}_i$ 的最大值与最小值的代数差

$$M=\max[\overline{X}_i]-\min[\overline{X}_i]$$

（22）轴线单向定位精度 $A\uparrow$ 或 $A\downarrow$　由单向定位系统偏差和单向定位标准不确定度估算值的 2 倍的组合来确定的范围

$$A\uparrow=\max[\overline{X}_i\uparrow+2S_i\uparrow]-\min[\overline{X}_i\uparrow-2S_i\uparrow]\ \text{和}\ A\downarrow=\max[\overline{X}_i\uparrow+2S_i\downarrow]-\min[\overline{X}_i\downarrow-2S_i\downarrow]$$

（23）轴线双向定位精度 A　由双向定位系统偏差和双向定位标准不确定度估算值的 2 部的组合来确定的范围

$$A=\max[\overline{X}_i\uparrow+2S_i\uparrow;\ \overline{X}_i\downarrow+2S_i\downarrow]-\min[\overline{X}_i\uparrow-2S_i\uparrow;\ \overline{X}_i\downarrow-2S_i\downarrow]$$

位置精度的测量仪器可以用激光干涉仪和步距规。一般在机床和工作台空载条件下进行，按照国家标准和国际标准化组织的规定用激光干涉仪检测。由于步距规操作简单、价格便宜，因此在实际生产中也被广泛应用。

任务实施

按照相关的标准，以及参考实际机床检验的要求。对于位置精度检验通常采用激光干涉仪，测量的项目有：定位精度；反向间隙；重复定位精度。这三项精度的检验是在一个测量过程中完成的，在测量过程中采集到的数据经过分析会得到 3 个项目的数据。

一、激光干涉仪测量的基本条件

1. 环境条件

激光干涉仪和机床应处于温度20℃±5℃，相对湿度70%，气压为一个标准大气压的环境下进行检测；机床应在检测环境中放置足够长的时间（一般要≥12h）以确保检验前达到热稳定状态，避免阳光及其他热源的辐射。

2. 被检测机床

机床在被检测定位精度和重复定位精度之前，应装配完好并充分运转，以及调整好水平和几何精度。在检测过程中应适当地使机床运转升温达到热稳定状态，减少因热状态不稳定引起的误差。机床的轴线进给速度不应太快，2~4m/min为宜，速度过快容易引起移动光学部件的振动而直接影响仪器的测量误差。

3. 激光干涉仪安装（图9-2）

1）将三脚架稳固地放置在被测轴线方向上，并且三脚架其中两只脚的连线最好与被测轴线平行或垂直；用圆形气泡水平仪将三脚架调平。

2）在三脚架顶部安装、调整云台，云台平移微调控制旋钮和扭摆微调控制旋钮位置居中，安装云台锁紧手柄。注：一般情况下，云台已经与激光头连在一起，所以调整云台的时候，应将激光头后面板上的俯仰控制旋钮位置居中，并调整好激光头的方向，尽量与轴线平行或垂直。

3）连接好激光干涉仪的电气线路，然后接通电源，预热激光头，时间约为6min。

4. 激光干涉仪环境补偿单元

激光波长会受到空气折射的影响，而空气折射又受到大气压、温度和湿度的影响，为了减少误差，需要进行环境补偿，Renishaw XC80环境补偿单元的高性能可以保证在0~40℃环境温度范围内，和$650\times10^2\sim1150\times10^2$Pa的环境大气压范围内得到最高的测量精度。在检测过程中，最好将材料温度传感器放置在移动部件或者靠近导轨的位置，气温传感器可放置在被检机床的床身周围。

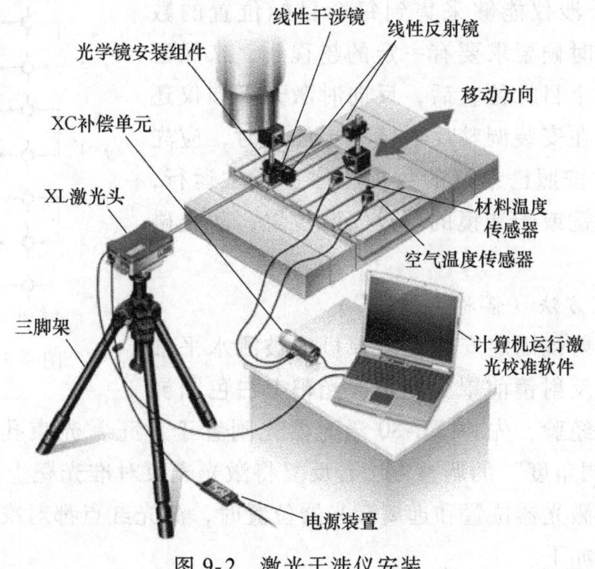

图9-2 激光干涉仪安装

二、检测方法

1. 目标位置的选择

每个目标位置的数值可自由选择，一般应按下列公式

$$P_i=(i-1)P+r$$

式中 i——现行目标位置的序号；

P——目标位置间距，使测量行程内的目标位置之间有均匀的间距（mm）；

r——在各目标位置取不同的值，获得全量程上目标位置的不均匀间隔，以保证周期误差（例如滚珠丝杠导程以及直线或回转感应器的节距所引起的误差）被充分地采样（mm）。

根据 GB/T 17421.2—2000《机床检验通则 第2部分：数控轴线的定位精度和重复定位精度的确定》评定标准中规定，行程在2m以内的线性轴线上，每米至少选择5个目标位置，在全行程上行程至少也应设置5个目标位置；行程超过2m时，目标位置的间距 P 按每250mm取值。

注意：目标位置间距 P 最好不应为滚珠丝杠螺距的整数倍，否则无法反映出滚珠丝杠任意点螺旋线误差，对于高精度滚珠丝杠可不考虑目标位置间距与丝杠螺距的相应关系，以便于测量。

2. 测量程序的编制

测量循环方式有线性循环、阶梯循环、摆动循环，一般采用线性循环方式。编制机床数控程序使运动部件按照标准检验循环，如图9-3所示，沿着轴线匀速运动到各个目标位置，按照 GB/T 17421.2—2000 的规定，测量循环次数为5次。

在编制机床数控程序过程中，注意运动部件的进给速度不应过快，防止移动光学部件振动引起测量光信号不稳；运动部件目标位置的停顿时间要比激光干涉仪数据采集时间长（一般长0.5~1s），便于激光干涉仪的数据采集；为了使得激光干涉仪能够采集到每个目标位置的数据，所以数控编程的时候要求要有一定的越程量，来保证运动部件到达最后一个目标位置后，反向时激光干涉仪还能采集到目标数据。在安装调整反射镜和干涉镜时，应先检查机床的运动部件按照已编好的数控程序进行试运行，其是否会影响到反射镜或干涉镜的预设安装位置，防止碰坏测量光学镜组。

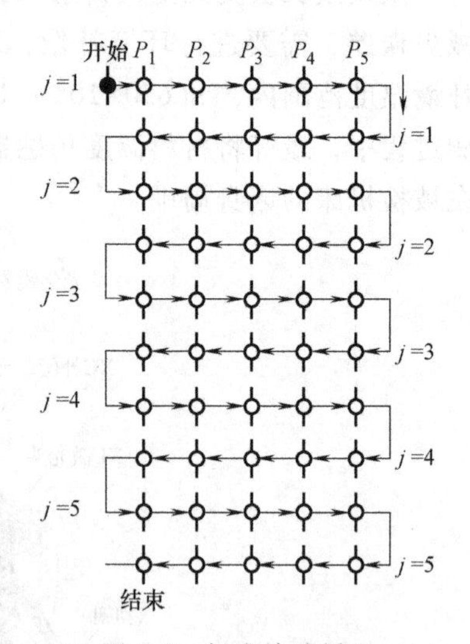

图9-3 标准检验循环

3. 激光光路准直方法（俗称“对光”）

用磁性表座将反射镜固定安装在数控机床被测水平轴线上的适当位置，在反射镜前罩上光靶，光靶上白色圆屏位置朝上，根据使用经验，先将XL-80激光器光闸置于“正常光束孔+光标”位置，按照“近处调位移，远处调角度”的调整方法，反复将激光光束对准光靶上白色圆屏，保证在被检机床移动部件接近激光器位置和远离激光器位置时，激光红点都对准反射镜上的光靶白色圆屏。具体调整方法如下。

“近处调位移”是指当被检机床移动部件移至接近激光器位置时，若激光光束偏离光靶上白色圆屏，调整三脚架升降旋钮和云台平移微调控制旋钮；“远处调角度”是指当被检机床移动部件移至远离激光器位置时，若激光光束偏离光靶上白色圆屏，调整云台扭摆微调控制旋钮和激光器后面板的仰俯控制旋钮；初步将光路准直后，取下反射镜前的光靶，将激光器光闸置于“较小光束孔+光标”位置。再按照“近处调位移，远处调角度”的调整方法，使得激光光束始终对准激光器光闸上的光标中心。最后将干涉镜固定在被检机床的固定部件上，且干涉镜的入光面朝向激光器。调整干涉镜位置使得两路反射光重合，即光靶上两红色激光点重合，确保在测量的行程内反射光强度不低于50%。

对于在机床垂直轴线方向上检测时，首先要将反射镜和分光镜同时安装固定好，然后在反射镜上安装光靶，同样通过“近处调位移，远处调角度”的调整方法来达到准直要求。

注意：当云台平移微调控制旋钮、云台扭摆微调控制旋钮和仰俯控制旋钮调到极限位置时，可以将旋钮往回旋一点，分别通过横向移动被检机床运动部件、水平面内旋转激光器、调整三脚架（最好只要调整其中一只脚）来解决。

4. 激光干涉仪软件参数设定及步骤

（1）打开系统软件　打开“Renishaw LaserXL-Lite—线性测长”软件，显示数据采集主窗口，要观察主窗口的各检测指标是否正常。例如反射光强度是否稳定在50%以上、材料温度及空气温度传感器是否有检测到，还有材料的膨胀系数设定是否正确等。

（2）目标设定　在数据采集主窗口内单击<等距定义目标>，进入目标设定栏内设定。

1）第一定位点0mm。

2）最终定位点-1100mm、间距值100mm、软件自动计算。

3）目标数12。

4）小数点后位数取3。

（3）采集数据启动　目标设定栏设定完毕后，单击<》>按钮，进入采集数据启动栏，设定如下。

1）定位方式。线性定位方式。

2）测量次数5次。

3）选择方向为双向。

4）误差带（μm）为0。

（4）自动采集数据设定　进入自动采集数据设定栏设定如下。

1）自动采集及采集方式为有效、位置。

2）最小停止周期1s（数控机床程序中目标点的停顿时间可设为2s，不能小于1s），读数稳定性0.001mm。

3）公差窗口4mm。

4）越程量大小2mm，越程行动设为移动。

当按步骤将所有参数设定完后，软件进入数据采集画面，因为软件设定为自动采集，所以最好要将被检测机床的运动部件先回到起始点，然后按先前已编好的测试程序开始检测。

5. 数据分析

数据分析是为了最终判断被检测机床直线位置精度的好坏，也可以从数据分析结果中找到被检测机床问题的所在。通过软件“Renishaw LaserXL-Lite—线性测长”自动分析，选择被测机床直线位置精度评定标准，可自动获得误差数据表或误差曲线图中的反向偏差 B、重复定位精度 R、定位精度 A 的值。

上述所得系列数据，并利用软件进行误差补偿分析。由于数控系统类型的不同，在进行误差补偿时，应根据各自数控系统的特性进行误差补偿，在误差补偿之前必须对该系统的螺距误差相关参数做一番研究和了解，这样才能顺利地完成。

任务五　数控机床工作精度检验

任务目标

1. 了解机床工作精度检验内容。
2. 掌握轮廓加工试件和端铣试件的工作精度检验方法。

任务引入

静态精度只能在一定程度上反映机床的加工精度，因为机床在实际工作状态下还有一系列因素会影响加工精度。例如，由于切削力、夹紧力的作用，机床的零部件会产生弹性变形。在机床内部热源（例如电动机、液压传动装置的发热，轴承、齿轮等零件的摩擦发热等）以及环境温度变化的影响下，机床零部件将产生热变形。由于切削力和运动速度的影响，机床会产生振动。机床运动部件以工作速度运动时，由于相对滑动面之间的油膜及其他因素的影响，其运动精度也与低速下测得的精度不同。所有这些都将引起机床静态精度的变化，影响工件的加工精度。机床在外载荷、温升及振动等工作状态作用下的精度，称为机床的动态精度。动态精度除与静态精度有密切关系外，还在很大程度上决定于机床的刚度、抗振性和热稳定性等。目前，生产中一般是通过切削加工出的工件精度来考核机床的综合动态精度，称为机床的工作精度。工作精度是各种因素对加工精度影响的综合反映。

任务实施

下面是一台普通立式加工中心的工作精度检验内容。

1. 试件的定位

试件应位于 X 行程的中间位置，并沿 Y 轴和 Z 轴在适合于试件和夹具定位及刀具长度的适当位置处放置。当对试件的定位位置有特殊要求时，应在制造厂和用户的协议中规定。

2. 试件的固定

试件应在专用的夹具上方便安装，以达到刀具和夹具的最大稳定性。夹具和试件的安装

面应平直。应检验试件安装表面与夹具夹持面的平行度。建议使用埋头螺钉固定试件，以避免刀具与螺钉发生干涉，也可选用其他等效的方法。试件的总高度取决于所选用的固定方法。

3. 试件的材料、刀具和切削参数

试件的材料和刀具及切削参数按照制造厂与用户间的协议选取，并应记录下来，推荐的切削参数如下。

（1）切削速度　铸铁件约为 50m/min；铝件约为 300m/min。

（2）进给量　0.05~0.10mm/齿。

（3）切削深度　所有铣削工序在径向切深应为 0.2mm。

4. 试件的尺寸

如果试件切削了数次，外形尺寸减少，孔径增大，当用于验收检验时，建议选用最终的轮廓加工试件尺寸与本标准中规定的一致，以便如实反映机床的切削精度。试件可以在切削试验中反复使用，其规格应保持在本标准所给出的特征尺寸的±10%以内。当试件再次使用时，在进行新的精切试验前，应进行一次薄层切削，以清理所有的表面。

5. 轮廓加工试件

（1）目的　该检验包括在不同轮廓上的一系列精加工，用来检查不同运动条件下的机床性能。也就是仅一个轴线进给、不同进给率的两轴线线性插补、一轴线进给率非常低的两轴线线性插补和圆弧插补。该检验通常在 XY 平面内进行，但当具备万能主轴头时同样可以在其他平面内进行。

（2）尺寸　轮廓加工试件共有两种规格，如图 9-4 和图 9-5 所示。

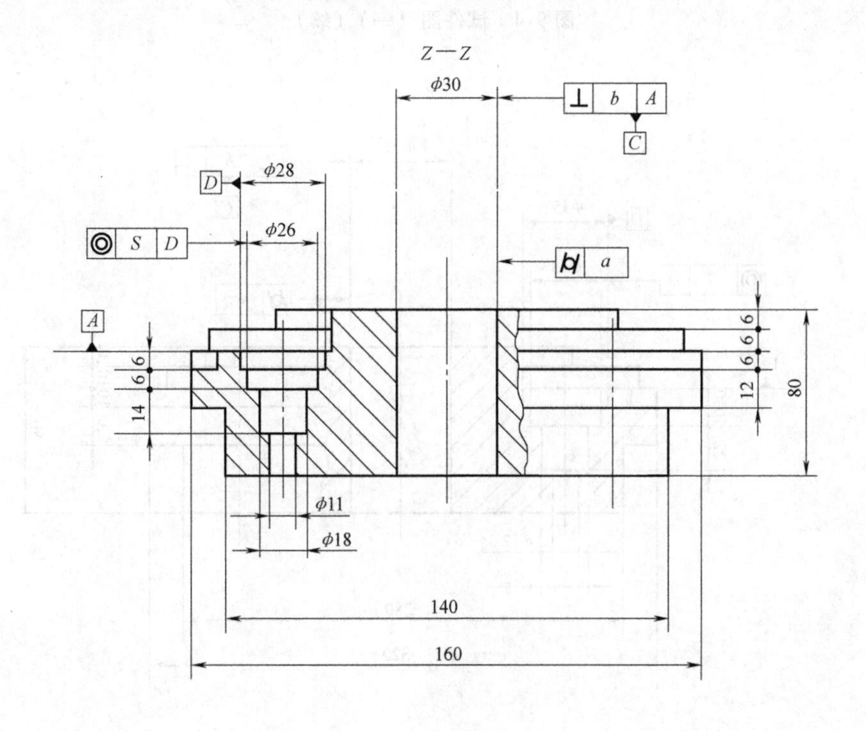

图 9-4　试件图（一）

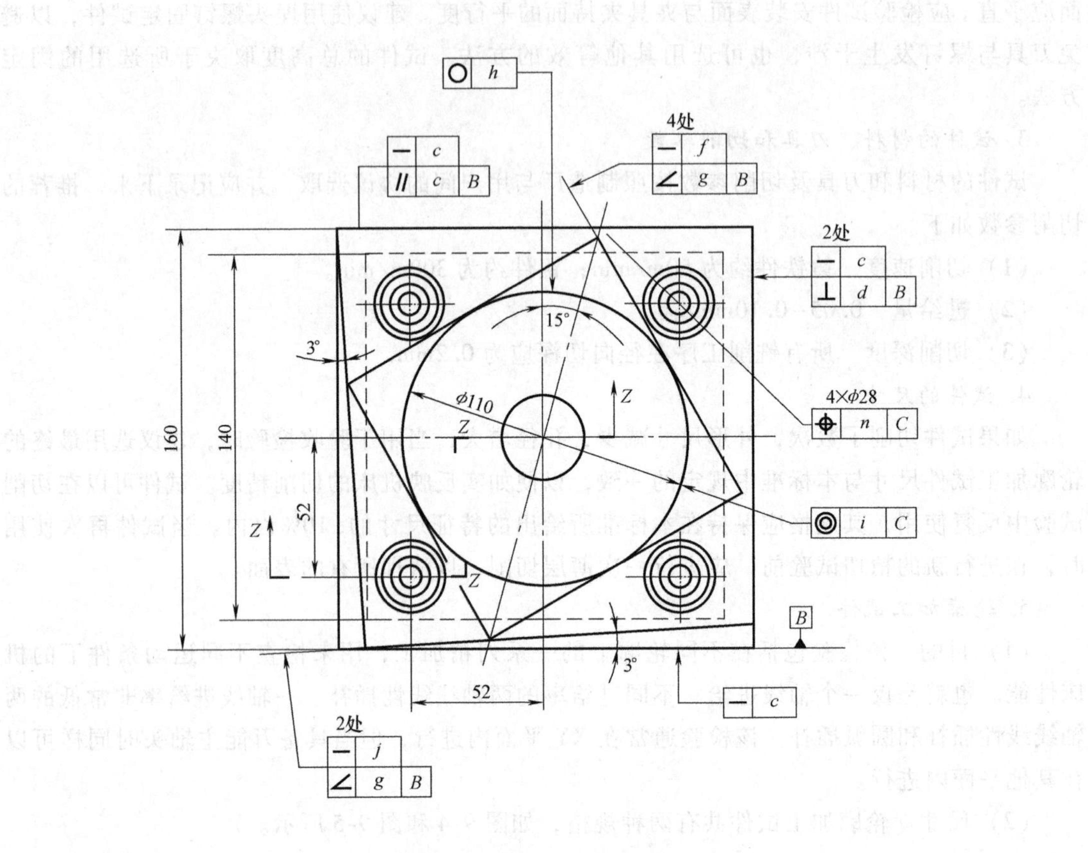

图 9-4　试件图（一）（续）

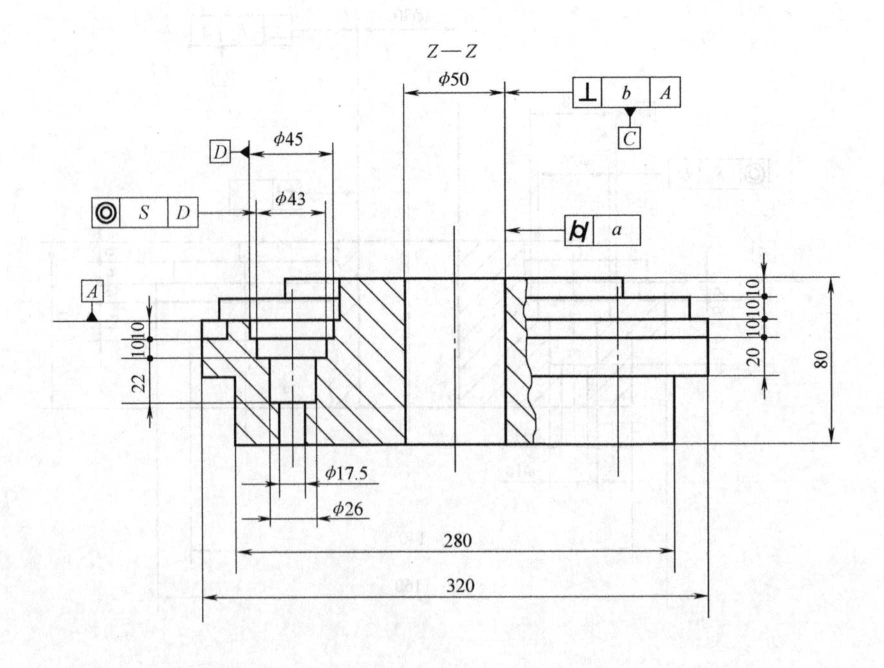

图 9-5　试件图（二）

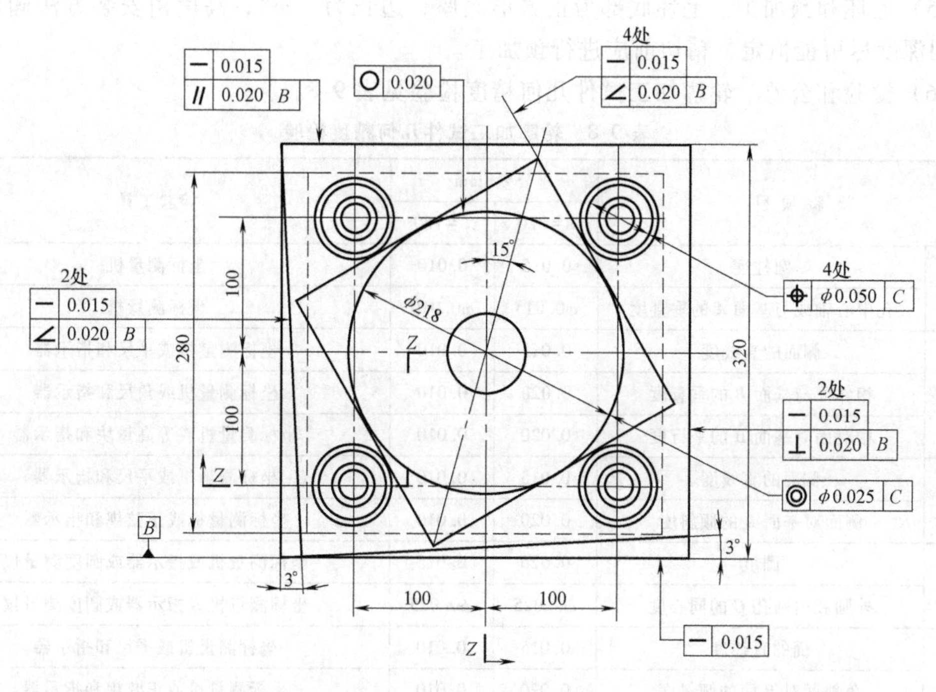

图 9-5　试件图（二）（续）

试件的形状应由下列加工形成。

1）通镗位于试件中心直径为“p”的孔。

2）加工边长为“L”的外正四方形。

3）加工位于正四方形上边长为“m”的菱形（倾斜 60°的正四方形）。

4）加工位于菱形之上直径为“q”、深为 6mm（或 10mm）的圆。

5）加工正四方形上面，“α”角为 3°或 tanα = 0.05 的倾斜面。

6）镗削直径为 26mm（或较大试件上的 43mm）的四个孔和直径为 28mm（或较大试件上的 45mm）的四个孔。直径为 26mm 的孔沿轴线的正向趋近，直径为 28mm 的孔为负向趋近。这些孔定位为距试件中心“r · r”。

因为是在不同的轴向高度加工不同的轮廓表面，因此应保持刀具与下表面平面离开零点几毫米的距离以避免面接触。试件尺寸见表 9-7。

表 9-7　试件尺寸

L/mm	m/mm	p/mm	q/mm	r/mm	α/(°)
320	280	50	220	100	30
160	140	30	110	52	30

（3）刀具　可选用直径为 32mm 的同一把立铣刀加工试件的所有外表面。

（4）切削参数　推荐下列切削参数。

1）切削速度。铸铁件约为 50m/min；铝件约为 300m/min。

2）进给量。0.05~0.10mm/齿。

3）切削深度。所有铣削工序在径向切深应为 0.2mm。

（5）毛坯和预加工　毛坯底部为正方形底座，边长为“*m*”，高度由安装方法确定。为使切削深度尽可能恒定，精切前应进行预加工。

（6）检验和公差　轮廓加工试件几何精度检验见表9-8。

表9-8　轮廓加工试件几何精度检验

检验项目		公差/mm		检验工具
		L=320	*L*=160	
中心孔	圆柱度	0.015	0.010	坐标测量机
	孔中心轴线与基面 *A* 的垂直度	ϕ0.015	ϕ0.010	坐标测量机
正四方形	侧面的直线度	0.015	0.010	坐标测量机或平尺和指示器
	相邻面与基面 *B* 的垂直度	0.020	0.010	坐标测量机或角尺和指示器
	相对面对基面 *B* 的平行度	0.020	0.010	坐标测量机或等高量块和指示器
菱形	侧面的直线度	0.015	0.010	坐标测量机或平尺和指示器
	侧面对基面 *B* 的倾斜度	0.020	0.010	坐标测量机或正弦规和指示器
圆	圆度	0.020	0.015	坐标测量机或指示器或圆度测量仪
	外圆和内圆孔 *C* 的同心度	ϕ0.025	ϕ0.025	坐标测量机或指示器或圆度测量仪
斜面	面的直线度	0.015	0.010	坐标测量机或平尺和指示器
	角斜面对 *B* 面的倾斜度	0.020	0.010	坐标测量机或正弦规和指示器
镗孔	孔相对于内孔 *C* 的位置度	ϕ0.05	ϕ0.05	坐标测量机
	内孔与外孔 *D* 的同心度	ϕ0.02	ϕ0.02	坐标测量机或圆度测量仪

注：1. 如果条件允许，可将试件放在坐标测量机上进行测量。

2. 对直边（正四方形、菱形和斜面）而言，为获得直线度、垂直度和平行度的偏差，测头至少在10个点处触及被测表面。

3. 对于圆度（或圆柱度）检验，如果测量为非连续性的，则至少检验15个点（圆柱度在每个被测平面内）。

（7）记录的信息　按照标准要求检验时，应尽可能完整地将下列信息记录到检验报告中去。

1）试件的材料和标志。

2）刀具的材料和尺寸。

3）切削速度。

4）进给量。

5）切削深度。

6）斜面3°和 $\tan\alpha=0.05$ 间的选择。

6. 端铣试件

（1）目的　本检验的目的是检验端面精铣所铣表面的平面度，两次走刀重叠约为铣刀直径的20%。通常该检验是通过沿X轴轴线的纵向运动和沿Y轴轴线的横向运动来完成的，但也可按制造厂和用户间的协议用其他方法来完成。

（2）试件尺寸及切削参数　对两种试件尺寸和有关刀具的选择应按制造厂的规定或与用户的协议。

试件的面宽是刀具直径的1.6倍，切削面宽度用80%刀具直径的两次走刀来完成。为了使两次走刀中的切削宽度近似相同，第一次走刀时刀具应伸出试件表面的20%刀具直径，

第二次走刀时刀具应伸出另一边约 1 mm，如图 9-6 所示。试件长度应为宽度的 1. 25 ~ 1. 6 倍，切削参数见表 9-9。

表 9-9　切削参数

试件表面宽度 W/mm	试件表面长度 L/mm	切削宽度 w/mm	刀具直径/mm	刀具齿数
80	100 ~ 130	40	50	4
160	200 ~ 250	80	100	8

对试件的材料未做规定，当使用铸铁件时，可参见表 9-9。进给速度为 300 mm/min 时，每齿进给量近似为 0. 12mm，切削深度不应超过 0. 5mm。如果可能，在切削时，与被加工表面垂直的轴（通常 Z 轴）应锁紧。

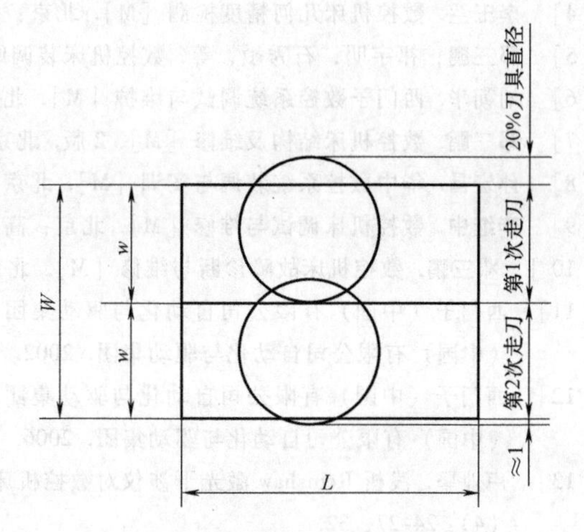

图 9-6　端铣试验模式检验图

（3）刀具　采用可转位套式面铣刀。刀具安装应符合下列公差。

1）径向圆跳动≤0. 02mm。

2）轴向圆跳动≤0. 03mm。

（4）毛坯和预加工　毛坯底座应具有足够的刚性，并适合于夹紧到工作台上或托板和夹具上。为使切削深度尽可能恒定，精切前应进行预加工。

（5）精加工表面的平面度公差　小规格试件被加工表面的平面度公差不应超过 0. 02mm；大规格试件的平面度公差不应超过 0. 03mm。垂直于铣削方向的直线度检验反映出两次走刀重叠的影响，而平行于铣削方向的直线度检验反映出刀具出、入刀的影响。

（6）记录的信息　检验应尽可能完整地将下列信息记录到检验报告中。

1）试件的材料和尺寸。

2）刀具的材料和尺寸。

3）切削速度。

4）进给率。

5）切削深度。

参考文献

[1] 人力资源和社会保障部教材办公室．数控机床机械装调与维修［M］．北京：中国劳动社会保障出版社，2012.
[2] 陈志平，章鸿．数控机床机械装调技术［M］．北京：北京理工大学出版社，2011.
[3] 韩鸿鸾，董先．数控机床机械系统装调与维修一体化教程［M］．北京：机械工业出版社，2014.
[4] 李玉兰．数控机床几何精度检测［M］．北京：机械工业出版社，2014.
[5] 邓三鹏，祁宇明，石秀敏，等．数控机床装调维修实训技术［M］．北京：国防工业出版社，2014.
[6] 刘朝华．西门子数控系统调试与维护［M］．北京：国防工业出版社，2010.
[7] 邓三鹏．数控机床结构及维修［M］．2版．北京：国防工业出版社，2011.
[8] 孙宏昌．华中数控系统装调与实训［M］．北京：机械工业出版社，2012.
[9] 李继中．数控机床调试与维修［M］．北京：高等教育出版社，2009.
[10] 邓三鹏．数控机床故障诊断与维修［M］．北京：机械工业出版社，2009.
[11] 西门子（中国）有限公司自动化与驱动集团．SINUMERIK 810/840D 简明调试指南．北京：西门子（中国）有限公司自动化与驱动集团．2002.
[12] 西门子（中国）有限公司自动化与驱动集团．SINUMERIK 810/840D 简明调试指南．北京：西门子（中国）有限公司自动化与驱动集团．2006.
[13] 卢业坚．浅析 Renishaw 激光干涉仪对数控机床直线位置精度的检测［J］．质量技术监督研究，2012（4）：24-27，32.